高 等 学 校 环 境 类 教 材

清洁生产与循环经济

张慧敏　方汉孙　李兴发　冯　霄　主　编
聂发辉　向速林　邹成龙　张　萌　副主编

U0361227

清華大學出版社
北 京

内 容 简 介

　　本书以清洁生产和循环经济为核心内容,具体包括环境问题及资源与能源、清洁生产概述、清洁生产与循环经济的理论基础、清洁生产与"双碳"、清洁生产法律法规和政策、清洁生产审核、清洁生产指标体系与评价、循环经济等。本书作者将绿色发展方式实现建设美丽中国的目标、人与自然和谐共生的思想、"绿水青山就是金山银山"的理念以及其长期在环境科学领域教学研究与改革的成果、国内外环境科学领域的教学和发展动态(最新的清洁生产与循环经济相关的法律、法规、标准、规范、政策)等材料整理融入书中。本书还融入了丰富的课外阅读材料,最大限度地发挥课程教学立德树人的育人作用,在培养工科类专业学生环境保护意识的同时树立爱国敬业、精益求精的工匠精神,激发学生科技报国的家国情怀和使命担当。

图书在版编目(CIP)数据

　　清洁生产与循环经济 / 张慧敏等主编. -- 北京 : 清华大学出版社,2025. 1.
(高等学校环境类教材). -- ISBN 978-7-302-67788-8

　　Ⅰ. X383;F062.2

　　中国国家版本馆 CIP 数据核字第 2025UF2702 号

责任编辑:王向珍　王　华
封面设计:陈国熙
责任校对:赵丽敏
责任印制:沈　露

出版发行:清华大学出版社
　　　　　网　　　址:https://www.tup.com.cn,https://www.wqxuetang.com
　　　　　地　　　址:北京清华大学学研大厦 A 座　　　邮　　编:100084
　　　　　社 总 机:010-83470000　　　　　　　　　　邮　　购:010-62786544
　　　　　投稿与读者服务:010-62776969,c-service@tup.tsinghua.edu.cn
　　　　　质量反馈:010-62772015,zhiliang@tup.tsinghua.edu.cn
印 装 者:大厂回族自治县彩虹印刷有限公司
经　　销:全国新华书店
开　　本:185mm×260mm　　印　　张:15.75　　　　字　　数:381 千字
版　　次:2025 年 3 月第 1 版　　　　　　　　　　　印　　次:2025 年 3 月第 1 次印刷
定　　价:49.80 元

产品编号:098547-01

前　言

历次工业革命推动了全球经济快速发展，改善了人民生活，但是也消耗了大量资源、污染了环境、破坏了生态，酸雨、荒漠化情况加剧，耕地、水源、森林、矿产等资源锐减，大量物种灭绝、全球气候变暖，灾难性的生态环境问题越来越严重，迫使我们深刻反思人类发展与生存和人与自然的关系。综合世界各国的实践经验和教训来看，先污染后治理以及工艺末端处理需要大量的资金和运营成本，甚至会加剧发展与环境的冲突。时至今日，地球依然伤痕累累。

可持续发展的概念最早于1987年由世界环境与发展委员会在《我们共同的未来》报告中阐述，得到了国际社会的广泛认同。可持续发展就是"既满足当代人的需求，又不对后代人满足其需要的能力构成危害的发展"。习近平总书记提出"绿水青山就是金山银山"的生态文明思想是对可持续发展的完美阐释。习近平总书记还指出，中华文明历来崇尚天人合一、道法自然，追求人与自然和谐共生。遵循"万物并育而不相害，道并行而不相悖"。

大力发展循环经济，强化资源节约集约利用，构建资源循环型产业体系和废旧物资循环利用体系，推进实施清洁生产战略，不断完善法律法规，建立国家级、省级和行业清洁生产中心，为清洁生产实施方案提供技术支持，对保障国家资源安全，推动实现碳达峰、碳中和，促进生态文明建设具有重大意义。发展循环经济是我国经济社会发展的一项重大战略，不仅需要法规保障、政策推动、科技创新、文化传播、公众教育，更需要全国人民的共同努力。

本书共八章内容，包括环境问题及资源与能源、清洁生产概述、清洁生产与循环经济的理论基础、清洁生产与"双碳"、清洁生产法律法规和政策、清洁生产审核、清洁生产指标体系与评价、循环经济。在每章最后有课外阅读材料供教师课堂授课和读者参考。

本书由张慧敏统稿，张慧敏、方汉孙、李兴发、冯霄主编，聂发辉、向速林、邹成龙、张萌副主编，王艳灵参与编写。具体编写分工如下：第1章由张慧敏、方汉孙编写，第2章由李兴发、冯霄编写，第3章由张慧敏、方汉孙编写，第4章由聂发辉、向速林编写，第5章由聂发辉、邹成龙编写，第6章由张慧敏、王艳灵编写，第7章由向速林、邹成龙编写，第8章由张慧敏、张萌编写。李冰、李冰洁、徐家义、朱中华对稿件进行了资料查询、文字校对工作。

本书在编写过程中得到了清华大学出版社、华东交通大学、江西农业大学、太原理工大学、华北水利水电大学、江西省生态环境科学研究与规划院等单位的大力支持，并得到华东交通大学教材出版基金资助，在此一并表示由衷的感谢。

本书作者历时数载学习总结多位专家的著作，结合自身多年的教学和实践经验编撰此书，可供高等学校工科类学生以及环保工作者学习参考。因作者能力所限，书中难免有疏漏之处，还请读者批评指正。

作　者

2024 年 10 月

目　录

第 **1** 章

环境问题及资源与能源

1.1 环境问题

1.1.1 人类发展遭遇环境问题

环境问题(environmental issues)是指自然变化或人类日常活动而引起的环境破坏和环境质量变化,以及由此给人类的生存和发展带来的不利影响。根据其不同的成因,环境问题可以被分为原生环境问题和次生环境问题。原生环境问题是指由自然力引起的环境问题(非人为因素或人为因素很少),例如由地壳运动引起的火山喷发、地震、海啸、台风、洪水、山体滑坡等自然灾害发生时所导致的一系列环境问题。次生环境问题是指由人为因素造成的环境问题,主要包括环境破坏和环境污染。人们日常生活中所说的环境问题一般是指次生环境问题。

自人类诞生以来相当长的一段时间内,人类对自然充满畏惧并处于一种被动发展的状态,由于向自然索取和改造自然环境的能力有限,为了适应自然并更好地生存下去,人类一直在努力前行。随着科学技术爆发式的发展,近几百年来人类改造自然的能力骤增,对自然资源过度且不科学的利用方式导致各类环境破坏行为、环境问题频出,这也引发当代人们对各类生态环境问题的反思,例如该如何处理人类和自然环境之间的关系。

根据人类的历史进程和改造自然能力的变化情况,人类社会总体上可分为三个发展阶段,对环境的负面影响程度逐次增加。

1. 原始社会及其对环境的影响

原始社会是从大约 260 万年前早期人类祖先的出现,到大约 1 万年前农业社会出现前的这段时间,也被称为史前时代或旧石器时代。在这一阶段,人类仅能使用简单的石器和木质工具,最重要的发明是学会了如何控制和使用火。原始社会人类改造和利用自然的方式较为简单,主要以摘取天然果实和捕猎野生动物等方式从自然环境中获得食物。

虽然这一阶段的人类生产力极为落后,但为了在自然环境中谋求生存,人类所采取的一些行动仍对环境产生了一定的破坏,其典型代表是过度狩猎和森林火灾。研究发现,更新世时期(260 万年前—11700 年前),长毛象、大树懒和剑齿虎等许多体形巨大的动物都灭绝了,有学者认为原始人类的过度捕猎产生了重要影响。此外,针对澳大利亚和美洲原住民的调查发现,有些部落保留了其祖先数万年以来的纵火习惯,即通过故意放火来清除灌木丛,以促进浆果等可食用植物的生长。今天当地人对这些火势控制得很严格,只偶尔会引起野火。但很显然,远古时期的人类更难控制火势,而不受控制的火灾可能导致森林等生态系统的广泛破坏和退化。虽然原始社会人类对自然资源利用的方式较为粗放,但总体来看,因为原始社会的人口很少,导致使用和破坏的自然资源总体也较少,所以推测当时人类对环境的影响要比近现代社会小得多。

2. 农耕社会及其对环境的影响

随着对种植、畜禽饲养等农业技术的掌握,人类不必迁徙就能在某地获得一年甚至多年所需的粮食,自此人类开始形成定居点,人口也迅速增加,人类开始进入农耕社会。现在一般认为,全世界进入农耕社会的时间较为接近,都在 12000 年前至 10000 年前,这一时期出现的各类变革也被称为新石器时代革命。多余的粮食和增长的人口,让社会开始出现阶层分化,诞生了手工艺人、学者和管理者等不必亲自从事农业劳动的群体,他们也拥有了更多的时间,能够去学习与发现新的知识和技术,进一步促进社会向着生产力更高、分工更细的方向发展,承载大量人口且功能较为复杂的城市开始在这个阶段形成,人类自此进入一个新的发展时期。

农耕社会中的人类,也从依附自然、靠天吃饭,逐渐转化为改造原野森林等自然环境成为农田和牧场,人口众多且文明先进的国家甚至能够开展较大规模的水利工程建设,对原始的地形地貌进行改造。人和自然的冲突在农耕社会进一步增加,涌现出的环境问题也主要与农业生产有关,如开荒砍伐森林以及作物集约种植所导致的土壤侵蚀,野生动物栖息地丧失等导致的生物多样性下降等。在极端情况下,多种环境问题集中爆发又可能最终演化为生态环境灾难,导致城市的消亡甚至文明的陨落。公元前 2000 年诞生并一直延续至 16 世纪的玛雅文明,有理论认为其衰落的一个重要原因就是过度砍伐森林,导致土壤侵蚀和水资源短缺,加之干旱和其他气候因素,最终导致了文明覆灭。汉代和唐代曾是中国历史上辉煌的朝代,从它们的衰落中,也能发现和人口过快增长、过度放牧、森林砍伐、水土流失和荒漠化有关。大面积的森林砍伐和土壤侵蚀,使得种植作物和维持人口越来越困难。这种环境危机,叠加大规模军事行动的消耗,政治不稳定和经济衰退,导致了朝代的更替和灭亡。

3. 工业社会及其对环境的影响

工业社会指以机器大生产为基础的工业经济阶段,该时期以 18 世纪中期蒸汽机的诞生为起点,发展至今的短短 200 多年内,出现了内燃机、微电子、新材料、生物等一次次重大的产业技术创新,带动了煤炭、钢铁、机械、石化、电气、汽车、信息等一大批产业的兴起发展,极大地促进着人类社会生产力的提高。人类改造自然的能力也在这一时期大幅提升。

然而,工业时代的发展多以牺牲资源环境为代价,尤其在工业革命的早期,人们几乎没有环境保护方面的知识和意识,肆意地向环境倾泻着大量废物。消费主义的盛行以及资本对于利益无穷无尽的追逐,进一步加剧了人类社会对自然资源的挥霍和掠夺。纵观这几百年工业社会发展的历史,人类对自然环境产生的破坏作用是全方位的,相较于之前数百万年的发展,这一时期人类对环境的破坏,其后果更严重、更深远,其中最具代表性的是温室气体排放所带来的全球变暖及其所引发的全球气候变化。

在人类出现以前,地球历史上曾出现过多次温度较高的温暖时期,这些变暖被认为源自当时地壳和海洋所释放出的大量温室气体,如二氧化碳和甲烷。例如 5600 万年前的古新世—始新世极热期,全球气温在几千年的时间里上升了 5～8℃。300 万—500 万年前上新世中期的温暖期,气温比工业化前高出 2～3℃,海平面估计比今天高出约 25m。有证据显示,地球温度升高导致了当时一些适应寒冷环境的物种无法在温暖的条件下生存,从而灭绝。

人类历史上,也有不少关于全球变暖导致文明衰落的例子,如公元前 2600—公元前 1900 年的印度河流域文明,全球变暖导致了季风模式的变化和长期干旱,以致当时该文明流域的关键水源萨拉斯瓦蒂河(Sarasvati River)干涸,农业生产变得困难,并成为引发社会和经济动荡的重要因素。随着印度河流域文明的衰落,美索不达米亚文明和古波斯文明同时崛起,很可能与二者位于环境条件更有利的地区有关。此外,玛雅文明的衰落也可能受到气候变暖的影响。研究表明,玛雅人在 9—10 世纪饱受旱灾侵扰,农业和粮食生产备受打击。虽然玛雅人发明了复杂的农业和灌溉系统来应对这些问题,但是生态改变所带来的干旱远超这些水利设施所能承受的极限。

当前,人类活动所排放的二氧化碳、甲烷、氮氧化物等温室气体也使地球升温。全球变暖可以引起冰川融化、海平面上升,导致沿海地区洪水泛滥,居住在这些地区的人们流离失所。北冰洋的冰层融化也会改变洋流,从而影响海洋生态系统和天气模式,可能导致更频繁和更严重的热浪、干旱、野火和飓风等。温度模式的变化会影响植物和动物物种的分布,并影响依赖这些物种获取食物与其他资源的生态系统和人类社会,从而导致生态失衡甚至崩溃。

1.1.2　产业与环境问题

在人类活动中,生产活动是与环境发生作用最为密切的部分。纵观人类社会发展,环境问题始于农业的产生,自工业革命至 20 世纪 50 年代,是环境污染问题的发展恶化阶段。进入 20 世纪,特别是第二次世界大战以后,科学技术、工业生产、交通运输都得到了迅猛发展,尤其是石油工业的崛起,导致工业分布过分集中,城市人口过分密集,环境污染由局部扩大到区域,由单一的大气污染扩大到气体、水体、土壤和食品等方面的污染,工业污染比以往任何时期都更加严重,已酿成震惊世界的公害事件,如马斯河谷烟雾事件、伦敦烟雾事件、日本水俣病事件、日本富山骨痛病事件等。工业污染的排污特点是集中排放、排污途径明确,可集中收集处理。20 世纪 80 年代以后,环境污染日趋严重,生态遭受大范围破坏。影响范围大和危害严重的全球性大气污染,如温室效应、臭氧破坏和酸雨以及突发性的严重污染事件频繁均与工业产业密切相关。对于工业集中地区的污染,通常称为点源污染,可建立大规模处理设施。相对应的是面源污染,是指由分散的污染物造成的污染,具有随机性、排放途径和排放污染物不确定性、污染负荷空间差异大的特点。面源污染治理难度远大于点源污染,农业污染属于典型的面源污染。农业污染对其他环境问题如大面积森林毁坏、草场退化、土壤侵蚀和沙漠化等具有显著影响。

一般将产业分为第一产业、第二产业和第三产业。根据我国国家统计局 2021 年产业划分规定:第一产业指农、林、牧、渔业;第二产业指采矿业、制造业、电力、燃气及水的生产和供应业、建筑业;第三产业指除第一、第二产业以外的其他行业。第三产业包括交通运输、仓储和邮政业,信息传输、计算机服务和软件业,批发和零售业,住宿和餐饮业,金融业,房地产业,租赁和商业服务业,科学研究,技术服务和地质勘查业,水利、环境和公共设施管理业,居民服务和其他服务业,教育、卫生、社会保障和社会福利业,文化、体育和娱乐业,公共管理和社会组织,国际组织。

1.1.2.1　第一产业与环境

第一产业在一个国家或地区所占地域面积是最大的,也是比较分散的,面源污染的治理难度远高于点源污染,生态平衡的破坏是主要环境问题。水土流失、土壤肥力下降、沙漠化、森林面积减少、生物多样性减少等是主要的表现形式。第一产业导致的局部环境污染已很严重,如农药、化肥使用不当和过量使用造成严重的土壤污染。近年来,随着国家对环境问题的重视,相关问题已得到有效改善,但仍任重道远。

1. 农业

水土流失和土壤肥力是影响农业好坏的主要因素。土壤是农业生产的基础,所谓土壤是指陆地地表具有的并能生长植物的疏松表层,它由矿物质、动植物残体腐解产生的有机质、水分和空气所组成,其中有机质是作为耕地肥力的关键部分,通常集中在地表层 $0\sim 20\ cm$,占土壤干重的 $0.5\%\sim 3\%$。水土流失是指由于各种原因,使土壤有机质流失、肥力降低直至丧失的过程。水土流失的原因有森林减少、过度耕种和放牧。树木发达的根系是保持水土的重要因素,而繁茂的林冠则是截留降水、防止暴雨冲刷土壤的屏障。过度耕种和放牧不仅降低土壤肥力,而且植被减少,使土地暴露在阳光和风力侵蚀中。水土流失不仅使宝贵的有机质减少,从而降低农业产量,而且这些有机质和泥沙混合在一起,作为污染物流入河道和海洋,污染水质、堵塞河道,酿成水灾。

依据《"十四五"生态环境监测规划》,水利部 2023 年度全国水土流失动态监测结果显示,全国水土流失面积下降到 262.76 万 km^2,较 2022 年减少 2.58 万 km^2,减幅 0.97%,减少量和减幅较上年度有所扩大,强烈及以上侵蚀面积占比由 2022 年的 18.74% 下降到 18.43%,水土保持率由 72.26% 提高到 72.56%。

2. 林业

沙漠化:沙漠是指以沙土为主、含盐量高、几乎不含土壤有机质、雨水稀少而多风的荒漠,是人类几乎不能利用的土地。在沙漠和耕地的交汇处,由于耕地的植被被破坏、水资源被过度开采,引起流沙入侵,使耕地变为沙漠的过程称为沙漠化。我国是世界上荒漠化面积最大、受影响人口最多、风沙危害最重的国家之一。第六次全国荒漠化和沙漠化调查结果显示,我国荒漠化和沙漠化土地面积持续减少。截至 2019 年,我国荒漠化土地面积为 257.37 万 km^2,沙漠化土地面积为 168.78 万 km^2,与 2014 年相比分别净减少 37880 km^2、33352 km^2。随着一系列治沙固沙措施施行,我国荒漠化和沙漠化程度稳步减轻。

森林的减少:森林是指由乔木或灌木为主体组成的绿色植物群体。森林在整个地球生态平衡中起着极重要的作用。首先,它是地球上重要的自然资源库,绿色植物通过光合作用生成的有机物量称为净初级生产量,而地球上 48.65% 的净初级生产量来自森林。其次,森林是调节气候的重要因素,通过光合作用吸收二氧化碳、释放氧气,以平衡动、人呼吸和人类活动燃烧过程所排放的大量二氧化碳和需要的氧气。最后,森林截留和蒸腾水分与海洋、河流、湖泊、冰川等共同形成地球的"水循环",如果破坏这一水循环,无疑将影响全球气候。森林具有保持水土、防风固沙以及净化空气的作用。

监测评价结果显示,2021 年我国森林面积 34.6 亿亩(1 亩 ≈ 666.67 m^2),森林覆盖率 24.02%,森林蓄积量 194.93 亿 m^2,草地面积 39.68 亿亩,草原综合植被盖度 50.32%,鲜草年总产量 5.95 亿 t,林草植被总碳储量 114.43 亿 t。2021 年我国森林、草原、湿地生态系统年涵养水源量 8038.53 亿 m^2,年固土量 117.20 亿 t,年保肥量 7.72 亿 t,年吸收大气污染物量 0.75 亿 t,年滞尘量 102.57 亿 t,年释氧量 9.34 亿 t,年植被养分固持量 0.49 亿 t。森林、草原、湿地等生态空间的生态产品总价值量为每年 28.58 万亿元。林草生态系统呈现健康状况向好、质量逐步提升、功能稳步增强的发展态势。

3. 渔业

过度捕捞、环境污染造成渔业减产。多年来,由于我国沿海人口激增而对水产品需求增大,促使捕鱼能力和规模膨胀,使许多鱼类品种几乎灭绝。在一些海域、河、湖,政府不得不采取"休渔"措施,即在鱼类繁殖期间禁止捕鱼以保证全年有一定的产量。而江、湖、河、海的污染,使一些适应能力较弱的珍贵品种纷纷消失。例如,安徽省巢湖由于水质污染,其鱼类品种已从 20 世纪 50 年代的 93 种下降到 1978 年的 61 种,局部污染严重地区已无鱼可捕。我国沿海富营养化的面积和程度不断扩展,鱼类大量死亡,同时也使鱼类品种越来越少。随着国家环境保护方针政策的施行,渔业生态系统呈现健康状况向好、质量逐步提升、功能稳步增强的发展态势。

1.1.2.2 第二产业与环境

人类赖以生存的物质资料主要来自工业生产,相比比较分散的农、林、牧、渔业生产,现代化、集约化的工业生产相对集中,因此生产过程中排放的废气、废水、固体废物往往集中在局部,造成严重污染。

我国工业、生活及其他污染物排放情况概述如下。

废气:2022 年,全国 339 个地级及以上城市平均空气质量优良天数比例为 86.5%,同比下降 1.0 个百分点;$PM_{2.5}$ 平均浓度为 29 $\mu g/m^3$,同比下降 3.3%;PM_{10} 平均浓度为 51 $\mu g/m^3$,同比下降 5.6%;臭氧平均浓度为 145 $\mu g/m^3$,同比上升 5.8%;二氧化硫平均浓度为 9 $\mu g/m^3$,同比持平;二氧化氮平均浓度为 21 $\mu g/m^3$,同比下降 8.7%;一氧化碳平均浓度为 1.1 mg/m^3,同比持平,如图 1-1 所示。

废水:2022 年,3641 个国家地表水考核断面中,水质优良(Ⅰ～Ⅲ类)断面比例为 87.9%,同比上升 3.0%;劣Ⅴ类断面比例为 0.7%,同比下降 0.5%。主要污染指标为化学需氧量、高锰酸盐指数和总磷,如图 1-2 所示。

固体废物:2021 年,196 个大、中城市一般工业固体废物产生量达 13.8 亿 t,综合利用量 8.5 亿 t,处置量 3.1 亿 t,储存量 3.6 亿 t,倾倒丢弃量 4.2 万 t。

综合利用量占利用处置及储存总量的 55.9%,处置和储存分别占比 20.4% 和 23.6%,综合利用仍然是处理一般工业固体废物的主要途径,部分城市对历史堆存的一般工业固体废物进行了有效的利用和处置。一般工业固体废物利用、处置等情况见图 1-3。

彩图 1-1

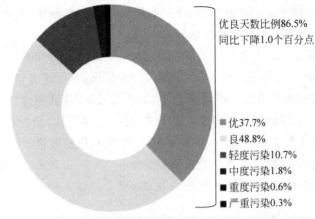

优良天数比例86.5%
同比下降1.0个百分点

优37.7%
良48.8%
轻度污染10.7%
中度污染1.8%
重度污染0.6%
严重污染0.3%

图 1-1　2022 年全国 339 个地级及以上城市各级别天数比例(摘自《2022 中国生态环境状况公报》)

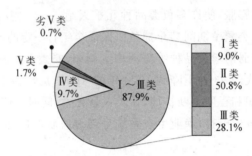

劣Ⅴ类
0.7%
Ⅴ类
1.7%
Ⅳ类
9.7%
Ⅰ～Ⅲ类
87.9%

Ⅰ类
9.0%
Ⅱ类
50.8%
Ⅲ类
28.1%

图 1-2　12 月全国地表水水质类别比例(摘自 2022 年《全国环境统计公报》)

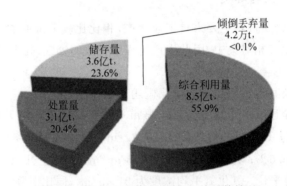

倾倒丢弃量
4.2万t,
<0.1%
储存量
3.6亿t,
23.6%
综合利用量
8.5亿t,
55.9%
处置量
3.1亿t,
20.4%

图 1-3　一般工业固体废物利用、处置等情况

　　我国工业污染先前主要的问题是资源开采不合理和浪费,生产工艺落后。尤其是我国三大支柱产业能源、材料、信息中,能源和材料对环境影响最大。产业问题主要表现在单耗高,原料转化率低。单位产品用水量和单位产值能耗均比先进国家高,能源的平均利用率低于发达国家。

1.1.2.3　第三产业与环境

　　第三产业及其产生的环境问题主要包括三类,一是生产服务的交通运输业,排放污染物占有较大比重,例如,飞机、火车的噪声,火车、客车、运输车辆排放的废气、废物等,火车上丢弃的一次性饭盒、城市中的汽车尾气等经常是社会关注的环境问题;二是生活服务的商业,特别是饭店、宾馆、加工业一般集中在城市,饭店、宾馆的餐饮污染往往统计在城市工作及生活污染中;三是银行、文化、艺术、体育、机关、学校等人口密度高,生活污染物排放集中的区域。

人类在生存、繁衍过程中以消费自然资源、产品等活动而向环境排放污染物,所造成的环境污染称为生活污染。城市是人类密集聚居地,是消费活动的集中地,产生主要的生活污染。生活污染主要包括:①消耗能源,以取暖、做饭、空气调节以及使用交通工具(如小汽车),特别是使用煤为能源的城市,由于能源的利用率低,向大气排放大量二氧化硫和烟尘,同时产生固体废物煤渣;家用小汽车的推广,在城市中排放氮氧化物、碳氢化合物造成大气污染;噪声也是城市的重要污染源。②由于饮食消费、卫生洗涤、排泄粪尿而排放的生活污水是城市一大污染源,生活污水含有机污染物、合成洗涤剂、致病菌、病毒和寄生虫等。③生活垃圾,主要是城市生活垃圾,是指以家庭为主以及办公室、餐馆、饭店等场所排出的各种废物,其主要成分有厨余垃圾、织物、塑料、纸张、金属、玻璃、废木料、建筑垃圾、渣土以及废弃的办公用品。

1.1.3　产业与经济发展

当前,我国经济发展已由高速增长阶段转向高质量发展阶段,产业结构进一步转型升级,"碳达峰、碳中和"("双碳")政策更是加速推动我国产业结构绿色转型步伐。我国作为制造业大国,工业产业能源消费约占总终端能源消费的 2/3,是我国二氧化碳排放的主要领域,占全国总排放量的 80% 左右,尤其钢铁、化工和石化、水泥和石灰以及电解铝等传统产业的能源密集,碳排放相对较高。因此,欲实现"碳达峰、碳中和"目标就势必要强力推动传统工业产业科技创新、驱动产业发展变革。同时还要加快高技术产业、先进制造业、数字经济等新兴产业发展,大力发展新型绿色低碳经济,推进产业结构调整和升级,降低工业产业的能源消费和碳排放,逐步实现经济增长和碳排放的脱钩。

"十四五"时期,伴随乡村振兴战略的实施以及农产品价格趋升,我国第一产业比重将呈现持续稳步的下降态势,"十四五"期末第一产业比重将下降至 6.5% 左右;我国工业创新发展能力大幅提升,高端发展态势逐步显现,绿色发展水平迈上新台阶,集约发展程度持续增强,"十四五"期末第二产业比重将降至 35.5% 左右;在"一带一路"、自由贸易试验区、产业转型升级、新型城镇化和居民消费品质升级等背景下,我国服务业发展迎来了新机遇,第三产业比重继续呈现稳步上升趋势,在经济发展中的主导产业进一步凸显,"十四五"期末第三产业比重将升至 58.0% 左右。"十四五"时期我国产业结构变动趋势预测见表 1-1。

表 1-1　"十四五"时期我国产业结构变动趋势预测

三大产业	2019 年	2020 年	2021 年	2022 年	2023 年	2024 年	2025 年
第一产业/%	7.1	7.7	7.3	7.0	6.8	6.6	6.5
第二产业/%	38.6	37.8	37.3	36.9	36.4	36.0	35.5
第三产业/%	54.3	54.5	55.4	56.1	56.8	57.4	58.0

1.2　资源与能源

资源是人类赖以生存和发展的基础。能源是资源的重要组成部分,是国民经济发展的基础,对于社会、经济发展和提高人民生活质量至关重要。在当今世界快速发展和我国经济高速增长的环境下,尤其在"双碳"战略目标下,我国资源、能源面临着经济增长与环境保护的双重压力。在合理利用自然资源的基础上开发新能源、走可持续发展的道路,是解决双重压力的必然之路。

1.2.1　资源的概念与分类

1.2.1.1　资源的概念

资源的概念通常指自然资源,《辞海》将资源定义为:"资源是资财的来源。天然存在的自然物,如土地资源、水利资源、生物资源和海洋资源,是生产的原料来源和布局的场所,不包括人为加工制造的原料。"马克思和恩格斯认为"劳动和自然界一起才是一切财富的源泉,自然界为劳动提供一切材料,劳动把材料变为财富"。

1.2.1.2　资源的分类

为了研究及开发利用的方便,通常把资源分为自然资源和社会经济资源,再依据资源的一些共同特征将其进行统一分类,见图 1-4。

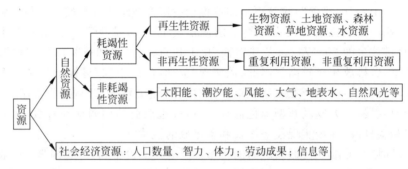

图 1-4　资源的分类体系

自然资源是指在一定的技术经济条件下,能为人类生产和生活所用的一切自然物质和自然能量的总和,通常包括矿产资源、土地资源、水资源、生物资源、气候资源、海洋资源等。再生性资源在正确的管理和维护下,可以不断更新和利用;反之,再生性资源就会退化、解体并有耗竭之忧。非再生性资源中一些非耗竭性金属如黄金、铂等可以重复利用;而另一些非再生性资源如石油、煤炭、天然气等,当它们作为能源利用时,从物质不灭观点看,地球上的元素数量虽没有改变,但它们的物质形式和位置都发生了变化。自然界中还存在一些资源,在目前的生产条件和技术水平下,不会在利用过程中导致明显的消耗,即非耗竭性资源,如太阳能、潮汐能、风能、地表水、大气、自然风光等。

社会经济资源是作为人类生产和生活所用的人力(人口、智力、体力等)和劳动成果的总和。

1. 根据自然资源的地理特性分类

1) 矿产资源(岩石圈)

矿产资源是指在地壳形成之后,经过一定的地质作用而形成的埋藏于地下或露出地表的具有利用价值的自然资源。

2）土地资源（土壤圈）

土地是地球陆地的表面部分，作为一种自然资源，土地资源是指在当前和将来的技术经济条件下能为人类所利用、能够创造财富和产生经济价值的那部分土地。

3）水资源（水圈）

水资源是指在目前的技术和经济条件下，容易被人类利用的补给条件好的淡水资源，主要包括河川径流，也包括湖泊、地下水等。

4）生物资源（生物圈）

生物资源是指生物圈中对人类具有实际或潜在用途及价值的生物组成部分。地球上所有的植物、动物和微生物都属于生物资源的范畴。

5）气候资源（大气圈）

气候资源是指广泛存在于大气圈中的光能、热能、降水、风能等可以为人们直接或间接利用，能够形成财富，具有使用价值的自然物质和能量。

6）海洋资源

海洋资源是指来源、形成和存在方式都直接与海水有关的物质和能量，如海洋生物资源、海底矿产资源、海水化学资源、海洋动力资源等。

2. 根据自然资源的可利用性分类

自然资源可分为耗竭性资源和非耗竭性资源。耗竭性资源是在地球演化过程中的特定阶段形成的，质与量是有限的，空间分布是不均匀的。

1）耗竭性资源

耗竭性资源又可分为可再生资源和不可再生资源。

（1）可再生资源也称可更新资源，指能够通过自然力量，使资源增长率保持或增加蕴藏量的自然资源。只要使用得当，可再生资源会不断得到补充、再生，可反复利用，不会耗竭，如太阳能、大气、农作物、鱼类、野生动植物、森林等是可再生资源，推而广之，也可包括社会资源、信息资源等。这类资源中的部分资源用量不受人类活动的影响，例如太阳能，当代人的消费无论多少，都不会影响后代人的消费数量。但是多数可再生资源的持续利用受人类利用方式、利用力度等影响，只有在合理开发利用的情况下，资源才可以恢复、更新甚至增加，不合理开发、过度开发会使更新过程受到破坏，使蕴藏量减少甚至耗竭。例如，鱼类、水产资源只要合理捕捞，资源总量可以维持平衡；过度捕捞，破坏鱼类繁殖周期，降低自然增长率，会使之逐步枯竭。

但是大面积的砍伐将造成森林所构成的植物群落的逆演替，从而使得森林面积锐减，生物多样性丧失，生物种质资源减少，林地退化成草地或沙漠。这方面的例子不胜枚举。像塞罕坝林场以及很多国家特一级保护动物如大熊猫、藏羚羊等，都是差一点变成不可再生资源的可再生资源。

（2）不可再生资源也称可耗竭资源，指在对人类有意义的时间范围内，资源的质量保持不变，资源储藏量不再增加的资源。这些资源是亿万年的地质作用形成的，如铜、铁等金属矿产资源和石棉、云母、矿物质等资源是有限的，更新能力极弱、会慢慢枯竭殆尽。按其能否重复利用，又可分为可回收和不可回收两类。部分金属类和非金属类资源经人类加工成产品，当丧失使用价值后，可以回收原产品再使用或经加工后作为其他功能使用，属于可回收类资源。像石油、煤、天然气等经燃烧后产生热能，其组分分解为二氧化碳和水，无法恢复到原有组分,使用过程不可逆,使用后不能恢复原状,属于不可回收类资源。

2) 非耗竭性资源

非耗竭性资源随着地球形成及其运动而存在,基本上是持续稳定产生的,又称为无限资源,如太阳能、空气、风、降水等。

此外,自然资源按产业分类,可分为农业资源、水产资源、工业资源、能源资源、旅游景观资源、人文资源、医药卫生资源等。也有一些自然资源可归属到多个类别里,如湿地公园既有水资源、土壤资源还具有观赏性和人文性;另外像我国启动的国家森林公园计划,就是尽可能保护这些自然资源,保护生物多样性,为人类研究提供宝贵的财富,同时也丰富了人类的精神生活,就可以包含在多个类别里。

1.2.2　资源与环境的辩证统一

人类只有一个地球,生存环境空间有限、稳定性有限、资源有限、容纳污染物能力有限、对污染物自净能力有限。资源与环境是自然与各种人为因素相互作用的复杂过程。要解决资源与环境问题既需要从宏观角度观察问题,把握其实质,又要在微观上分析其产生的机理及影响因素,用辩证统一的科学态度找出解决的办法。

1.2.2.1　资源与环境的全球一体化

许多资源与环境问题是全球性的,如全球气候变化、臭氧层破坏、酸雨、土地荒漠化、海洋污染等。有些问题虽然发生在局部,但是会通过地球循环系统扩散至全球性问题。例如,酸雨的发生开始于工业化国家,随着第三世界国家的工业化进程,酸雨的范围逐渐扩大,以致成为全球问题。而且,导致酸雨产生的化学物质也由以二氧化硫为主,扩大到现在包括二氧化硫、氮氧化物和氨等在内的多种物质。海洋石油污染开始时也只是局部的,随着石油泄漏事故的频繁发生,加上绝大部分海洋的公海性质和海洋环流的作用,已经演化为全球性问题。

地球系统内各种资源之间、资源与环境之间通过地球循环系统的物理过程、化学过程和生物过程不断进行着物质与能量的转换与交换,形成了一个相互联系、相互影响的有机整体,牵一发而动全身,任何一个反应过程的变化都会带来连锁反应甚至导致一系列生态环境问题。例如,开发矿产资源的采矿活动不仅会引起塌陷和尾矿的堆积,改变一个地区的地貌景观,还需要占用土地并对周边地区的土壤性质产生影响,此外,还对水文循环、水体质量、生物群落和生态系统产生一系列的影响。林地和草地的大面积开垦,导致水土流失、河道淤积、土地荒漠化,进一步影响水分循环、气候变化和大气颗粒物含量,危害人类健康。

1.2.2.2　资源与环境和谐共生的可持续发展观

人类能够制造工具、进行社会分工、具有高级的思维活动,是整个地球自然生态系统的一个组成部分,人与自然存在着一种既对立又统一的辩证关系,必须遵循自然规律和生物学规律。人类利用和开发自然资源应以自然环境所能够承受的能力为最高限度,要考虑人类未来对资源与环境的需要,不能无限制。人类不是一般的自然物和生物体,在人与自然的关系中,人类需要从伦理学角度调整人与自然的关系,承认自然界的价值,尊重自然界的权利,实现资源与环境的和谐共生可持续发展。首先,要尊重和善待自然,包括尊重地球上的各种生命,尊重自然的和谐与稳定,顺应自然生活。其次,要关心个人,更要关心整个人类,从人类的整体利益出发,谋求在自然环境上的社会正义、公正和权利平等。最后,既着眼当前,又思虑未来,实行可持续发展战略。可持续发展就是协调好人口、资源、环境与发展的关系,有效地控制人口增长、提高人口质量,尽可能地使用再生性资源替代耗竭性资源,通过控制使用率和收获率保障可更新资源的可持续更新发展,通过科学与技术进步、资源的高效利用、推广清洁生产和进行环境监测等对各种污染源进行有效的控制,保证生态环境安全。

1.2.2.3　同一个地球同一个家

地球诞生 46 亿年以来,孕育了世间万物,但却不再意气风发。人类在漫长的历史发展过程中,对地球的索取日益变本加厉,不可再生资源在迅速消耗,大片原始森林、矿产资源消耗巨大,工业废水、废气、废物的排放,使地球上的水源、空气和土地遭到了严重的污染,造成生态系统失衡,环境恶化,水土流失加剧,灾害频发,人类面临着巨大挑战。所有这一切都在向人类发出警示:人类在破坏地球环境的同时,也在毁灭着自己。合理利用资源、保护生态环境要成为全民的共识和自觉行动。为此,必须从战略的高度树立可持续发展的思想,要明白人类只有一个地球,"同一个地球同一个家",拯救地球就是拯救人类,我们每个人都应该同呼吸共命运,爱护地球,崇尚科学,树立节约资源、保护环境的意识,自觉地从自己做起,从身边做起,为保护和改善地球环境作出应有的贡献。

1.2.3　能源的概念与分类

关于能源的概念有很多,例如:《科学技术百科全书》表述,"能源是可从其获得热、光和动力之类能量的资源";《不列颠百科全书》表述,"能源是一个包括所有燃料、流水、阳光和风的术语,人类用适当的转换手段便可让它为自己提供所需的能量";《日本大百科全书》表述,"在各种生产活动中,我们利用热能、机械能、光能、电能等来做功,可利用来作为这些能量源泉的自然界中的各种载体,称为能源";我国的《能源百科全书》表述,"能源是可以直接或经转换提供人类所需的光、热、动力等任一形式能量的载能体资源"。《中国大百科全书》表述:能源亦称能量资源或能源资源,是国民经济的重要物质基础,未来国家命运取决于能源的掌控。能源的开发和有效利用程度以及人均消费量是生产技术和生活水平的重要标志。《中华人民共和国节约能源法》(简称《节约能源法》)中表述:能源,是指煤炭、石油、天然气、生物质能和电力、热力以及其他直接或者通过加工、转换而取得有用能的各种资源。可见,能源是一种呈现多种形式的,且可以相互转换的能量的源泉。确切而简单地说,能源是自然界中能为人类提供某种形式能量的物质资源。

能源是人类文明进步的基础和动力,攸关国计民生和国家安全,关系人类生存和发展,对于促进经济社会发展、增进人民福祉至关重要。

能源种类繁多,而且经过人类不断地开发与研究,更多新型能源已经开始能够满足人类需求。根据不同的划分方式,能源也可分为不同的类型,主要有以下 7 种分法。

1) 按来源分类

(1) 来自地球外部天体的能源(主要是太阳能)。除直接辐射外,其还为风能、水能、生物能和矿物能源等的产生提供基础。人类所需能量的绝大部分都直接或间接地来自太阳。正是各种植物通过光合作用把太阳能转变成化学能,在植物体内储存下来。煤炭、石油、天然气等化石燃料也是由古代埋在地下的动植物经过漫长的地质年代形成的。它们实质上是由古代生物固定下来的太阳能。此外,水能、风能、波浪能、海流能等也都是由太阳能转换来的。

(2) 地球本身蕴藏的能量。通常指与地球内部的热能有关的能源和与原子核反应有关的能源,如原子核能、地热能等。温泉和火山爆发喷出的岩浆就是地热的表现。地球可分为地壳、地幔和地核三层,是一个大热库。地壳就是地球表面的一层,一般厚度为几千米至70 km。地壳下面是地幔,大部分是熔融状的岩浆,厚度为 2900 km。火山爆发一般是这部分岩浆喷出。地球内部为地核,地核中心温度为 2000℃。可见,地球上的地热资源储量也很大。

(3) 地球和其他天体相互作用而产生的能量,如潮汐能。

2) 按产生形式分类

按产生形式,能源可分为一次能源和二次能源。前者即天然能源,指在自然界现成存在的能源,如煤炭、石油、天然气、水能等。后者指由一次能源加工转换而成的能源产品,如电力、煤气、蒸汽及各种石油制品等。一次能源又分为可再生能源(水能、风能及生物质能)和不可再生能源(煤炭、石油、天然气等),其中煤炭、石油和天然气三种能源是一次能源的核心,它们成为全球能源的基础;除此以外,太阳能、风能、地热能、海洋能、生物能等可再生能源也被包括在一次能源的范围内;二次能源则是指由一次能源直接或间接转换成其他种类和形式的能量资源,例如,电力、煤气、汽油、柴油、焦炭、洁净煤和激光等能源都属于二次能源。

3) 按能源性质分类

按性质,能源可分为有燃料型能源(煤炭、石油、天然气、泥炭、木材)和非燃料型能源(水能、风能、地热能、海洋能)。人类利用自己体力以外的能源是从用火开始的,最早的燃料是木材,后来用各种化石燃料,如煤炭、石油、天然气、泥炭等。

人类现正研究利用太阳能、地热能、风能、潮汐能等新能源。当前化石燃料消耗量很大,而且地球上这些燃料的储量有限。未来铀和钍将提供世界所需的大部分能量。一旦控制核聚变的技术问题得到解决,人类实际上将获得无尽的能源。

4) 按污染与否分类

根据能源消耗后是否造成环境污染可分为污染型能源和清洁型能源,污染型能源包括煤炭、石油等,清洁型能源包括水力、电力、太阳能、风能以及核能等。

5) 按使用类型分类

按使用类型,能源可分为常规能源和新型能源。

利用技术上成熟、使用比较普遍的能源叫作常规能源,包括一次能源中的可再生的水利资源和不可再生的煤炭、石油、天然气等资源。

新近利用或正在着手开发的能源叫作新型能源。新型能源是相对于常规能源而言的,包括太阳能、风能、地热能、海洋能、生物能、氢能以及用于核能发电的核燃料等能源。由于新型能源的能量密度较小,或转换效率低,或有间歇性,按已有的技术条件转换利用的经济性尚差,还处于研究、发展阶段,只能因地制宜地开发和利用;但新型能源大多数是再生能源,资源丰富,分布广阔,是未来的主要能源之一。

6) 按转换与应用的层次分类

按转换与应用的层次对能源进行分类,世界能源委员会推荐的能源类型分为:固体燃料、液体燃料、气体燃料、水能、电能、太阳能、生物质能、风能、核能、海洋能和地热能。其中，前三种类型统称化石燃料或化石能源。已被人类认识的上述能源，在一定条件下可以转换为人们所需的某种形式的能量。例如薪柴和煤炭，把它们加热到一定温度，它们能和空气中的氧气化合并放出大量的热能。我们可以用热来取暖、做饭或制冷；可以用热来产生蒸汽，用蒸汽推动汽轮机，使热能变成机械能；可以用汽轮机带动发电机，使机械能变成电能；如果把电送到工厂、企业、机关、农牧林区和住户，它又可以转换成机械能、光能或热能。

7) 按是否再生分类

人们对一次能源又进一步加以分类。凡是可以不断得到补充或能在较短周期内再产生并不会对自然环境造成影响的能源称为再生能源，如风能、水能、海洋能、潮汐能、太阳能和生物质能等，它们一般不会造成环境恶化或是重大资源的消耗。反之则称为非再生能源，煤、石油和天然气等是非再生能源。

地热能是来源于地球内部的自然资源，它的开发利用则会影响地温分布，降低地温是不可逆的过程，因此地热能不同于太阳能、风能等具有可再生特性的能源，它是一种不可再生能源。

核能是不可再生能源。核能是通过核反应从原子核释放的能量，主要利用核裂变反应，核燃料如铀、钍等在地球上的储量有限，且无法在短时间内自然再生。它可以直接从自然界中获取，但在使用过程中，其燃料无法恢复，因此属于不可再生能源。核能的新发展将使核燃料循环具有增殖的性质。核聚变的能比核裂变的能高出 5～10 倍，核聚变最合适的燃料重氢(氘)又大量存在于海水中，可谓"取之不尽，用之不竭"。核能是未来能源系统的支柱之一。

1.2.4　能源的清洁利用

能源的清洁利用是指对能源清洁、高效、系统化应用的技术体系。其含义有三点：第一，它不是对能源的简单分类，如煤从分类上属于污染型能源，而煤经洁净利用技术处理后则属于清洁能源；第二，能源清洁利用不但强调清洁性，同时也强调经济性；第三，清洁能源的清洁性指的是符合一定的排放标准。

近年来，以核能、风能、太阳能等为代表的清洁能源在我国能源消费中的占比不断提升。国家发展改革委公布的数据显示，2021 年，我国清洁能源消费占比达到 25.5%。

在冬季大气污染治理以及"双碳"目标压力下，我国居民的取暖方式正变得"百花齐放"，核能供暖、风电供暖、生物质能供暖、地热能供暖等清洁能源供暖方式加速普及。

《"十四五"可再生能源发展规划》中明确，2025 年太阳能热利用、地热能供暖、生物质能供热、生物质燃料等非电利用规模达到 6000 万 t 标准煤以上。

面对既定的"双碳"目标，推动供暖能源清洁化、低碳化已从一道"选答题"逐渐成为"必答题"，我国正在加速探索如何"解题"。

能源低碳转型进入重要窗口期。"十三五"时期，我国能源结构持续优化，低碳转型成效显著，非化石能源消费比重达到 15.9%，煤炭消费比重下降至 56.8%，常规水电、风电、太阳能发电、核电装机容量分别达 3.7 亿 kW、2.8 亿 kW、2.5 亿 kW、0.5 亿 kW，非化石能源发电装机容量稳居世界第一，如表 1-2 所示。"十四五"时期是为力争在 2030 年前实现碳达峰、2060 年前实现碳中和打好基础的关键时期，必须协同推进能源低碳转型与供给保障，加快能源系统调整以适应新能源大规模发展,推动形成绿色发展方式和生活方式。

表 1-2　"十三五"时期能源发展主要成就

指　　标	2015 年	2020 年	年均/累计
能源消费总量/亿 t 标准煤	43.4	49.8	2.8%
煤炭消费占比/%	63.8	56.8	(−7.0)
石油消费占比/%	18.3	18.9	(0.6)
天然气消费占比/%	5.9	8.4	(2.5)
非化石能源消费占比/%	12.0	15.9	(3.9)
一次能源生产量/亿 t 标准煤	36.1	40.8	2.5%
发电装机容量/亿 kW	15.0	21.6	7.5%
水电装机容量/亿 kW	3.2	3.7	2.9%
煤电装机容量/亿 kW	9.0	10.8	3.7%
气电装机容量/亿 kW	0.7	1.0	8.2%
核电装机容量/亿 kW	0.3	0.5	13.0%
风电装机容量/亿 kW	1.3	2.8	16.6%
太阳能发电装机容量/亿 kW	0.4	2.5	44.3%
生物质发电装机容量/亿 kW	0.1	0.3	23.4%
西电东送能力/亿 kW	1.4	2.7	13.2%
油气管网总里程/万 km^2	11.2	17.5	9.3%

注:①( )内为五年累计数。②水电包含常规水电和抽水蓄能电站。

2024 年 11 月 8 日《中华人民共和国能源法》颁布,定义了能源概念:本法所称能源,是指直接或者通过加工、转换而取得有用能的各种资源,包括煤炭、石油、天然气、核能、水能、风能、太阳能、生物质能、地热能、海洋能以及电力、热力、氢能等。指出国家积极有序推进氢能开发利用,促进氢能产业高质量发展,强调在能源开发利用中国家支持优先开发利用可再生能源,合理开发和清洁高效利用化石能源,推进非化石能源安全可靠有序替代化石能源,提高非化石能源消费比重。

我国目前发展的较为广泛的清洁能源包括洁净煤、核能、太阳能、风能、生物质能、水能、地热能、潮汐能、煤层气、氢能等。其中,发展最为迅速的清洁能源是太阳能和风能,太阳能已经在我国得到较大范围的使用,风能在我国的利用也较为成熟。

1.2.4.1　洁净煤

1. 煤炭是不洁净能源

煤炭是我国的第一能源,在一次能源生产和消费结构中占 75% 左右。我国的煤炭储量丰富,占我国常规能源探明储量的 90%,是我国最可靠的能源。因此,煤炭在我国国民经济中的地位举足轻重。但是,从环境的角度,煤炭是不洁净的能源,其污染贯穿于开采、储存、流通和利用的全过程。当全球正寻求经济发展与环境资源相互协调发展的时刻,研究解决煤炭清洁利用的环境问题是紧迫的任务。

2. 洁净煤技术

传统意义上的洁净煤技术主要是指煤炭的净化技术及一些加工转换技术,即煤炭的洗选、配煤、型煤加工以及粉煤灰的综合利用技术。而目前意义上的洁净煤技术是指高技术含量的洁净煤技术,发展的主要方向是煤炭的气化、液化、煤炭高效燃烧与发电技术等。它是旨在减少污染和提高效率的煤炭加工、燃烧、转换和污染控制新技术的总称,是当前世界各国解决环境问题的主导技术之一,也是高新技术国际竞争的一个重要领域。

洁净煤技术工艺包括两个方面:一是直接烧煤洁净技术,二是煤转化为洁净燃料技术。

1) 直接烧煤洁净技术

直接烧煤洁净技术又包括燃烧前、燃烧中、燃烧后煤洁净技术。

(1) 燃烧前的净化加工技术,主要是洗选、型煤加工和水煤浆技术。

原煤洗选采用筛分、物理选煤、化学选煤和细菌脱硫等方法,可以除去或减少灰分、矸石、硫等杂质;型煤加工是把散煤加工成型煤,由于成型时加入石灰固硫剂,可减少二氧化硫排放,减少烟尘,还可节煤;水煤浆是用优质低灰原煤制成,可以代替石油。

(2) 燃烧中的净化燃烧技术,主要是流化床燃烧技术和先进燃烧器技术。

流化床又叫沸腾床,有泡床和循环床两种,由于燃烧温度低,可减少氮氧化物排放量,煤中添加石灰可减少二氧化硫排放量,炉渣可以综合利用,能烧劣质煤,这些都是流化床燃烧技术的优点;先进燃烧器技术是指改进锅炉、窑炉结构与燃烧技术,减少二氧化硫和氮氧化物的排放技术。

(3) 燃烧后的净化处理技术,主要是消烟除尘和脱硫脱氮技术。

消烟除尘技术很多,静电除尘器效率最高,可达 99% 以上,电厂一般都采用此技术。脱硫方法有氨水吸收法,其脱硫效率可达 93%～97%;石灰乳浊液吸收法,其脱硫效率可达 90% 以上;以及其他一些方法。

2) 煤转化为洁净燃料技术

煤转化为洁净燃料技术主要包括煤的气化技术、煤的液化技术、煤气化联合循环发电技术。

(1) 煤的气化技术。

煤的气化技术有常压气化和加压气化两种,它是在常压或加压条件下,保持一定温度,通过气化剂(空气、氧气和蒸汽)与煤炭反应生成煤气,煤气中主要成分是一氧化碳、氢气、甲烷等可燃气体。用空气和蒸汽做气化剂,煤气热值低;用氧气做气化剂,煤气热值高。煤在气化中可脱硫除氮,排去灰渣,因此,煤气就是洁净燃料了。

(2) 煤的液化技术。

煤的液化技术有间接液化和直接液化两种。间接液化是先将煤气化,然后再把煤气液化,如煤制甲醇,可替代汽油,我国已有应用。直接液化是把煤直接转化成液体燃料,如直接加氢将煤转化成液体燃料,或煤炭与渣油混合成油煤浆反应生成液体燃料,我国已开展研究。

(3) 煤气化联合循环发电技术。

煤气化联合循环发电技术是先把煤制成煤气,再用燃气轮机发电,排出高温废气烧锅炉,再用蒸汽轮机发电,整个发电效率可达 45%。此项技术我国正在开发研究中。

1.2.4.2　核能

核电是我国新兴能源产业发展的重要支柱,是石化能源替代的主要选择之一。但是目前我国核电发展速度无法满足社会经济快速发展对能源的巨大需求,因而我国核电发展战略也应适时做出调整。

核能俗称原子能,它是原子核里的核子——中子或质子,重新分配和组合时释放出来的能量。核能分为两类:一类叫裂变能,另一类叫聚变能。

核能有巨大威力。1 kg铀原子核全部裂变释放出来的能量,约等于2700 t标准煤燃烧时所放出的化学能。一座100万kW的核电站,每年只需25～30 t低浓度铀核燃料,运送这些核燃料只需10辆卡车;而相同功率的煤电站,每年则需要300多万t原煤,运输这些煤炭,要1000列火车。核聚变反应释放的能量则更巨大。据测算1 kg煤只能使一列火车行驶8 m;1 kg核裂变原料可使一列火车行驶4万km;而1 kg核聚变原料可以使一列火车行驶40万km,相当于地球到月球的距离。

1.2.4.3　太阳能

1. 太阳热辐射

太阳是一个表面辐射温度约为5760 K(K＝℃+273.15)的巨大炽热球体,其中心的温度高达$2×10^7$ K。在太阳内部进行着激烈的热核反应,使4个氢原子聚变为1个氦原子,并释放出大量的能量(每1 g氢原子聚变为氦放出$6.5×10^8$ kJ能量),它以电磁波的形式不断地向宇宙中辐射能量。通过植物和其他“生产者”机体中的光合作用进入生物系统,其中一部分作为化学能储存在植物和动物的机体内,在合适的地理条件下经过数百万年转变成煤、矿物油、天然气等化石能源。

2. 太阳能资源

通常所说的太阳能资源,不仅包括直接投射到地球表面上的太阳辐射能,而且包括像水能、风能、海洋能和潮汐能等间接的太阳能资源、生物质能、化石能源等。水能是由水位的高差所产生的,由于受到太阳辐射的影响,地球表面上(包括海洋)的水分蒸发,形成雨云在高山地区降水后,即形成水能的主要来源。风能是由于受到太阳辐射,在大气中形成温差和压差,从而造成空气的流动而产生的。潮汐能则是太阳和月亮对地球上海水的万有引力作用的结果。总之,严格说来,除地热能和原子核能以外,地球上的其他能源全部源自太阳能。

3. 太阳能资源的特点

1) 优点

与常规能源相比,太阳能资源具有的优点,包括以下4个方面。

(1) 数量巨大

每年到达地球表面的太阳辐射能约为$1.8×10^{14}$ t标准煤,约为目前全世界所消费的各种能量总和的1万倍。

(2) 时间长久

根据天文学研究的结果表明,太阳系已存在大约有130亿年。根据目前太阳辐射的总功率以及太阳上氢的总含量进行估算,太阳尚可存续约1000亿年。

(3) 获取方便

太阳能分布广泛,无论大陆、海洋、高山或岛屿,都有太阳能,其开发和利用都很方便。

（4）洁净安全

太阳能安全卫生，对环境无污染，不损害生态环境。

2）缺点

太阳能资源虽有上述几方面常规能源无法比拟的优点，但也存在以下 3 个方面的缺点。

（1）分散性

到达地球表面的太阳辐射能的总量尽管很大，但是能源密度却很低，北回归线附近夏季晴天中午的太阳辐射强度最大，平均为 $1.1 \sim 1.2 \text{ kW/m}^2$，冬季大约只有其一半，而阴天则往往只有其 1/5 左右。因此，想要得到一定的辐射功率，一是增大采光面积；二是提高采光面积的集光比。但前者需占用较大的地面，后者则会使成本提高。

（2）间断性和不稳定性

由于受昼夜、季节、地理纬度和海拔等自然条件的限制，以及晴、阴、云、雨等随机因素的影响，太阳辐射是间断和不稳定的。为了使太阳能成为连续、稳定的能源，就必须很好地解决蓄能问题，即把晴朗白天的太阳辐射能尽量储存起来以供夜间或阴雨天使用。

（3）效率低和成本高

有些太阳能利用虽然在理论上是可行的，技术上也成熟，但因其效率较低和成本较高，目前还不能与常规能源相竞争。

3）利用方式

太阳能利用方式主要有 9 种：

（1）太阳能发电。主要是把太阳的能量聚集在一起，加热来驱动汽轮机发电。

（2）太阳能光伏发电。将太阳能电池组合在一起发电。

（3）太阳能水泵。

（4）太阳能热水器。

（5）太阳能建筑。主要有三种形式，即被动式、主动式和"零能建筑"。

（6）太阳能干燥。用于对许多农副产品的干燥。

（7）太阳灶。可以分为热箱式和聚光式两种。

（8）太阳能制冷与空调。这是一种节能型的绿色空调，无噪声、无污染。

（9）淡化海水，治理环境等其他用途。

特别受人关注的利用方式主要有太阳能发电、太阳能热水器和太阳能建筑等。

1.2.4.4　风能

1．风能概述

风能是一种可再生能源，是由太阳的辐射引起的，是太阳能的一种能量转换形式。据测算，全球的风能约为 $2.74 \times 10^9 \text{ MW}$，其中可利用的风能为 $2 \times 10^7 \text{ MW}$，比地球上可开发利用的水能总量还要大 10 倍。风能作为一种无污染和可再生的新能源，特别是对沿海岛屿、交通不便的边远山区、地广人稀的草原牧场，以及远离电网和近期内电网还难以达到的农村、边疆，是解决生产和生活能源的一种可靠途径。

2．风的特性

（1）风随时间的变化

风随时间而变化，包括每日的变化和季节的变化。通常一天中风的强弱在某种程度上可以看作是周期性的,如地面上夜间风弱,白天风强。由于季节的变化,太阳和地球的相对位置也发生变化,使地球上存在季节性的温差。因此,风向和风的强度也会发生季节性变化。我国大部分地区风的季节性变化情况是:春季最强,冬季次之,夏季最弱。沿海的浙江省温州地区则是夏季季风最强,春季季风最弱。

（2）风随高度的变化

从空气运动的角度,通常将不同高度的大气层分为三个区域。离地面 2 m 以内的区域称为底层;2～100 m 的区域称为下部摩擦层,二者共称为地面境界层;100～1000 m 的区段称为上部摩擦层,以上三区域总称为摩擦层。摩擦层之上是自由大气层。地面境界层内空气流动受涡流、黏性和地面植物及建筑物等的影响,风向基本不变,但越往高处风速越大。

（3）风的随机性变化

如果用自动记录仪来记录风速,就会发现风速是不断变化的,一般所说的风速是指变动部位的平均风速。通常自然风是一种平均风速与瞬间激烈变动的紊流相重合的风。

3．风能的特点

风能就是空气流动所产生的动能。风速为 9～10 m/s 的五级风吹到物体表面上的力约为 0.1 kN/m²。风速为 20 m/s 的九级风吹到物体表面上的力约为 0.5 kN/m²。台风的风速可达 50～60 m/s,它对物体表面上的压力可高达 2 kN/m² 以上。

风能与其他能源相比,既有明显的优点,又有突出的局限性。风能具有蕴藏量巨大、可再生、分布广泛、无污染 4 个优点。但同时风能也存在明显的局限性。

（1）密度低。

这是风能的一个重要缺陷。由于风能来源于空气的流动,而空气的密度是很小的,因此风力的能量密度也很小,只有水力的 1/1000。

（2）不稳定。

由于气流瞬息万变,因此风的脉动、日变化、季变化甚至年际的变化都十分明显,波动很大,极不稳定。

（3）地区差异大。

由于地形的影响,风力的地区差异非常明显。一个区域内,有利地形下的风力,往往是不利地形下的几倍甚至几十倍。

东部沿海水深 5～20 m 海域的近海风能丰富,但限于技术条件,实际的技术可开发风能资源储量远远小于陆地上。

1．2．4．5　生物质能

生物质能来源广泛,种类繁多,主要包括薪柴、农作物秸秆、动物粪便、海洋生物、城市生活垃圾以及生活工业污水与油污等。生物质能源是仅次于煤炭、石油和天然气的世界第四大能源,地球陆地和海洋每年分别生产 1000 亿～1250 亿 t 和 500 亿 t 生物质。生物质能源的年生产量相当于目前世界能源总能耗的 10 倍左右,因而生物质能源的发展潜力巨大。但由于生物质能比较分散、能量密度低,就目前的技术与经济条件,其利用率还较低,2010 年生物质能燃料的生产量达到 5900 万 t 油当量,仅占全球能源消耗的 13%（《BP 世界能源统计年鉴 2011》）。另外,生物质能属于低污染可再生的清洁能源,其可以改善和保护环境;减少温室气体的净排放量；增加土地资源的利用效率、降低石油进口的依存度，保障能源安全；发展农村经济，增加农民收入，优化农林业结构；在促进社会和谐等方面具有重要的意义。

1. 生物质能的相关概念

1) 生物质

生物质是指通过光合作用而形成的各种有机体。广义上讲，生物质是指包括所有的植物、微生物以及以植物、微生物为食物的动物及其产生的废弃物。例如，农作物、农作物废弃物、木材、木材废弃物、动物粪便等。狭义上讲，生物质主要是指农林业生产过程中除粮食、果实以外的秸秆、树木等木质纤维素（简称木质素）、农产品加工业下脚料、农林废弃物及畜牧业生产过程中的禽畜粪便和废弃物等物质。生物质资源具有无净碳排放、硫含量低和可生物降解等环境友好可再生性、低污染性、广泛分布性等特点。

2) 生物质能

生物质能是指直接或间接来源于植物的光合作用，将太阳能以化学能形式储存在生物质中的能量形式，生物质能以生物质为载体，可通过转化为不同形态的燃料来替代常规化石燃料的可再生能源。

3) 生物燃料

生物燃料是指以生物有机体及其新陈代谢排泄物为原料制取的燃料，包括气态、液态和固态三种形式，可以用来替代化石能源。生物燃料一般是指生物乙醇、甲醇和生物柴油之类的液态生物燃料，生物燃料与化石燃料相比的主要功效在于对温室气体减排具有巨大贡献。生物质和生物质能源及生物燃料的区别：生物质能源是指用来生产热能、动能和电能的那部分生物质资源，也是作为能源生物燃料的主要构成部分。需要说明的是：生物质资源都是潜在的生物质能源，只有当生物质资源是用来生产热能、动能和电能时才能被称为生物质能源；生物燃料是人类所要利用的那部分生物质能源的载体。

4) 第一代、第二代和第三代生物燃料

生物燃料根据原料与生产技术来源的不同，可以分为第一代、第二代和第三代生物燃料。

（1）第一代生物燃料。

第一代生物燃料主要是指以玉米、大豆、甘蔗和油菜籽等传统粮食和食用油料作物作为原料来生产的生物液体燃料，主要提炼加工物是生物乙醇和生物柴油，是最主要的交通替代能源，生物乙醇主要是通过小麦、玉米等原料经过发酵、蒸馏、脱水等步骤制成，生物柴油则是以动植物油脂等为原料，经过酯交换反应加工而成的脂肪酸甲酯或乙酯燃料。

第一代生物燃料的主要问题是原料成本高，而且如果把运输和加工过程都计算在内，该类生物燃料所造成的温室气体净排放量几乎与化石能源使用产生的排放相当。另外，第一代生物燃料还存在与粮争地的问题，引起农产品市场混乱，会威胁粮食安全。尽管第一代生物燃料的生产技术已经很成熟，但考虑到以上问题，对发展第一代生物燃料必须进一步加强生物质资源潜力评估、原料品种的选育改造、技术改进以及生物燃料生产过程的全生命周期经济技术分析和优化等方面的研究。

（2）第二代生物燃料。

纤维素乙醇、非粮作物乙醇和生物柴油是第二代生物燃料的代表产品。通过富含纤维

素或半纤维素等生物质原料生产第二代生物燃料主要包括两种工艺流程,一是原料经过预处理、酶降解和糖化发酵、蒸馏、脱水等步骤完成;二是经高温快速裂解、气化、冷凝后得到生物质原油,再经"气化—费-托合成"等化工工艺处理后得到的精炼油产品——生物合成第二代生物柴油。与第一代生物燃料生产相比,第二代生物燃料增加了生物质原料的预处理和纤维素、半纤维素的降解和多个生物催化反应,因而其生产技术要求更高。第二代生物燃料的原料主要使用非粮作物,秸秆、枯草、甘蔗渣、稻壳、木屑等农林业废弃物,以及主要用来生产生物柴油的动物脂肪等。所以第二代燃料和第一代燃料之间最重要的区别之一,在于是否以粮食作物为原料。总的来说,由于纤维素乙醇的生产涉及多个环节,目前其生产成本很高。因而要大力发展纤维乙醇,必须加强培育能源作物新品种、开发完善农林剩余物生产的工艺流程、提高纤维素降解和木糖发酵的效率等方面的研发工作,并对整个过程进行经济、环境等方面的可行性评价。

(3) 第三代生物燃料。

第三代生物燃料是指利用微藻等微生物作为原料,通过光合作用等技术生产的燃料。具有高能量转换率、高利用效率等优点,但目前生产成本较高,需要进一步技术创新和成本优化。

目前,生物燃料正在由第一代向第二、第三代发展。但由于生产第二、第三代生物燃料的关键性技术没有得到大的突破,估计第二、第三代生物燃料的商业化生产还有很长的路要走。

2. 生物质能源的来源

1) 农林业废弃物

农林业废弃物包括两类:农作物秸秆和森林生产剩余物。

(1) 农作物秸秆。

秸秆是农作物成熟后茎叶(穗)部分的总称,通常指小麦、水稻和其他农业生产收获籽实后的剩余部分。农作物秸秆是农村传统的农户炊事、取暖燃料,而且还用作饲料和工业原料。农作物产量、自然地理和农业生产条件等因素对农作物秸秆资源量影响较大,而且由于农作物秸秆分布比较分散,农作物秸秆的产量通常根据农作物产量、草谷比和收获指数等来间接估算获得。

农业生产的秸秆产量相当惊人,2000 年全球秸秆产量合计为 319156.61 万 t,其中大部分没有得到利用。

(2) 森林生产剩余物。

林业"三剩物"主要包括采伐剩余物、造材剩余物、木材加工剩余物。据统计,全世界林业"三剩物"达 26 亿 m³,相当于 7 亿～10 亿 t 标准煤,占世界能源结构的 10%。

2) 能源作物

能源作物是指专门用来规模化人工栽培生产加工并形成食品和饲料以外的以能源为主的生物基产品的植物,生物能源作物主要指多年生的纤维和油料植物,除生产化学材料和天然纤维外,主要用来生产商业生物能源的作物。能源植物是指一年生和多年生植物,栽培目的是生产固体、液体、气体或其他形式的能源。能源作物和能源植物的主要区别在于能源作物是经一定人工驯化而广泛应用于农业生产,能源植物则包括还没有应用于栽培生产的能源植物种类。

目前,许多国家或地区都通过引种栽培驯化能源植物或"石油植物",并建立"石油植物园""能源农场""能源林场"等能源基地来生产生物燃料。常用的新型能源作物主要有柳枝稷、芒属植物、柳属植物、麻风树、芦竹等。

3)城市固体垃圾

城市固体垃圾(MSW)是指在城市日常生活中或者为日常生活提供服务的活动中产生的固体废物,以及法律、行政法规规定视为生活垃圾的固体废物(《中华人民共和国固体废物污染环境防治法》)。城市生活垃圾的产生量与经济发展、城市规模、人口增长速度及城市居民生活水平成正比关系。我国城市垃圾历年堆存量已达 60 多亿 t,2/3 以上的城市处于垃圾围城的状态,1/4 的城市已经无垃圾填埋堆放场地,城市生活垃圾占用的土地超过 5 亿 m^2。

城市垃圾危害严重,主要表现在:淋滤液的排放污染了附近的地下水或地表水水源及其周围的环境;居民的生活和健康受到严重影响;增加了大气中温室气体的含量。据统计,全球 6%～18% 的甲烷来自垃圾填埋场,是全球第三大甲烷排放源;城市垃圾占用很多土地。垃圾的处理方法主要有填埋、堆肥、焚烧和资源回收。填埋是目前最主要的处理方式,约占全国垃圾处理量的 70% 以上,如果城市垃圾被充分利用,不仅可以减少污染,减少温室气体排放,而且还可发电和回收生物能源。目前世界上有 500 多个垃圾填埋场进行了垃圾的回收利用,从城市垃圾中回收的能量相当于每年 200 万 t 原煤。随着垃圾处理技术的发展,目前很多地区利用循环经济中的减量化、再利用、再循环的 3R 原则来处理城市垃圾,进行源头控制,终端处理,加强垃圾的回收利用。而分级处理在垃圾回收中确实可以起到很好的作用,在城市生活垃圾总量一定的前提下,分类收集率越高,可利用的垃圾数量就越高,因此这也是未来有效控制垃圾回收的主要手段。

3. 生物质的生产转化技术及其应用

生物质是由光合作用产生的所有生物有机体的总称,主要包括农林牧废弃物、林产品加工废弃物、能源作物、海产物(海藻等)和城市垃圾(食物、纸张、天然纤维等有机部分)。能量密度低、不便运输或存储、季节性差异显著、地带性强是生物质能源的主要特征,而且生物质能源的生产需要中介能量系统以连接新的初始能源和能量消耗装置。目前,生物质能转化利用途径主要包括物理转化法、热化学转化法和生物化学转化法等,最终形成热量或电力、固体燃料、液体燃料和气体燃料,转化的二次能源最终被应用于建筑、电力和运输等部门。

1)物理转化法

物理转化即生物质固化成型技术,由于农林业生产过程中所产生的大量废弃物松散,分布范围广,堆积密度低,通过压缩成型和碳化工艺等物理手段,可以获得具有块状、粒状、棒状等各种高容量和热值的生物质颗粒,这样不仅改变了其燃烧性能,平均提高 20% 的燃烧效率,而且可以成为方便收集、运输、储藏的商品能源。

2)热化学转化法

热化学转化技术是指在高温加热条件下,通过化学手段将生物质转换成生物燃料物质的技术,主要包括直接燃烧、热裂解、液化和气化等技术。

直接燃烧是最普通直观的转化技术,通过直接燃烧可以获得需要的热量,但生物质直接燃烧利用效率低,燃烧过程中大量的能量被浪费。

气化是指以氧气、水蒸气或氢气等作为气化介质,在高温条件下通过热化学反应将生物质中可燃的部分转化为可燃气的过程。气化产物可直接用来发电、供热或加工处理得到液体燃料。另外,通过生物质气化生产出的生物质合成气,经过调整碳氢比例,净化处理,最后通过费-托合成法催化生成费托燃料油,费-托合成燃料是一种无硫、无氮、低芳烃含量、对环境友好的运输燃料。

直接液化技术通过热化学或生物化学方法将生物质部分或全部转化为液体燃料,包括生物化学法和热化学法。该技术可对水含量较高的生物质直接加工,获得优质生物油,其能量密度大大提高,可直接用于内燃机,热效率是直接燃烧的 4 倍以上。生物质热裂解是指生物质在完全没有氧或缺氧条件下热降解,通过烧炭、干馏和热解液化途径,最终生成木炭、可燃气体和生物油。

可用于热解的生物质的种类非常广泛,包括农业生产废弃物及农林产品加工业废弃物。

3）生物化学转化法

生物化学转化法是依靠微生物或酶的作用,对生物质进行生物转化,生产出如乙醇、氢、甲烷等液体或气体燃料。酯化是指将植物油与甲醇或乙醇发生酯化反应,生成生物柴油,并获得副产品甘油。其产物生物柴油可以为柴油机车提供替代燃料,也可为非移动式内燃机行业提供燃料。

1.2.4.6　水能

1. 水能资源的概念

水能资源指水体的动能、势能和压力能等能量资源。广义的水能资源包括河流水能、潮汐水能、波浪能、海流能等能量资源;狭义的水能资源指河流的水能资源。河流水能是人类大规模利用的水能资源;潮汐水能也得到了较成功的利用;波浪能和海流能资源则正在进行开发研究。

人类利用水能的历史悠久,但早期仅将水能转化为机械能,直到高压输电技术发展、水力交流发电机发明后,水能才被大规模开发利用。目前水力发电几乎为水能利用的唯一方式,故通常把水电作为水能的代名词。

构成水能资源的最基本条件是水流和落差(水从高处降落到低处时的水位差),流量大,落差大,所包含的能量就大,即蕴藏的水能资源大。

水力发电是利用河流、湖泊等位于高处具有位能的水流至低处,将其中所含的位能转换成水轮机的动能,再借水轮机为原动力,推动发电机产生电能。水力发电从某种意义上讲是水的位能转变成机械能,再转变成电能的过程。

2. 水力发电的特点

水力发电区别于其他能源发电,具有以下几个特点。

1）水能的再生

水能来自江河中的天然水流,水的循环使水电站的水能可以再生。

2）水能的综合利用

水力发电只利用水流中的能量,不消耗水量。因此,水能可以综合利用,除发电以外,可同时兼得防洪、灌溉、航运、给水、水产养殖、旅游等方面的效益。

3）水能的调节

电能不能储存,生产与消费必须同时完成。水能可存蓄在水库里,根据电力系统的要求进行发电,水库是电力系统的储能库。水库调节提高了电力系统对负荷的调节能力,增加了供电的可靠性与灵活性。

4）水力发电的可逆性

把高处的水体引向低处驱动水轮机发电,将水能转换成电能;反过来,通过水泵将低处的水送往高处水库储存,将电能又转换成水能。利用这种水力发电的可逆性修建抽水蓄能电站,对提高电力系统的负荷调节能力有独特的作用。

5）水力发电机组工作的灵活性

水力发电机组设备简单,操作灵活方便,易于实现自动化,具有调频、调峰和负荷调整等功能,可增加电力系统的可靠性。水电站是电力系统动态负荷的主要承担者。

6）水力发电生产成本低、效率高

与火电相比,水力发电厂运行维修费用低,不用支付燃料费用,故发电成本低廉。水电站的能源利用率高,可达 85％以上,而火电厂燃煤热能效率只有 30％～40％。

7）有利于改善生态环境

水电站生产电能基本不产生"三废",基本不污染环境,扩大的水库水面面积调节了所在地区的小气候,调整了水流的时空分布,有利于改善周围地区的生态环境。

1.2.4.7　其他

地热能、潮汐能、煤层气、氢能等也是清洁能源开发中的重要形式。

1.3　可持续发展

可持续发展(sustainable development)亦称"持续发展",是人类社会的科学发展道路。1987 年挪威首相布伦特兰夫人在她任主席的联合国世界环境与发展委员会的报告《我们共同的未来》中,把可持续发展定义为"既满足当代人的需求,又不损害后代人满足其需求的能力的发展",这一定义得到广泛接受,并在 1992 年联合国环境与发展大会上取得共识。我国学者对这一定义做了补充:可持续发展是"不断提高人群生活质量和环境承载能力的、满足当代人需求又不损害子孙后代满足其需求能力的、满足一个地区或一个国家需求又未损害别的地区或国家人群满足其需求能力的发展"。

可持续发展的实现途径之一是推行可持续发展的产业政策,将传统国民经济体系转变为符合可持续发展特征的国民经济结构体系,可持续发展产业结构的主要特征是资源节约和清洁生产与循环经济,其主要内容包括:生态良性循环的集约型农业生产体系;以节能、节材为中心,注重整体效益的清洁生产型工业生产体系;以节省运力为中心,建立高效、节约型的综合运输体系;以适度消费、勤俭节约为特征的生活服务体系;以改善环境质量、增殖再生资源为主要任务的环境保护体系。

我国积极参与全球可持续发展理论的建立与健全工作。我国制定的第一份环境与发展方面的纲领性文件就是 1992 年 8 月党中央、国务院批准转发的《中国环境与发展十大对策》。1994 年 3 月《中国 21 世纪议程》公布,这是全球第一部国家级的"21 世纪议程",把可持续发展原则贯穿到各个方案领域。《中国21世纪议程》阐明了中国可持续发展的战略和对策，它将成为我国制订国民经济和社会发展中长期计划的一个指导性文件。

中国可持续发展战略的总体目标是：用50年的时间，全面达到世界中等发达国家的可持续发展水平，进入世界可持续发展能力的20名行列；在整个国民经济中科技进步的贡献率达到70%以上；单位能量消耗和资源消耗所创造的价值在2000年基础上提高10～12倍；人均预期寿命达到85岁；人文发展指数进入世界前50名；全国平均受教育年限为12年；能有效地克服人口、粮食、能源、资源、生态环境等可持续发展的瓶颈；确保中国的食物安全、经济安全、健康安全、环境安全和社会安全。2030年实现人口数量的"零增长"；2040年实现能源资源消耗的"零增长"；2050年实现生态环境退化的"零增长"，全面实现进入可持续发展的良性循环。

课外阅读材料

1. 党的二十大报告谈环境保护：促进人与自然和谐共生

2022年10月16日习近平总书记代表第十九届中央委员会向中国共产党第二十次全国代表大会作报告。中国共产党第二十次全国代表大会，是在全党全国各族人民迈上全面建设社会主义现代化国家新征程、向第二个百年奋斗目标进军的关键时刻召开的一次十分重要的大会。大会的主题是：高举中国特色社会主义伟大旗帜，全面贯彻新时代中国特色社会主义思想，弘扬伟大建党精神，自信自强、守正创新，踔厉奋发、勇毅前行，为全面建设社会主义现代化国家、全面推进中华民族伟大复兴而团结奋斗。

习近平指出，推动绿色发展，促进人与自然和谐共生。大自然是人类赖以生存发展的基本条件。尊重自然、顺应自然、保护自然，是全面建设社会主义现代化国家的内在要求。必须牢固树立和践行绿水青山就是金山银山的理念，站在人与自然和谐共生的高度谋划发展。

我们要推进美丽中国建设，坚持山水林田湖草沙一体化保护和系统治理，统筹产业结构调整、污染治理、生态保护、应对气候变化，协同推进降碳、减污、扩绿、增长，推进生态优先、节约集约、绿色低碳发展。

我们要加快发展方式绿色转型，实施全面节约战略，发展绿色低碳产业，倡导绿色消费，推动形成绿色低碳的生产方式和生活方式。深入推进环境污染防治，持续深入打好蓝天、碧水、净土保卫战，基本消除重污染天气，基本消除城市黑臭水体，加强土壤污染源头防控，提升环境基础设施建设水平，推进城乡人居环境整治。提升生态系统多样性、稳定性、持续性，加快实施重要生态系统保护和修复重大工程，实施生物多样性保护重大工程，推行草原森林河流湖泊湿地休养生息，实施好长江十年禁渔，健全耕地休耕轮作制度，防止外来物种侵害。积极稳妥推进碳达峰碳中和，立足我国能源资源禀赋，坚持先立后破，有计划分步骤实施碳达峰行动，深入推进能源革命，加强煤炭清洁高效利用，加快规划建设新型能源体系，积极参与应对气候变化全球治理。

2. 广泛推行绿色生产方式

党的十八大以来，我国坚持绿水青山就是金山银山的理念，坚定不移走生态优先、绿色发展之路，促进经济社会发展全面绿色转型，建设人与自然和谐共生的现代化，创造了举世瞩目的生态奇迹和绿色发展奇迹，美丽中国建设迈出重大步伐。

2023 年 1 月 19 日,国务院新闻办公室发布《新时代的中国绿色发展》白皮书。白皮书指出,中国加快构建绿色低碳循环发展的经济体系,大力推行绿色生产方式,推动能源革命和资源节约集约利用,系统推进清洁生产,统筹减污降碳协同增效,实现经济社会发展和生态环境保护的协调统一。

党的十八大以来,我国产业结构调整取得了明显成效,传统制造业加快调整优化,先进制造业不断发展壮大。各有关方面大力推进工业节能降耗,积极开展资源综合利用。我国推进绿色低碳产业链强链补链和产业基础再造,积极开展关键技术攻关,绿色供给能力显著增强。

我国数字技术与制造业快速融合发展,重点领域关键工序数控化率由 2012 年的 24.6% 提升到 2021 年的 55.3%。我国持续优化新型基础设施能效,目前 5G 基站的单站能耗已比商用初期降低超过 20%,培育了 153 个国家绿色数据中心。

我国将站在人与自然和谐共生的高度来谋划发展,大力推动实施工业领域碳达峰行动,构建绿色低碳技术体系、绿色制造支撑体系,推进工业向产业结构高端化、能源消费低碳化、资源利用循环化、生产过程清洁化、制造流程数字化、产品供给绿色化方向转型发展。

思考题

1. 当今世界存在哪些环境问题?
2. 我国环境的现状如何?
3. 什么是第一产业?
4. 什么是第二产业?
5. 什么是第三产业?
6. 清洁生产如何促进经济发展?

第 **2** 章

清洁生产概述

2.1 清洁生产的产生和发展

传统生产方式在追求经济效益的同时,往往忽视了对环境的保护和资源的可持续利用。清洁生产秉持"预防为主,综合治理"的原则,通过设计和优化生产系统,减少或消除污染物的产生,达到节能减排,循环利用资源的目的,解决传统生产方式对环境造成严重污染和资源浪费的问题,实现了经济、社会和环境的可持续发展。

2.1.1 清洁生产的产生

在清洁生产这一理念诞生之前,人类在处理自身发展和环境保护的关系时,至少经历了"先污染,后治理"以及"末端控制"两个发展阶段。

1. 先污染,后治理

18 世纪末到 20 世纪 60 年代,人们始终把工业发展的速度和体量作为第一追求,而几乎不考虑资源耗费和环境影响。例如,物质在通过某一特定生产过程后,即被认为不再具有利用价值而弃之于环境;除有毒废料外,其他工业废料均不经处理而直接排放。只有当工业污染形成较大危害时,才着手进行治理,这就是"先污染,后治理"(pollute first,treat later)模式。

19 世纪末,欧洲和美国大规模发展工业,消耗了大量的煤炭资源,并不加节制地向环境排放煤烟,煤烟所造成的空气污染是当时最主要的环境问题之一(由图 2-1 可以看出 1906 年的标本上附有大量黑炭颗粒物)。然而,由于当时人们缺乏环保意识,几十年以来煤烟的污染一直没有被重视,直到 1952 年 12 月发生了臭名昭著的伦敦烟雾事件,造成了超过4000 人死亡,人们才真正意识到污染问题的严重性,并随即开始环境整治。随着对烟雾颗粒物研究的深入,人们发现黑炭颗粒是煤炭以及其他一些含碳物质燃烧(石油、柴草、塑料垃圾等)所形成烟雾中的主要物质。黑炭不仅对城市居民生活健康有巨大影响,同时空气中和地面上的黑炭颗粒会吸收光照并产生热量,从而加速气候变暖和冰雪融化。

2. 末端控制

末端控制(end-of-pipe control)是指对工业污染物产生后集中在尾部实施的物理/化学/生物方法治理。末端控制即"管道末端控制",通常是对废弃物在排放前进行处理,达到消除其环境负面效应的目的,这一术语直到 20 世纪 70 年代才被创造出来。目前,末端治理阶段的具体措施包括:颁布污染物排放浓度标准、征收超标排污费;推行污染物排放总量

图 2-1　1906 年(上)与 1996 年(下)的田雀鹀标本和电子显微镜拍摄羽毛照片对比

控制和排污许可证制度；采取限期治理和关、停、并、转、迁等强制手段，解决严重的污染问题；对新、扩、改建项目实行"三同时"和环境影响评价制度，控制新污染源的发展等。其中"三同时"制度是对可能造成环境损害的工程建设，需要配套建设的防治污染和其他公害的环境保护设施，必须与主体工程同时设计、施工、投产使用。环境影响评价制度是指在某地区进行可能影响环境的工程建设，在规划或其他活动之前，对其活动可能造成的周围地区环境影响进行调查、预测和评价，并提出防治环境污染和破坏的对策，以及制定相应方案。相对于"先污染，后治理"的模式，末端控制从某种意义上可视为"边污染，边治理"，如生活污水的集中处理，垃圾等固体废弃物的集中焚烧、填埋均属于末端控制的典型方式。然而，基于末端控制的定义和具体方法不难发现，末端控制模式下，污染物的产生总量并没有减少，而是进入环境前其污染形式发生了转化，如污水中的污染物向污泥或大气进行迁移，固体垃圾则燃烧转化为气态污染物。此外，末端控制有赖于投入额外的物质和工具对污染物进行处理。而随着污染排放的增加，污染治理的资源和费用投入必然也会成比例增加而难以持续（图 2-2 示出人类污染物排放的理想条件，可以被认为污染物的脱除率为 100%。在理想条件下，环境效益达到一个最大值，即黑色曲线和污染物脱除率为 100% 的交点。然而，污染物的治理效率不可能达到 100%，所以灰色曲线横坐标只能无限逼近 100%，但纵坐标趋向于无穷大）。

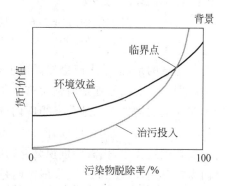

图 2-2　污染物治理投入与效益变化示意图

　　总而言之，末端控制具有不能避免或减少废物产生、承载能力有限、运行费用高昂、难以根除污染和难以持续等缺点。显然，单纯依靠末端控制的方式，无论理论上还是实际上都难以维系经济社会高速可持续的发展。

3. 清洁生产

　　"先污染，后治理"和末端控制方式所存在的局限性，显然无法保证今天社会经济绿色、可持续的发展。在这一背景下，很自然就有人想到，应将环境污染治理的关注重点，转移到生产的上游或头部环节，应通过采用更清洁和更有效的资源利用及生产方式，从源头上防治污染并同时实现资源节约，即进行清洁生产（cleaner production）。从图 2-3 中可以看出，通过关停落后产能等源头控制的办法,确实能够显著地减少环境污染,同时避免了资源浪费。"清洁生产"一词首次被提及是在 20 世纪 80 年代末,这一理念得到了联合国环境规划署(UNEP)和世界可持续发展工商理事会(WBCSD)等机构的支持和推广,获得世界各地行业和政府的广泛认可。

彩图 2-3

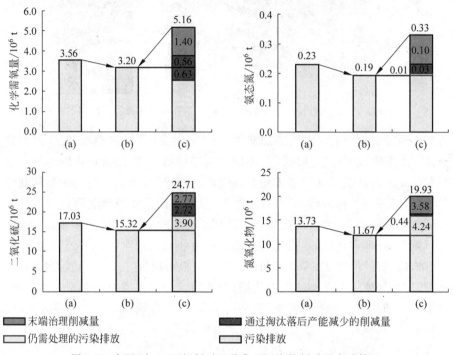

图 2-3　中国"十二五"规划对四种典型污染物削减的完成情况

(a) 2010 年的排放量;(b) 2015 年的目标排放量;(c) 2015 年的预期排放量

需要注意的是,清洁生产仍然保留了末端处理的方式,但与传统概念的末端控制相比有一定的区别:①末端处理是清洁生产不得已而采取的最终污染控制手段,而不应像以往那样处于实际上的优先考虑地位;②厂内的末端处理可作为送往厂外集中处理的预处理措施,因而其目标不再是达标排放,而只需要处理到集中处理设施可以接纳的程度;③清洁生产的末端处理过程中,仍需要重视废弃物的资源化;④清洁生产的末端处理可视为一种"不得已而为之"的暂时性措施,其发展方向是逐步缩小末端处理的规模,最终目的是以全过程控制措施完全替代末端处理。

2.1.2　清洁生产的发展

在清洁生产理念诞生的早期,其关注重点是通过改进工业生产流程和技术来减少排污和资源的浪费,诸如工艺改造、产品重新设计和材料替代等策略的应用,以尽量减少危险化学品的使用、能源和水的消耗以及固体废弃物的排放。企业采取这些措施的动力,一方面是源于遵守日益严格的环境法规的需要,另一方面是希望通过资源节约降低生产成本并提高竞争力。时至今日,清洁生产已不再局限于生产的技术和操作层面,清洁生产开发的一系列战略和方法,如生命周期评估、生态设计、绿色化学和循环经济等,开始渗透并进入所有的社会和经济层面,成为实现可持续发展的一个关键战略工具,带来了广泛的社会和经济效益,如改善居住和工作条件,创造就业机会,以及为环保产品和服务开发新市场等。以下是清洁生产理念诞生至今一些关键的历史事件(表 2-1)。

表 2-1　清洁生产理念发展的标志性事件

年份(年代)	重 要 事 件
1973	1972 年,联合国人类环境会议在瑞典斯德哥尔摩举行,决定成立联合国环境规划署,该署于 1973 年 1 月正式成立
1976	美国颁布了《有毒物质控制法》(TSCA),要求国家环境保护局(EPA)对部分有害化学品的生产、使用和处置进行监管
20 世纪 80 年代	"污染预防"这一术语首次在美国使用,提出努力在源头预防污染,而不是在污染产生后进行处理
1984	印度发生博帕尔灾难,人们对改善工业安全和环境管理的认识进一步提高
1987	布伦特兰在联合国世界环境与发展委员会发布报告《我们共同的未来》,将可持续发展定义为"既满足当代人的需求,又不损害后代人满足其需求的能力的发展"
1990	美国颁布《污染预防法》,要求联邦机构制订和实施污染预防计划。同年,国际清洁生产会议在丹麦举行,各国研究人员、官员和行业代表聚在一起,讨论减少污染和废物的策略
1992	联合国环境与发展会议(UNCED)(又称地球峰会)在巴西里约热内卢举行,通过《21 世纪议程》行动计划并成立可持续发展委员会
1996	国际标准化组织(ISO)发布了环境管理标准 ISO 14001
2002	联合国环境规划署启动了全球可持续消费和生产计划(SCP),以促进资源效率和减少环境影响
2006	联合国工业发展组织(UNIDO)建立全球资源节约和清洁生产网络(RECPNet),以促进可持续生产
2012	联合国可持续发展大会强调了可持续消费和生产模式的重要性
2015	联合国通过了《2030 年可持续发展议程》,其中包括关于"负责任的消费和生产"的可持续发展目标
2021	欧盟宣布了新的循环经济行动计划,旨在加速向循环经济过渡,包括促进清洁生产和减少浪费

总的来说,清洁生产的发展是由多种因素共同推动的,既包括对工业生产的环境和社会影响认识水平的普遍提高,也涵盖研究并促进绿色新技术和新工具的发展,还包括消费者和监管部门对发展目标的重新定义。它代表着污染治理从"战术"向"战略"的升级。在此战略理念指导下,全社会生产系统将向着可持续的工业生产发展方向进行转变,并将在社会经济各领域不断引发新的思考和技术创新。

2.2　清洁生产的定义与内涵

清洁生产秉持预防为主的思想,通过减少资源消耗和环境污染,促进可持续发展。同时,清洁生产也可有效节约生产成本,提高企业的生产效益、科技创新能力和市场竞争力。

2.2.1 清洁生产的定义

目前对于"清洁生产"(cleaner production),国内外并未形成统一的定义,并存着许多与"清洁生产"表述意义相似的多种名词和术语。例如,欧洲国家有时称为"少废无废工艺""无废生产";日本多称为"无公害工艺";美国则称为"废料最少化""污染预防""减废技术"。此外,还有"绿色工艺""生态工艺""环境工艺""过程与环境一体化工艺""再循环工艺"等。这些不同提法实际上都有所侧重地描述了清洁生产概念的不同方面。然而,清洁生产的定义不应仅局限于生产技术工艺,显然其还具有更广阔的理论和哲学内涵。基于当前的认识水平,我国和联合国环境规划署对于"清洁生产"给出了各自的定义。

1.《中华人民共和国清洁生产促进法》的定义

《中华人民共和国清洁生产促进法》(简称《清洁生产促进法》)第二条规定:"本法所称清洁生产,是指不断采取改进设计、使用清洁的能源和原料、采用先进的工艺技术与设备、改善管理、综合利用等措施,从源头削减污染,提高资源利用效率,减少或者避免生产、服务和产品使用过程中污染物的产生和排放,以减轻或者消除对人类健康和环境的危害。"

2. 联合国环境规划署的定义

联合国环境规划署是清洁生产概念早期的主要支持者之一,UNEP 在 1989 年发表了一份题为 *Industry and Environment: Policies and Strategies for Cleaner Production*(《工业与环境:清洁生产的政策和战略》)的报告。在这份报告中,将清洁生产定义为:为增加生态效率并降低对人类和环境的影响风险,而对生产过程、产品和服务持续实施的一种综合、预防性的战略对策。

1996 年,联合国环境规划署在总结各国开展污染预防工作的经验,加以分析提高后,挖掘了清洁生产更深刻的内涵,提出:清洁生产是一种新的创造性思想,该思想将整体预防的环境战略持续地应用于生产过程、产品和服务中,以增加生态效率,并减少人类和环境的风险。从该定义出发可知:

(1) 对于生产过程,要求节约原材料和能源,淘汰有毒原材料,减少所有废物的数量和降低废物的毒性;

(2) 对于产品,要求减少从原材料提炼到产品最终处置的全生命周期的不利影响;

(3) 对服务,要求将环境因素纳入设计和所提供的服务中。

联合国环境规划署的定义将清洁生产上升为一种战略,该战略的作用对象为工艺和产品。其特点为持续性、预防性和综合性。

2.2.2 清洁生产的内涵与主要内容

2.2.2.1 清洁生产的内涵

处于不同发展阶段,具有不同国情的国家和地区,对清洁生产有不同的认识和提法,但其基本内涵是一致的。根据清洁生产的定义,清洁生产的核心内涵是实行源头削减,并对生产或服务的全过程实施控制,主要体现在以下两个方面。

1. 体现的是"预防为主"的方针

强调"源削减",尽量将污染物消除或减少在生产过程中,减少污染物排放量,且对最终产生的废物进行综合利用。

2. 体现了环境效益与经济效益的"双赢"

从替代有毒有害材料、改革和优化生产工艺和技术装备,物料循环和废物综合利用、升级产品设计等多个环节入手,通过不断加强生产管理工作和推动绿色技术进步,达到"节能、降耗、减污、增效"的目的,在减少了污染物排放量的同时,提高资源利用率,实现环境效益与经济效益双增,激发企业主动进行清洁生产的积极性。

2.2.2.2　清洁生产的特征

根据清洁生产的内涵,可以提炼并概括清洁生产的 5 个基本特征。

1. 预防性

清洁生产体现的是"预防为主"的方针。清洁生产侧重于"防",从产生污染的源头抓起,注重对生产全过程进行控制,强调"源削减",尽量将污染物消除或减少在生产过程中,减少污染物的排放量。清洁生产的这一基本特征,意味着人们需要拥有更全局的视野、采取更积极主动的态度,才能寻找并提出富有创造性的清洁生产行动。"预防性"将从根本上协调人类社会与生态环境系统的关系,对于社会和环境协调发展具有本质意义。

2. 综合性

清洁生产的综合性具有多层含义。在污染物行为和环境污染效应方面,传统的末端治理更着眼于单一形态的污染控制,其结果往往导致污染的跨介质转移,难以彻底消除来自生产方面的环境影响。而清洁生产将气、水、土地等环境介质作为一个整体,避免末端治理中污染物在不同介质之间进行转移。在寻找生产改进的环节和方法方面,传统的末端治理侧重于"治理",对生产过程缺乏关注,"生产"和"治理"过程被人为割裂,并认为污染防治会造成企业经济效益的损失。清洁生产则提倡关注生产的全生命周期,从工艺改造、设备更新、废弃物回收利用等多个途径寻找实现"节能、降耗、减污、增效"的办法,在此过程中同时实现生产成本的降低,提高企业的综合效益。

3. 持续性

污染物的种类和组成,人们对环保的认识深度,生产管理水平的提高以及科学技术的进步都随着时间不断更新变化。人们会以更高更新的要求来看待人和环境之间的关系,同时更清洁的改进生产系统的方法也会不断被发明出来。因此,我们也理应以发展的眼光来看待清洁生产,任何预防性措施都不可能是一次性或可以间断停顿的行动,清洁生产应是一个相对的、不断持续进行的过程。这也是清洁生产的英文名词表述采用的是比较级(cleaner production)的原因,表明清洁生产的改进具有持续性,没有最好,只有更好。实现生产与环境的逐步相容,和谐发展。

4. 战略性

清洁生产是污染预防战略,是实现可持续发展的环境战略。作为战略,它有理论基础、技术内涵、实施工具、实施目标和行动计划。在全社会范围内推广清洁生产,也是一项长期且重要的国家战略。

5. 统一性

清洁生产是一个系统工程。传统的"末端治理"投入多、治理难度大、运行成本高,经济效益与环境效益不能有机结合。清洁生产可最大限度地利用资源,将污染物消除在生产过程之中,不仅环境状况可从根本上得到改善,而且能源、原材料和生产成本降低,经济效益提高,竞争力增强。大量的清洁生产实践表明,清洁生产不仅是保护环境的根本措施,而且能够极大地降低生产的成本,提高企业产品和服务的市场竞争力,能够实现经济效益与环境效益的统一。

2.2.2.3　清洁生产的主要内容

由清洁生产的定义可知,虽然清洁生产诞生的初衷是对生产过程进行改造,但其所体现的预防性和综合性的污染控制战略思想,却可以且应该被位于不同层面的生产服务体系所吸收借鉴。对应于狭义和广义的清洁生产服务体系,其主要内容可以从微观、中观和宏观尺度上进行区分。

1. 微观尺度

微观上,清洁生产是指企业等生产系统所采取的各种具体的污染预防措施,以实现生产全过程的污染预防。其基本要求是节约原材料和能源,淘汰有毒原材料,降低所有废弃物的数量和毒性。具体措施则包括:尽量少用、不用有毒、有害的原料;选择无毒、无害的中间产品;减少生产过程的各种危险因素;采用少废、无废的工艺和高效的设备;做到物料的再循环;采用简便、可靠的操作和控制手段;提高和完善生产管理等。即选用一定的技术工艺,将废物减量化、资源化、无害化,直至将废物消灭在生产过程中。

源头控制方面,采用极少产生废物和污染的原材料和能源,是清洁生产的重要条件。目前常见的一些措施包括:煤改气等清洁能源替换;热电联产等提高能源使用效率;大力开发太阳能、风能等清洁能源;选用品质较高的矿产等原材料等。废弃物控制方面,采用先进设备,改善生产技术和工艺,使原材料尽可能转化为产品,实行废物减量化;将生产环节中的废物综合利用,转化为进一步生产的资源,实现废物资源化;减少或消除将要离开生产过程的废物的毒性,合理处置使之不危害环境和人类,实行废物无害化。需要注意的是,在目前技术水平和经济发展水平条件下,实行完全彻底的无废生产很困难,废弃物的产生和排放还难以避免,因此需要对它们进行必要的处理和处置,将其对环境的危害降至最低。

2. 中观尺度

中观上,对产品生产和设计提出更高的要求,以减少从原材料提炼到产品废弃后最终处置全过程的不利影响。目前所应用的产品生态设计、全生命周期分析、清洁工艺、环境管理体系、产品环境标志等,均可归于此类。能高效利用资源,并在生产、使用和处置的全过程中不产生有害影响的产品,被称为清洁的产品,其特点包括:精简零件,容易拆卸;稍经整修可重复使用;经过改进能够实现创新;产品生产周期的环境影响最小,争取实现零排放;产品对生产人员和消费者无害;产品的最终废弃物易于分解成无害物。在生产的过程中,需要对产品的全生命周期进行控制,对产品从原材料的加工、提炼到产出、使用直到报废处置的各个环节采取必要的污染预防控制措施。

3. 宏观尺度

宏观上,清洁生产是一种总体预防性的、带有哲学性和广泛适用性的污染控制战略,是一种创造性的思想。区域乃至全球的产业发展规划,均需要将环境因素纳入考虑,如工业行业的发展规划、工业布局、产业结构调整、全球碳减排深度合作等都要体现污染预防的思想。最近几年,我国许多行业、部门都严格限制和禁止能源消耗高、资源浪费大、污染严重的产业、产品发展,对污染重、质量低、消耗高的产品实行关、停、并、转等,都体现了清洁生产战略对宏观调控的重要影响,并体现出工业管理部门对清洁生产日益深刻的认识。

2.3　实施清洁生产的目的、途径和实践成果

清洁生产对产业界的影响是多方面的,不仅可以提高资源利用效率,减少废物排放和污染物排放,保护生态环境和人类健康,而且可以降低企业成本,从而推动经济可持续发展。全世界范围的清洁生产实践活动促进了国际环保合作和技术交流,对全世界经济、环境和社会都有积极的影响和深远的意义。

2.3.1　实施清洁生产的目的与意义

2.3.1.1　实施清洁生产的目的

实施清洁生产的目的是期望通过最大限度地减少资源的使用和浪费,从源头上防止污染的发生,从而减少工业生产过程、产品和服务对环境的影响。清洁生产的最终目标是在促进经济增长的同时,最大限度地减少环境退化,实现可持续发展,保证社会公平。实施清洁生产的具体目的主要可概括为如下几个方面。

1. 自然资源和能源利用的更合理

许多用于生产的资源和能源都是在短时间内无法补充的不可再生资源和能源。在目前的科技水平下,除了我们熟悉的化石能源,如煤、石油、天然气等是不可再生的,其他不可再生或需要长时间才能恢复的资源还有:①核能,如放射性元素铀的供应量是有上限的;②金属等矿物,如铜、铁和铝;③地下水,需要数百年或数千年的时间来回补。不可再生资源和能源的使用已导致了如温室效应、气候变化等环境的负面影响。

出于节约资源的目的,全社会生产和服务过程应以最少的原材料和能源消耗,满足生产过程、产品和服务的需要。对于企业来说,应在生产过程、产品和服务中最大限度地做到:①节约原材料和能源;②利用可再生能源;③寻找并开发新的清洁能源;④采用节能技术和措施;⑤充分利用副产品、中间产品等原材料;⑥利用无毒、无害原材料;⑦减少使用稀有原材料;⑧物料现场循环利用。

2. 经济效益更大

企业进行生产的基本目标是盈利,这也是保证企业能够继续生存和发展的基本要求。企业通过清洁生产,可以实现降低生产成本,提升产品产量和质量,并获取经济效益的目的。

为了实现经济效益最大化的目的,企业应在生产和服务中最大限度地做到:①降低物料和能源损耗;②采用工作效率更高的设备;③提高产品质量让消费者更认可;④减少副产品;⑤完善企业管理体系和制度,合理组织生产;⑥提高员工技术水平、技能和清洁生产意识;⑦开展产品生态设计。

3. 对人类和环境的危害更小

生产过程不可避免会产生一定废弃物的排放,产品也有使用后最终废弃的过程。因此,

当前的清洁生产仍离不开对末端废弃过程的控制,以减小对人类和生态环境的危害,但是清洁生产对危害进行控制的含义更丰富。

为实现最终的污染削减,应努力在生产和服务中最大限度地做到:①减少有毒有害物料的使用,避免前端污染风险;②采用可降解和易处置的原材料;③采用少废、无废生产技术和工艺,减少或避免生产过程中废物的产生和潜在危险因素;④废物在厂内循环利用;⑤在厂外或更大区域内寻找废物循环利用的机会;⑥使用可重复利用的包装材料,合理包装产品,不过度包装;⑦延长产品使用寿命;⑧降低最终废弃物的毒性。

2.3.1.2　实施清洁生产的作用

1. 清洁生产的微观作用

清洁生产的微观作用体现在企业生产层面,主要是指企业实施清洁生产所能获得的经济效益。通过清洁生产,可以让企业的生产过程处于较高的运行状态,企业的资源消耗、能源消耗合理,废物产生及环境影响降至较低水平。实施清洁生产,一方面可推进企业生产方式绿色化,实现企业生产过程、产品或服务的绿色转型,另一方面也将有利于企业通过资源节约和减少治污费用产生更多的经济效益。

2. 清洁生产的宏观作用

清洁生产的宏观作用是实施清洁生产所产生的社会效益。根据清洁生产的概念和内涵,清洁生产应贯穿社会经济发展的各个领域,以实现环境和经济协调发展的目的。清洁生产是一项全社会都应参与的系统工程,经济发展和生态环境越来越好的同时,也极大地保障了人类的健康和高质量的生活。习近平总书记常教导我们"绿水青山就是金山银山",其原因正在于此。以美国为例,有研究从健康角度估算,每排放一吨 $PM_{2.5}$ 可能造成的健康损害高达 8.8 万～13 万美元。我国也对发电厂污染物排放造成的碳排放和健康威胁进行过类似的货币化研究,研究不同省市每发电一度可能造成多少经济损失。

2.3.1.3　实施清洁生产的现实意义

我国工业总体上尚未摆脱高投入、高消耗、高排放的发展方式,资源能源消耗量大。总体上看,我国生态文明建设水平仍滞后于经济社会发展,资源约束趋紧,环境污染比较严重,尚处于污染排放的上升期,我国社会经济发展与人口资源环境之间的关系存在较大矛盾,已成为制约可持续发展的重大阻碍。

俄裔美国著名经济学家西蒙·库兹涅茨(Simon Kuznets)曾基于对各国收入不平等和经济增长的长期实证观察,在 1955 年提出过一种理论,即库兹涅茨曲线(Kuznets curve)。该理论认为,在经济发展的早期阶段,收入不平等往往会随着经济的增长而增加,但在一定程度上,随着经济的持续发展,收入不平等开始减少。

后来,环境经济学家用库兹涅茨曲线的概念来研究经济增长与环境退化之间的关系。他们发现,经济发展与环境退化最初成正相关关系,但超过一定的经济发展水平后,这种关系就会变为负相关(图 2-4)。这是因为在一个国家的发展初期,工业化和扩大生产往往会导致污染加剧和环境退化。但随着发展水平和全民环保意识的提高,它将开始注重对清洁生产等环境保护的技术的投资,减少污染并改善环境质量。简言之,库兹涅茨曲线表明,在一个国家变富的过程中,其环境质量首先恶化,然后改善。

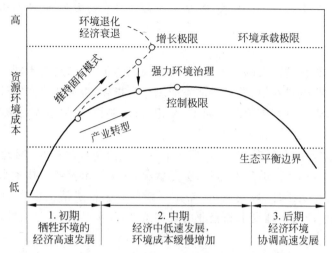

图 2-4　库兹涅茨曲线描述的经济增长与环境退化之间的关系

虽然库兹涅茨曲线是基于经验观察,但它已被广泛并成功地用于描述经济增长和环境退化之间的关系,其中一个例子是自 20 世纪 70 年代以来美国空气质量的改善。尽管美国在这一段时间内一直保持经济增长,但环境并未恶化。得益于这一时期美国各项环境法规的实施和清洁生产技术的应用,空气质量持续改善。库兹涅茨曲线表明,在今天的人口和资源压力下,我国很难再走部分发达国家"先污染、后治理"的老路,不能通过粗放型的方式实现经济跨越,同时也不可能以战争、侵略等方式实现国家资本的快速积累。清洁生产可以说几乎是我国和平、绿色可持续发展的必然战略选择。

2.3.2　实施清洁生产所依据的主要原则与途径

2.3.2.1　清洁生产推行和实施的原则

1. 政府和社会面应遵循的清洁生产原则

清洁生产是一种新的环保战略,也是一种全新的思维方式,推行清洁生产是社会经济发展的必然趋势,必须对清洁生产有明确的认识。结合我国国情,参考国外实践,我国现阶段清洁生产的推动方式,应以行业中环境绩效、经济效益和技术水平高的企业为龙头,由它们对其他企业产生直接影响,带动其他企业开展清洁生产。清洁生产需遵从的基本原则有如下 7 项。

1)调控性

政府的宏观调控和扶持是清洁生产成功推行的关键。政府在市场竞争中起着引导、培育、管理和调控的作用,通过政府宏观调控可以规范清洁生产的市场行为,营造公平竞争的市场环境,从而使清洁生产在全国范围内有序推进。政府的宏观调控不仅可以通过产业政策和经济政策的引导来实现,而且还可以通过完善清洁生产法制度建设,加强清洁生产立法和执法来全面推进我国清洁生产的实施。

2)自愿性

推行清洁生产牵涉到社会、经济和生活的各个方面,需要各行业、各企业和个人积极参与,只有通过大力宣传,使社会所有单元都了解清洁生产的优势并自愿参与其中,通过建立和完善市场机制下的清洁生产运作模式,依靠企业自身利益来驱动,清洁生产才能迅速全面推进。

3) 综合性

清洁生产是一种预防污染的环境战略,具有很强的包容性,需要不同的方式去贯彻和体现。在清洁生产的推进过程中,要以清洁生产思想为指导,将清洁生产审计、环境管理体系、环境标志等环境管理工具有机地结合起来,互相支持,取长补短,达到完整的统一。

4) 现实性

清洁生产的实施受到经济、技术、管理水平等多方面条件的影响,因此制定清洁生产推进措施应充分考虑我国当前的生态形势、资源状况、环保要求及经济技术水平等,有步骤、分阶段地推进。忽视现实条件、好高骛远、希望一蹴而就来推进清洁生产的做法最终必将失败,充分考虑清洁生产的实施要求和企业的现实条件,分步推进,才是持续清洁生产的保证。

5) 前瞻性

作为先进的预防性环境保护战略,清洁生产服务体系的设计应体现前瞻性。清洁生产服务体系包括清洁生产的政策、法律和市场规则等,其制定和实施需要一定的程序,周期相对较长,修订不易。因而在制定时必须有发展的眼光,充分考虑和预测社会、经济、技术以及生态环境的发展趋势。

6) 动态性

随着科学技术的进步、经济条件的改善,清洁生产的推进有不同的内涵,因此清洁生产是持续改进的过程,是动态发展的。一轮清洁生产审核工作的结束,并不意味着企业清洁生产工作的停止,而应看作是下一轮清洁生产工作的新起点。

7) 强制性

全面推行清洁生产是我国社会经济可持续发展的重要保障,是突破我国经济高速发展过程中的低效率高消耗、生态环境破坏严重等瓶颈,推进并实现经济转型的重大战略决策。其实施过程中必然对某些局部地区或企业的当前利益产生影响,并可能会受到不小的阻力。因此,清洁生产的实施需要相关的规章制度、政策或者法律等强制措施的保驾护航。

2. 企业层面应遵循的清洁生产原则

由于不同行业之间千差万别,同一行业不同企业的具体情况也不相同,因此企业在实施清洁生产的过程中侧重点各不相同。但一般来说,企业实施清洁生产应遵循以下 5 项原则。

1) 环境影响最小化原则

清洁生产是一项环境保护战略,因此其生产全过程和产品的整个生命周期均应趋向对环境的影响最小,这是实施清洁生产最根本的环境目标。

2) 资源消耗减量化原则

清洁生产要求以最少的资源生产出尽可能多且符合社会需要的优质产品,通过节能、降耗、减污来降低生产成本,提高经济效益,这有助于提高企业的竞争力,符合企业追求商业利润的要求,因此资源消耗减量化原则又是持续清洁生产的内在动力。

3) 优先使用再生资源原则

人类社会经济活动离不开资源,不可再生资源的耗竭直接威胁人类社会的可持续发展。因此,企业在实施清洁生产过程中必须遵循优先使用再生资源的原则,以保证社会经济的持续发展,同时也是企业持续发展的保证。

4) 物质资料循环利用原则

物流闭合是无废生产与传统工业生产的根本区别。企业实施清洁生产要达到无废排放,其物料在一定程度上需要实现内部循环。如将工厂的供水、用水、净水统一起来,实现用水的闭合循环,达到无废水排放。循环利用原则的最终目标是有意识地在整个技术圈内组织和调节物质循环。

5) 原料和产品无害化原则

清洁生产所采用的原料和产品应不污染空气、水体和地表土壤,不危害操作人员和居民的健康,不损害景区、休憩区的美学价值。

2.3.2.2　清洁生产推行和实施的途径

清洁生产是一个系统工程,需要对生产全过程以及产品的整个生命周期采取污染预防和资源消耗减量的各种综合措施,不仅涉及生产技术问题,而且涉及管理问题。推进清洁生产就是在微观企业层次上,即能源和原材料的选择、运输、储存、工艺技术和设备的选用和改造,产品的加工、成型、包装、回收、处理、服务的提供,以及对废弃物进行必要的末端处理等环节,实现对物料转化的全过程控制。在宏观区域层次上,基于对清洁生产的计划、规划、组织、协调、评价、管理等环节的改进,实现对生产的全过程调控,通过将综合预防的环境战略持续地应用于生产过程的产品和服务中,尽可能地提高能源和资源的利用效率,减少污染物的产生量和排放量,从而实现生产过程、产品流通过程和服务对环境影响的最小化,并同时实现社会经济效益的最大化。

1. 企业清洁生产的实施途径

工农业生产过程千差万别,生产工艺繁简不一。因此,推进清洁生产应该从各行业的特点出发,在产品设计、原料选择、工艺流程、工艺参数、生产设备、操作规程等方面分析生产过程中减排增效的可能性,寻找清洁生产的机会和潜力,促进清洁生产的实施。近年来的国内外实践表明,通过资源的综合利用、改进产品设计来革新产品体系、改革工艺和设备、强化生产过程的科学管理、促进物料再循环和综合利用等是实施清洁生产的有效途径。可在企业生产实践过程中实施的清洁生产途径主要包括 6 个方面。

1) 原材料和能源的有效利用和替代

原材料和能源是生产的起点,它的合理选择是有效利用资源、减少废物产生的关键。小到企业,大到社会面都可以采用此办法显著改善生产过程。中国石油天然气集团公司在油气勘探和生产活动中,采取了一些与清洁原材料和能源有关的措施,如使用天然气发电机取代柴油发电机以减少碳排放,并积极推进太阳能的使用率。知名运动品牌耐克公司,允许回收和再利用其产品中的部分材料。丹麦政府设立目标在 2050 年逐步淘汰化石燃料,目前该国正大力发展风力发电,可再生能源在电力结构中的份额提高到了 50% 以上。

2) 改革工艺和设备

工艺是指从原材料到产品实现物料功能转化的操作流程,设备是用以完成该流程中每个操作的硬件单元。改革工艺和设备,是当前预防废物产生、提高生产效率和效益、实现清洁生产最有效的方法之一。其缺点是工艺技术和设备的改革通常需要投入较多的人力和资金,因而实施的难度较大,时间较长。我国经济发展中普遍存在技术含量低、技术装备和工艺水平不高、创新能力不强、高新技术产业化比重低、能耗高、能源消费结构不合理、国际竞争力不强等问题,已经成为制约我国经济可持续发展的主要因素,亟须利用高新技术进行改造和提升。为节约成本提高效率,在改革工艺和设备中首先应分析产品的生产全过程,将那些消耗高、浪费大、污染严重的陈旧设备和工艺技术替换下来。

改革工艺与设备方面实施清洁生产的主要措施包括:①利用最新科技成果,开发更节能的新工艺、新设备等;②简化流程、减少工序和所用设备;③使工艺过程易于连续操作,减少开车、停车次数,保持生产过程的稳定性;④提高单套设备的生产能力,如装置大型化、规模化;⑤优化工艺条件,如温度、流量、压力、停留时间、搅拌强度等;⑥增加必要的预处理步骤;⑦优化工序;⑧采用可靠性、耐用性更高的设备或工艺。

当下,自动控制技术以及更先进的人工智能发展迅速,采用自动控制系统控制和调节工作参数,维持最佳反应条件,加强流程控制,是目前增加生产量、减少废物和副产品产生的最有效途径之一,如使用自动化系统代替手工处置物料,几乎能避免操作失误,进而降低产生额外废物及物料泄漏的可能性。在一些基础行业,工艺技术的改进也具有显著的清洁效果。作为基建大国,我国积累的相关技术也非常丰富,例如高铁和房屋建设中所采用的桥面、支撑结构等预制技术,能够在工厂内制备好预制件,现场完成拼接。这样做不仅大幅削减工时,产品质量更可控,同时能避免场地施工造成的生态破坏和污染。

3) 改进运行操作管理

有关资料表明,目前的工业污染约有 30% 以上是由生产过程中管理不善造成的,只要加强生产过程的科学管理、改进操作,不需花费很大的成本,便可获得明显减少废弃物和污染的效果。因此,优化改进操作、加强管理,经常是清洁生产审核中最优先考虑、也是最容易实施的手段。主要可改进的管理制度包括:调查研究和废弃物审计,摸清从原材料到产品的生产全过程的物料、能耗和废弃物产生的情况,分析数据发现薄弱环节并加以改进;坚持设备的维护保养制度,使设备始终保持最佳状况;严格监督生产过程中各种消耗和排污指标,及时发现和解决问题;建立完备有效的奖惩制度,全体员工形成合力。

4) 物料在生产系统内部的循环利用

物料循环再利用的基本特征是不改变主体流程,仅将主体流程中的废物加以收集处理并再利用。在企业的生产过程中,应尽可能提高原料利用率和降低回收成本,实现原料闭路循环。此外,一些工业企业所产生的废物,有时难以在本厂有效利用,则有必要组织企业间的横向联合,寻找废物进行复用的机会,使工业废物在更大的范围内资源化。

实现物料循环利用的途径,通常包括将废物、废热回收作为物料、能量利用;将流失的原料、产品回收,返回主体流程之中使用;将回收的废物分解处理成原料或原料组分,复用于生产流程中;组织闭路用水循环或一水多用等。其中,比较容易实现的是生产用水的闭路循环。根据清洁生产的要求,工业用水组成原则上应是供水、用水和净水组成的一个紧密的体系。各企业应根据自身生产工艺的用水品质需求,实现分别供水、分级使用以及净化后的重复利用。我国已经开展了一些实用的水综合利用技术,如电镀漂洗水无排或微排技术,实行了漂洗水的闭路循环,因而不产生电镀废水和废渣。此外,利用硝酸生产尾气制造亚硝酸钠,利用硫酸生产尾气制造亚硫酸钠,利用味精废液丰富的氨基酸和有机质加工成优良的有机肥料等,也是目前较为常见的循环利用技术。对于区域和国家层面的循环利用,我国一些城市已建立了废物交换中心,为跨行业的废物利用协作创造了条件。德国则在建筑行业中积极推进材料的循环使用。

5）产品再设计

获得产品（服务）是生产活动的首要目标，产品决定着生产过程。因此，基于更新更环保的技术，重新设计制造更"清洁"的产品，在企业清洁生产中占据重要的地位。它可包括改革产品体系，产品报废的回用、再生，产品替代、再设计等方面。

在保证产品功能不变或提高的情况下，可以从原材料选择至使用后废弃的整个阶段考虑新产品的设计原则。例如，在材料选择方面，竹子是一种快速生长的可再生资源，同时可以在没有农药或化肥的情况下种植，并具有天然抗菌的属性，可用于地板、家具、服装等许多不同的产品，国内外很多公司都在使用竹子作为木材的可持续替代品。再如，生物塑料是一种由可再生的生物质资源，如玉米淀粉、甘蔗、植物油脂等制成的新型有机材料，这种材料具有较高的生物可降解性，许多公司已经开始在包装中使用它替代传统塑料制品。在延长产品的使用寿命方面，常规的做法是延长材料的使用时间，例如，耐克公司开发了一系列由回收塑料瓶制成的鞋子，运动品牌巴塔哥尼亚在 2013 年推出了"旧衣服"计划，鼓励客户修复和重复使用他们的衣服以减少新衣购买量。2019 年，该项目修复了 10 万多件衣服，减少了 1.4 万多 t 二氧化碳排放。在此背景下，诞生了"循环纤维倡议"，即由服装公司、研究人员和非营利组织组成联盟，使服装的设计寿命更长，并促成服装的重复使用或回收。据估计，将衣服的使用寿命延长 3 个月，就能减少 5% 的碳排放和 10% 的水资源消耗。

在农业生产中，肥料和农药产品体系的更新也非常能体现产品生态设计的理念。据联合国粮食及农业组织估计，发展中国家粮食的增产中有 55% 来自化学肥料。然而，目前普通化学肥料利用率低、浪费巨大且污染严重。就我国的国情而言，完全放弃化学肥料回归单纯的有机肥料无法满足 14 多亿人口的生活甚至生存需求。因此，研制开发高效、无污染的环境友好型肥料，提高肥料的利用率，在保证增产的同时减少肥料损失造成的污染，是当今肥料科技创新的重要任务。近年来，在国家"863"项目支持下，研发了一系列控释肥料、生物肥料、有机无机复合肥料等为代表的环境友好型肥料产品，保证农业生产的同时，减少了农业面源污染。农药的发展史也是由剧毒、高残留的有机氯农药，到容易降解但毒性较低的有机磷农药，再进一步演变至低毒、高效、低残留的氨基甲酸酯类等农药，近几年的环境友好型农药还包括植物性杀虫剂以及生物防治剂。

6）人员素养的提升

除技术、设备等物化因素外，生产活动终归是围绕人来进行的，全体员工乃至全民环保意识和素质的提高，将有"滴水成河"的综合效应，从多方面促进生产和环保事业的协调发展。加州大学的一份研究成果显示，和没有接触过环保教育的对照人群相比，接受过环境相关科普教育的家庭，更倾向于主动改变生活习惯，更加关注自身生活中的能源节约，其能源使用量下降了约 8%，有孩子的家庭下降高达 19%。

2. 区域污染预防战略的实施途径

推行清洁生产应实施以工业生态学为指针，谋求社会和自然的和谐发展，目前可主要通过三种途径在区域水平实践清洁生产战略。

（1）逐步淘汰高污染、高能耗产业，改变能源结构。如降低能源中煤炭的比例，提高天然气的比例；提高风电、太阳能等清洁能源的使用。目前全世界化石能源仍占主要地位

（图 2-5），我国以及一些发展中国家和地区仍以煤炭作为主要能源。

彩图 2-5

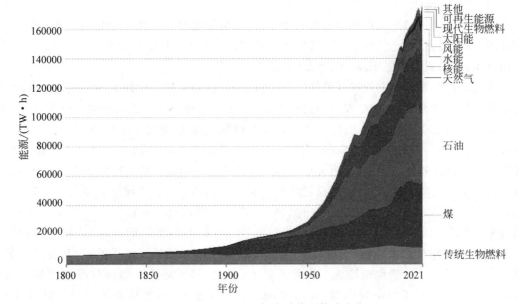

图 2-5 1800—2021 年全球能源构成变化

（2）从环境制约因素出发，合理规划工业布局。如有大气污染的工厂应布置在居民区的下风地带；有水污染的工厂应布置在河流的下游；大气污染严重的工厂不宜布置在山谷或盆地中。历史上有不少环境污染事件都和工业布局不合理有关。发生在 20 世纪 50 年代的日本水俣湾事件，以及 1984 年印度的博帕尔毒气悲剧，排放的有毒物质通过污染附近的水体或空气造成了严重的居民伤亡，其部分原因是工厂距离人口密集区较近。20 世纪 70 年代，位于纽约州尼亚加拉瀑布附近的拉夫运河事件，则是固体废弃物污染的代表。拉夫运河社区被建在一个有毒废料堆上，导致入住居民随后出现了出生缺陷和癌症等健康问题。为避免这样的环境灾难，在做工业建设规划时，要考虑到空气和水的质量、人口密度以及对当地生态系统的潜在影响等因素，仔细选择工业所在地，政府应该在监管和规范方面发挥关键作用。

（3）综合经济、能源、环境等多方面，进行工业一体化设计。实现资源的综合利用，首先要对原料的每个组分列出清单，明确目前有用和将来有用的组分，制定综合利用的方案。对于目前有用的组分要考察它们的利用效益；对于目前无用的组分，显然在生产过程中将转化为废料，应将其列入科技开发的计划，以期尽早找到合适的用途。其次，资源综合利用需要实行跨部门、跨行业的协作开发，目前常用的一种形式是以原料为中心的利用体系，按生态学原理，规划各种配套的工业，形成生产链，使在区域范围内实现原料的"吃光榨尽"，如在大中型矿区内，以煤矸石发电为龙头，利用矿井水等资源，发展电力、建材、化工等资源综合利用产业，建设煤焦-电-建材、煤-电-化-建材等多种模式的产业园区。

（4）充分发挥各级政府的政策支撑和服务功能。建立包括政府法规体系、健全的机构建设和配套资金保证的清洁生产运行机制；完善和拓展环境管理制度；加强清洁生产技术的开发；建立和拓宽清洁生产技术等信息的传播和咨询渠道；利用政府采购限制落后产能，支持清洁生产；通过政策引导、科普教育等吸引公众参与全社会清洁生产；加强与清洁生产技术先进的国家或跨国公司合作。

清洁生产法规和政策的出台是各国政府开展和保障清洁生产战略的重要手段。美国国家环境保护局(USEPA)推出的污染预防计划,是由其提供技术援助、培训和拨款,帮助有意愿的企业实施清洁生产。欧盟生态管理和审计计划要求参与的公司必须符合严格的环境标准,并向公众披露其环境表现。日本政府实施了《化学物质审查及制造管理法》,要求企业开展化学品清单申报和风险评估,并采取必要的管理措施保障安全。我国政府层面促进清洁生产的标志性事件是 2002 年颁布了《清洁生产促进法》,该法律要求企业开展清洁生产审核,并实施清洁生产技术。

2.3.3　清洁生产的有效实践

2.3.3.1　国际上清洁生产的有效实践

1979 年 4 月,欧洲经济共同体理事会宣布推行清洁生产的政策,并于同年 11 月在日内瓦举行的"在环境领域内进行国际合作的全欧高级会议"上,通过了《关于少废无废工艺和废料利用的宣言》,指出无废工艺是使社会和自然取得和谐关系的战略方向和主要手段。此后,欧共体陆续多次召开国家、地区性或国际性的研讨会,并在 1984 年、1985 年、1987 年三次由欧共体环境事务委员会拨款支持建立清洁生产示范工程。

全面推行清洁生产的实践始于美国。1984 年,美国国会通过了《资源保护与回收法——固体及有害废物修正案》。该法案明确规定:废物最小化即"在可行的部位将有害废物尽可能地削减和消除"是美国的一项国策。基于污染预防的源削减和再循环被认为是废物最小化对策的两个主要途径。在废物最小化成功实践的基础上,1990 年 10 月美国国会又通过了《污染预防法》,从法律上确认了污染应首先在其产生之前削减或消除,污染预防将是美国的一项国策。与此同时,瑞典、荷兰、丹麦等国相继在学习和借鉴美国废物最小化或污染预防实践经验的基础上,投入了推行清洁生产的活动。例如,1988 年秋季,荷兰以美国国家环境保护局的《废物最少化机会评价手册》为蓝本,编写了荷兰手册。荷兰手册又经欧洲预防性环保手段(PREPAPE)工作组做了进一步修改,编成《PREPARE 防止废物和排放物手册》,并译成英文,广泛应用于欧洲工业界。

1989 年联合国环境署制定了《清洁生产计划》,在全球范围内推行清洁生产。这一计划主要包括 5 个方面的内容:①建立国际清洁生产信息交换中心,收集世界范围内关于清洁生产的新闻和重大事件、案例研究、有关文献的摘要、专家名单等信息资料;②组建工作组,其中专业工作组包括制革、纺织、溶剂、金属表面加工、纸浆和造纸、石油、生物技术等专业,业务工作组包括数据网络、教育、政策以及战略等领域;③出版工作,包括编写、出版《清洁生产通讯》、培训教材、手册等;④开展培训活动,面向政界、工业界、学术界人士,以提高清洁生产意识,教育公众,推动行动,帮助制订清洁生产计划;⑤组织技术支持,特别是在发展中国家,协助联系有关专家,建立示范工程等。

1992 年 6 月联合国在巴西召开的环境与发展大会上,发表了推行可持续发展战略的《里约环境与发展宣言》。清洁生产被写入大会通过的实施可持续发展战略行动纲领《21 世纪议程》中。联合国工业发展组织和联合国环境规划署率先在包括中国在内的 9 个国家资助建立了国家清洁生产中心(National Cleaner Production Centers Program)。目前,世界上已有数千个清洁生产中心。同时,世界银行等国际金融组织也积极资助在发展中国家开展清洁生产的培训工作和建立示范工程,并由国际标准化组织制定了以污染预防和持续改善为核心内容的国际环境管理系列标准 ISO 14000。在这些举措下,清洁生产理念在世界范围内广泛渗透到环境、社会和经济的各个领域。1998 年,在韩国汉城(现首尔)第五次国际清洁生产高级研讨会上,代表实施清洁生产承诺与行动的《国际清洁生产宣言》出台。中国签署了《国际清洁生产宣言》,成为宣言的第一批签约国。

进入 21 世纪以来,全球清洁生产实践进入高速发展时期。2000 年 10 月,第六届清洁生产国际高级研讨会在加拿大蒙特利尔市召开,对清洁生产进行了全面的、系统的总结,并将清洁生产形象地概括为技术革新的推动者、改善企业管理的催化剂、工业运动模式的革新者、连接工业化和可持续发展的桥梁。从这种意义上,可以认为清洁生产是可持续发展战略引导下的一场新的工业革命,是 21 世纪工业生产发展的主要方向。2002 年,约翰内斯堡可持续发展世界首脑会议强调可持续发展和清洁生产的必要性,并呼吁提高资源效率,减少浪费和污染。2006 年,联合国环境规划署发起了全球汞伙伴关系,旨在通过推广更清洁的生产方法,减少工业过程中汞的使用和排放。2012 年,联合国可持续发展大会,又称"里约+20"峰会,进一步强调了清洁生产和可持续消费对实现可持续发展的重要性。2015 年,联合国可持续发展目标提到要促进可持续消费和可持续生产模式,呼吁采用更清洁的生产方法来减少浪费和污染。2019 年,世界经济论坛推出了"循环加速器"计划,旨在促进循环商业模式和发展更清洁的生产方法,以减少浪费并提高资源使用效率。同年,世界银行启动了污染管理和环境健康项目,旨在帮助中低收入国家减少污染,并促进清洁生产。2020 年,联合国工业发展组织启动了面向中小企业的全球清洁技术创新计划,用以支持中小企业开发和使用清洁生产技术。2021 年,世界银行集团成员国际金融中心(IFC)发布了一项倡议,旨在帮助发展中国家发展可持续制造和清洁生产,其关注的重点是减少温室气体排放并提高资源使用效率。

除联合国、世界银行等国际组织外,许多其他国家、地区和组织也实施了类似的清洁生产政策和计划。总体而言,国际上推进清洁生产活动,概括起来具有如下特点:①把清洁生产和国际标准组织的环境管理体系 ISO 14000 有机地结合在一起;②工业部门和政府之间通过谈判达成的自愿协议推动清洁生产,要求工业部门自己负责在规定的时间内达到契约规定的污染物削减目标;③政府通过优先采购,推动清洁生产;④把中小型企业作为宣传和推广清洁生产的主要对象;⑤依赖经济政策推进清洁生产;⑥要求社会各部门广泛参与清洁生产;⑦在高校教育中设置清洁生产课程;⑧支持科技发展,科技是发达国家推进清洁生产的重要支撑力量。

2.3.3.2　我国清洁生产的有效实践

纵观我国清洁生产的发展历史,其实践历程大致可以划分为四个阶段。

第一阶段,从 1973 年到 1992 年,为清洁生产理念的形成阶段。早在 20 世纪 70 年代,强调要通过调整产业布局、产品结构,以及技术改造和"三废"的综合利用等手段防治工业污染。80 年代,随着环境问题的日益严重,明确了"预防为主,防治结合"的环境政策。1983年,我国启动了"星火计划",旨在提高能源效率和减少排放,重点推进钢铁、有色、化工等重工业行业节能减排和污染治理,标志着我国清洁生产实质性发展的开始。1985 年提出了

"持续、稳定、协调发展"的方针,在总结了我国环境保护工作和经济建设中的经验教训后,初步提出了持续发展的思想。

第二阶段,从 1993 年到 2005 年,为清洁生产的法制化阶段。1993 年,国家经贸委和国家环保局联合召开了第二次全国工业污染防治工作会议,明确提出了工业污染防治必须从单纯的末端治理向生产全过程转变,实行清洁生产。2002 年,出台了《清洁生产促进法》,自此,我国开始逐步推行清洁生产工作。这一时期,主要是我国清洁生产政策法规逐步完善和加强的阶段,为促进后续清洁生产的发展制定了法律框架。同时,我国在联合国环境署、世界银行等机构的协助下,启动和实施了一系列清洁生产项目,清洁生产理论和实践开始在我国广泛传播。

第三阶段,从 2006 年到 2020 年,为我国清洁生产的快速发展阶段。2006 年,我国政府出台了"十一五"环境保护规划,提出单位国内生产总值能耗下降 20% 的目标。2008 年国家颁布《中华人民共和国循环经济促进法》(简称《循环经济促进法》),鼓励发展清洁生产和资源循环利用。2012 年我国对《清洁生产促进法》进行了修订,增加了与能源利用相关的规定。2014 年,我国启动了"绿色制造行动计划",以促进在全社会各行业发展和采用清洁生产技术,并设定了降低能源消耗和排放的目标。截至 2020 年年底,我国清洁生产产业产值达到 7.5 万亿元。目前,全国绝大多数省、自治区、直辖市都先后开展了清洁生产的培训、试点和全面实施工作,通过实施清洁生产,普遍取得了良好的经济效益和环境效益。

第四阶段,随着 2021 年《"十四五"全国清洁生产推行方案》出台,我国清洁生产进入了全面发展阶段,突破传统治理模式,推动工业行业环境保护向纵深推进,加强高耗能高排放建设项目清洁生产评价、推行工业产品绿色设计、加快燃料原材料清洁替代、大力推进重点行业清洁低碳改造多个角度入手,推进工业行业的绿色、清洁和高质量发展。"十四五"期间除对工业领域清洁生产做出了详细要求外,还将农业、建筑业、服务业、交通运输业等行业作为推进清洁生产工作的新领域,拓展了清洁生产领域,突破了多年以来清洁生产工作主要集中在工业行业的局面,是清洁生产理念的扩大和全方位延伸。方案还明确将清洁生产定位为落实节约资源和保护环境基本国策的重要举措、减污降碳协同增效的重要手段,也是加快形成绿色生产方式和经济社会绿色转型的有效途径,体现了紧扣碳达峰碳中和战略目标,助力绿色低碳转型的特点。2024 年 11 月《能源法》颁布,积极推动能源清洁低碳发展、强调化石能源清洁高效利用、推进非化石能源安全可靠有序替代化石能源,体现了清洁生产在能源开发与利用领域的根本性要求。

总体而言,历经半个世纪的发展,我国的清洁生产在技术标准的提高和创新、政策法规的落实和执行、公众参与和意识的提升等方面全面发展,有效促进经济社会绿色低碳转型和可持续发展,积极稳妥推进碳达峰碳中和目标的实现。

课外阅读材料

资源、环境、生态的关系

"生态兴则文明兴,生态衰则文明衰"(习近平总书记 2018 年 5 月 18 日在全国生态环境保护大会上的讲话),生态环境是人类生存和发展的根基,生态环境变化直接影响文明兴衰演替。生态环境保护是功在当代、利在千秋的事业。

大约公元前3500年,苏美尔人在两河流域下游即美索不达米亚,建立了城邦,这是人类文明的发源地之一。苏美尔人在幼发拉底河流域修建了大量的灌溉工程。这些工程不仅浇灌了土地,而且防止了洪水,提高了土地的生产力,使数百万人从土地上解放出来,去从事工业、贸易或文化活动,创造了灿烂的古巴比伦文明。然而,经过1500多年的繁荣后,到公元前4世纪,辉煌的古巴比伦文明却衰落了。如今在古巴比伦城池的废墟上,除了荒漠和盐碱地,再也找不到当年古文明的恢宏气势。是什么原因导致了古巴比伦文明的消失?

苏美尔人对森林的破坏,加上地中海气候冬季倾盆大雨的冲刷,使河道和灌溉渠道的淤积不断增加,人们不得不反复清除淤泥,甚至重新挖掘渠道,尔后又无奈地将其放弃,这样的不良循环,使得人们越来越难将水引到田中。与此同时,由于苏美尔人只知道灌溉,不懂得排盐,灌溉系统没有考虑到合理的排水,结果使美索不达米亚的地下水位不断上升,给这片沃土披上一层厚而白的盐结壳。土地的恶化,使美索不达米亚葱绿的原野渐渐枯黄了,人口的增加和土地的恶化,使文明的"生命保障系统"濒于崩溃,并最终导致文明的衰落。历次朝代的更迭,都没能恢复土地的生产力、改善生态环境和自然资源的恶化状况,美索不达米亚地区永远地沦为一个人口稀少的穷乡僻壤。如今,伊拉克境内的古巴比伦遗址已是满目荒凉,只有沙漠、盐渍化土地。

古文明衰亡的根本原因在于破坏了人们赖以生存和发展的资源和环境基础,这惨痛的教训值得人类对长期以来沿袭的人与自然的关系模式进行深刻的反思,今天日趋严重的生态危机已向人类敲响了警钟。因此,从可持续发展战略高度看,人类只有彻底摒弃以破坏环境、过度消耗资源为代价的传统经济模式,建立一种新的人与自然和谐发展的生态经济模式,即循环经济发展模式,构建一种全新的生态文明社会,才能实现人类的可持续发展与地球生态系统的良性循环。

我国是一个拥有悠久历史的大国,孕育了博大精深的中国传统文化。在中国历史上影响最深远的儒家思想就诞生在这里。儒家思想体系庞大、内容丰富,其中"天人合一"思想即人与自然的亲密关系,把实现人与自然和谐发展作为最高的伦理价值目标,展示了中国古代关于人类与自然共生共存的大智慧,其关于自然界万物具有内在关系和存在的价值、人对待自然应具有仁爱之心及对自然规律的认识和遵从等理念为绿色发展观的构建提供了重要借鉴。然而,改革开放以来,随着我国经济社会建设迅猛发展,人民物质文化生活水平快速提高。在以追求经济增长为主导的发展理念支配下,人们对自然界进行了不加约束的开采和利用,生态秩序受到破坏,人与自然关系发生异化,经济社会陷入发展-污染-再发展-再污染的恶性循环中。

党的十八大以来,我党把生态文明建设纳入中国特色社会主义建设"五位一体"总体布局,吹响了"努力走向社会主义生态文明新时代"的嘹亮号角。随着党的十八大精神日益深入人心,"资源约束趋紧,环境污染严重、生态系统退化"成为人们对我国经济社会发展面临严峻形势的高度共识。"全面促进资源节约""加大自然生态系统和环境保护力度"成为人们推进生态文明建设的热门话题,"资源""环境""生态"随之成为生态文明建设的三个关键词,正确认识资源、环境、生态的关系也相应成为推进生态文明建设理论与实践创新的前提。

"底线思维"是习近平新时代中国特色社会主义思想的一条重要方法论。"备豫不虞,为国常道",坚持底线思维要求我们凡事从坏处准备,积极作为、未雨绸缪,见微知著、防微杜渐,着眼于防患未然、化危为机,具有预见性、前瞻性。凡事预则立,不预则废,只有预先看到前途和趋向,及时察知萌芽中的危险,事先做好计划准备,才能驾驭事物发展进程,减少风险、化解危机。底线思维蕴含着前瞻意识、忧患意识、责任意识和积极防御意识,对待环境问题要"居安思危,未雨绸缪",牢固树立"严守生态保护红线、环境质量底线、资源利用上线"三条警戒线的观念,处理环境问题要深谋远虑,以寻求长远发展和长治久安之策。

作为新时代青年,我们应该不断加强学习,以先进思想武装头脑,深入理解"绿水青山就是金山银山"这一新发展理念的重要科学内涵,明白其具有的理论和现实意义,将其应用到生活实践中,不断以先进的思想武装头脑,才能筑牢生态环境保护的精神高地,更好地为生态环境保护工作助力。在日常生活中坚持从我做起,从现在做起,从身边做起,并且树立爱自然、爱环境、讲卫生的良好环境道德,带动他人共同爱护环境、保护环境。我们要积极参与公益活动,努力促进环境改善;自觉参与环境保护的监督管理;做好宣传工作,唤起全社会对环境保护的关注。

思考题

1. 什么是清洁生产?其基本理念是什么?
2. 简述清洁生产在我国的发展历程。
3. 清洁生产的主要内容有哪些?
4. 清洁生产的特征有哪些?
5. 开展清洁生产有什么意义?
6. 实施清洁生产的主要途径是什么?
7. 简述清洁生产推行和实施的原则。

清洁生产与循环经济的理论基础

3.1 系统论基础

系统论是一种综合性的方法论,可应用于各种不同领域,其中就包括清洁生产和循环经济。系统论强调将生产过程看作一个整体系统,通过对系统中各种要素之间的关系进行深入分析,找出优化系统的潜在方法,以最大限度地减少资源的消耗和污染物的排放。

3.1.1 系统的概念和特征

3.1.1.1 系统的概念

1. 系统及其构成

系统是由相互依赖、相互作用的若干组成部分结合而成的、具有特定功能的有机体,可以是物理系统、生物系统、社会系统、信息系统等。一个系统一般具有三个基本特征:由相互区分的若干元素组成;元素之间相互作用、相互依赖;系统整体具有特定的功能。

系统是要素(elements,E)与关系(relations,R)的集合。其中要素是构成系统的躯体,关系才是系统的灵魂,对系统的调节应主要从对关系的调节入手。《庄子》里面的一则成语典故"朝三暮四",在某种意义上就是对系统关系的调节。宋朝有一个叫狙公的人在家养了很多猴子。有一年饥荒,狙公不得不缩减猴子的食粮,但他怕猴子们不高兴,就先和猴子们商量:"每天早上给你们三颗果子,晚上再给你们四颗,好吗?"猴子们听说它们的食粮减少后都非常生气。狙公马上就改口说:"每天早上给你们四颗,晚上再给你们三颗,够吃了吧!"猴子们就不再闹了。在这个故事中,果子的总数量(要素构成)并没有变,但养猴人通过调整给予的顺序(调节关系),达到了系统优化的结果(猴子们不再闹了)。

在现实的社会生产中也有很多类似这样的问题,只需要管理者付出较小的代价甚至不付出代价,对系统内部做调整,就能实现较大的效益。如有研究显示,饲养场地的动物粪便会产生很多的甲烷气体,但如果及时将场地内的动物粪便转移到室外,就能减少至少30%的甲烷排放,这是因为室外环境温度往往较低,抑制了甲烷菌的产生。这个研究案例中,动物粪便的总量(要素构成)没有变化,仅通过粪便的场地转移(调节关系),就实现了系统整体甲烷排放的显著削减(系统优化)。

系统这一概念的含义十分丰富。它与要素相对应,意味着总体与全局;它与孤立相对应,意味着各种关系与联系;它与混乱相对立,意味着秩序与规律。研究系统,意味着从事物的总体与全局、要素的联系与结合上,去研究事物的运动与发展,找出其固有的规律,建立正常的秩序,实现整个系统的优化。

2．系统及其环境

凡系统之外的部分,都可以称为该系统的环境。由此定义可知,系统和环境是一个相对的概念,某个特定系统可以作为其内部更小系统的外部环境,而特定系统和其外部环境又可以共同组成一个更大的系统,如此层层重叠。在现实研究中,对于系统的定义也主要依据我们所需要考察的问题来确定。总体而言,按照系统和环境之间的关系可将系统划分为三种类型,分别为孤立系统、封闭系统和开放系统。从能量和物质交换角度分析,三种系统的特征和代表如表 3-1 所示。

表 3-1　三种系统的特征和代表

类　型	特　征	代　表
孤立系统	无能量无物质交换	理想的绝热系统;已知宇宙
封闭系统	有能量无物质交换	封闭的容器;宇宙飞船
开放系统	有能量有物质交换	具有生命特征的各类系统

三种系统中,最缺乏活力的是孤立系统,该系统和外部完全隔绝。在我们已有的认知中,宇宙是现实世界唯一可能的孤立系统。有一种假说认为,因为宇宙没有外部物质和能量的输入,在经历漫长的时间后,宇宙内的所有物质都会通过不断地热交换而最终达到热平衡。加之宇宙的不断膨胀,其中的热能将会变得非常稀薄,物质之间的热交换也将变得非常缓慢,最终导致所有物质陷入永久的冷却和静止状态,即宇宙热寂。开放系统则最有活力,其代表为生物体,能够通过和环境之间持续的物质和能量交换,将废物和熵增转移至外部环境,进而保持自身的高度有序和持续发展。

那么地球属于怎样的系统呢？严格意义上,地球属于开放系统,能够吸收太阳能并主要通过红外线向宇宙辐射能量,同时地球大气物质的逸散以及陨石等物质进入地球也实现了该系统的物质交换过程。然而,无论是地球物质向外转移,还是宇宙物质进入地球,其通过地球-宇宙环境这一界面的总量较地球系统本身的质量几乎可以忽略不计。因此,地球理论上应被看作一个封闭系统,即仅有能量而无物质交换,是一艘漂浮于太空的巨大宇宙飞船,需要依靠完全的自给自足实现正常的运转和发展。从另一角度理解,如果地球是一个典型开放系统,我们将无须面对今天所谓的"生态环境问题"。生态环境问题的根本是资源问题和污染问题,开放意味着地球可以从外部空间攫取大量的资源而不消耗自身,同时地球产生的废物也能转移至外部宇宙空间而不威胁到自身,显然我们距这一技术目标还具有相当遥远的距离。目前,生态环境领域大多是在低于地球的系统尺度上开展相关研究。

3.1.1.2　系统的特征

一般而言,系统有以下几方面的特征。

1．集合性

集合性是指系统应由至少两个相互区别的要素单元组成。这个性质是关于系统组成和规模方面的描述,既强调了系统需要至少两个单元,同时这两个单元之间的功能要有所区别,要素的数量和各自的特征功能缺一不可。例如,一个工业企业是一个系统,由人员、物质、能量、资金、信息等不同功能的要素构成(图 3-1)。而如果这个企业只有 5 个要素中的任意一个,如人员,则无论人员要素有多少,在缺少其他要素的情况下,均无法实现该系统的功能,即企业的生产功能。

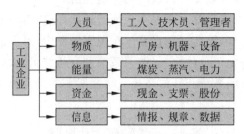

图 3-1   工业企业所包含的要素集合

2．整体性

整体性原理是系统最核心的特征,强调构成系统的各个要素具有不同的功能,在改变其中一个要素时,要注意系统其他各要素的协调和连接,即要从提高整体功能、有序性或运行效果的角度去协调系统内的各要素。系统的整体性又称为系统的总体性、全局性,系统的局部问题必须放在系统的全局中才能根本、有效地解决。

为了提高系统的整体功能,增强系统的整体效应,必须考虑以下两点:①人们在认识系统和改造系统时,必须从整体出发,从全局考虑问题,从系统、要素和环境的相互关系中探求系统整体的本质和规律;②使系统内的各要素合理结合,注意从提高整体功能的角度去提高和协调要素的功能。例如,一个化工反应系统(图 3-2),包括原材料净化、反应、分离等单元。若采用高纯度原料,则净化过程简单,反应过程更为彻底,产生的废弃物少,废弃物处理成本显著下降,但随之而来的可能是原材料采购和运输成本上升;若采用低纯度原料,则可能会产生更多的副产物,进而需要更为复杂的前端净化和后端分离操作,产品产出率较低,但原材料采购成本较低,获取也可能较为简单。在此例中,原材料环节将对其他环节构成影响,进而影响系统的整体功能和效果,因此在确定改造某个环节的具体方案时,需要对该改动对系统整体性的影响进行综合评价。

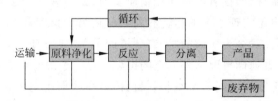

图 3-2   化工反应系统示意图(高、低纯度原料的选择对所有环节存在影响)

3．层次性

显而易见,一个系统往往是另一个更大系统的组成要素,我们把系统的组成要素称为子系统。系统通常是由许多子系统和元素组成的,形成网络或层次结构。系统的子系统是组成系统的独立部分,它们通过连接或接口进行相互作用和信息交换。子系统可以包括物理部件、功能单元、组织机构、计算机程序或任何其他系统的组成部分。系统的元素是构成子系统的基本单元,它们具有特定的属性、特征或行为。

系统与子系统的概念是相对的。世界上任何事物都可以看成是一个系统,例如,对于地球生态系统,可由岩石圈、土壤圈、水圈、生物圈、大气圈等子系统构成,而水圈又可进一步划分为海洋、湖泊、河流等水生态子系统,其中的湖泊生态系统又由浮游生物群落、底栖生物群落等构成,如此层层递进,环环相扣。企业生产过程同样可以这样层层划分,如企业→车间→流水线就是不同层级的系统。

认识系统的层次性,有利于掌握系统内部要素之间的本质关系,也有利于基于层级位置的相对高低及层级间的关系,选择更有针对性的方法解决系统层级间存在的问题。一般而言,高层次经济系统可对低层次经济系统施加一定的约束和调控作用,但同时高层次经济系统又需要以低层次经济系统为载体,依靠低层次经济系统体现其整体功能。系统的层级越高,其下属各要素(子系统)的结合强度越小,子系统之间组织搭配的灵活性越高。例如,若要在企业层次上实现资源和能源的有效利用,最直接的做法是要求生产企业的每个生产环节都尽量做到废物最小化、资源化,在企业内部小范围实现物料的闭合循环。然而,要求单个企业,尤其是生产工艺相对成熟固定的小型企业做到物质完全闭环显然是不可能的,这会导致生产和管理成本的急剧上升。在这种背景下,为了达到充分利用资源的目的,我们寻找方法的层级往往不能太低,不能局限于企业内部,而需要在企业甚至更高级的行业、产业系统层级上去寻找解决问题的方案。

4. 涌现性

要素或子系统重新构成一个更大的系统后,该更大的系统就有可能产生出整体具有而各个要素/子系统原来所没有的某些特征事物/性质/功能/要素的属性。涌现性最常见的例子就是所有生物体,地球是我们目前已知唯一具有生命的星球,然而生命和非生命物质都是由原子构成的,但原子有序排列成特定生物所需要的序列之后,能够呈现出远远高于非生命物质的复杂特性。而具体到人类,简单的神经细胞可能只有传递电信号的功能,然而当它们成百亿地聚集在一起后,谁又能想到居然形成了能容下整个宇宙般广阔的心灵世界。社会经济生产过程也一样,流水线上的某个工人可能只负责安装一个螺栓、焊接一个电容器、完成一段代码这样的简单操作,但是经过无数的操作并完成组合之后,最终形成了一部功能极为复杂的手机。

5. 协同性

协同性是指在发展过程中,系统内各子系统之间以及系统和环境之间保持协调、匹配。现实中的生态环境系统都是开放系统,它总是在一定的环境中存在和发展的,系统和环境之间存在物质、能量和信息的不断交换,系统可视为其环境的子系统,因此受制于环境的影响,外界环境的变化可引起系统内各部分相互关系和功能的变化,系统需要保持对环境的适应能力。例如,整个国家可以看作其内部所有生产过程和企业的外部环境。近几十年来,在意识到环境污染对国家利益存在长期损害的情况下,从长远发展角度出发,我国陆续出台了有关环境保护和清洁生产的法律,以前通过高污染高消耗发展起来的企业,如果不能很好地适应这种政策环境的变化,将很容易遭到淘汰。

3.1.2　系统论及系统工程

3.1.2.1　系统论的定义、起源与发展

系统论的思想可以追溯到古希腊,哲学家毕达哥拉斯提出的"宇宙是由数字构成"和亚

里士多德提出的"分类"思想,都具有系统论的影子。随着现代数学和计算机科学的发展,系统论才逐渐形成一门学科。1948年,诺贝尔物理学奖得主约翰·冯·诺依曼和斯坦尼斯瓦夫·乌兰提出了自动控制理论,并出版了《自动控制理论》一书,标志着系统论开始形成。1951年经济学家肯尼斯·阿罗和物理学家尼古拉斯·马克斯韦尔提出了控制论和信息论,奠定了系统论的基础。人们公认系统论的创立始于1952年,美籍奥地利人、理论生物学家L.冯·贝塔朗菲(L. Von. Bertalanffy)于当年发表了"抗体系统论"。1962年,贝塔朗菲出版了《系统论》一书,成为系统论理论体系的第一本专著。

经过近半个世纪的发展,系统论思想和方法已和多个学科进行了交叉和融合。目前认为系统论是研究系统一般模式、结构和规律的学问,它研究各种系统的共同特征,用数学方法定量地描述其功能,寻求并确立适用于一切系统的原理、原则和数学模型。由此可见,系统论是指一个跨学科的理论框架,主要用于研究和理解由多个部分组成的系统的性质、结构、行为和相互作用,其目的是通过分析和理解系统的结构和行为,找到有效的管理和控制系统的方法。

3.1.2.2　系统控制理论

1. 反馈控制

反馈控制是应用最为广泛的一种控制方式,即依据系统输出情况对系统的输入端进行调整。反馈系统中,外界环境向系统输入物质、能量和信息,经过处理后,系统向环境输出新的物质、能量和信息。输出的结果返回来与系统预期的目标相比较,以决定下一步系统措施或做出的反应。具体的反馈控制类型可分为正反馈和负反馈两种(图3-3)。

图3-3　系统的正负反馈机制示意图

图3-3中,"+"表示物质、能量和信息流的加强;"-"则表示物质、能量和信息流的减弱;输入、输出同为"+"或"-"号,则为正反馈;输入、输出"+""-"异号则表示负反馈。

负反馈是使原输入减弱的反馈。一个稳定的系统在受到外部环境干扰后,其内部关系或者要素构成可能会发生显著改变,改变后的系统倾向于恢复至其原本稳定状态的趋势,即为负反馈,例如森林遭到破坏后的自然恢复过程。负反馈在生态平衡中扮演了重要的角色,当外来干扰在一定限度以内,通过负反馈机制,系统自我调节后可恢复到目的状态。当外来干扰超过系统自我调节能力时,系统不能恢复到目的状态,此时系统表现为失调。大多数生态系统在遭到破坏后,都能依靠其自身的调节,向着系统原本的稳定状态进行回归。工业革命以来,人类社会高消费、高消耗的发展模式向自然环境索取大量的资源,并排放了大量的污染物,由此引发了诸如"八大公害事件"的环境问题。诸多环境恶化效应的反馈,让原本持续近百年的工业发展模式不得不发生转变,倒逼人类重视清洁生产和可持续发展,抑制生产系统对自然界的资源掠夺和随意排放,这就是人类社会系统的一种负反馈调节。

正反馈则是使原输入增强的反馈,例如日常所说的恶性循环、良性循环都属于此类。正反馈则具有发散的特征,历史上的某些生态灾难可能就和正反馈机制有关。例如沙漠的扩张现象,由于人类活动导致草原退化,遭到沙漠的侵蚀,人类不得已开发新的放牧或农耕地,进而又进一步导致这些区域土地的退化,形成恶性循环。还有如森林的退化,亚马孙雨林是地球上最大的热带雨林之一,然而由于人类的采伐和烧林等活动,导致雨林面积减少,生态系统的破坏进一步导致了更多的干旱和森林火灾,又会加剧森林生态系统的破坏。

2. 前馈控制

与输出信号会对输入造成影响的反馈控制不同,前馈控制不会对输出端的变化进行响应,而是基于对过程的测量和准确的数学模型计算和预测,并依据预先定义的条件进行判定,进而对系统输入进行调整,使系统达到期望的输出水平。因此,前馈控制的正常运行,有赖于对系统内部状态变化后所可能产生的影响具有准确的预测,并基于此精确调控输入端的变化。前馈控制基于模型和计算,没有反馈回路,也不对输出进行监控,在系统受到事先未考虑因素干扰的情况下,有可能对输出产生较大影响。

汽车的生产过程中就采用了大量前馈控制。汽车生产的流水线较长、环节较多,最后的成品——汽车的品质也难以通过简单廉价的方法进行检测。此时,过程监控就非常重要,适合采用前馈控制的方式对流水线各个生产环节进行控制,以保障汽车最终的品质。例如,连接部件的组装环节可能存在螺栓无法拧紧的情况,这时候就可以通过提前设定拧螺栓的扭矩值,并在该工艺之后实时监测螺栓的扭矩,并通过自动调整来实现对这一环节的控制。

3. 模糊控制

模糊控制的原理是将模糊逻辑运用到控制系统中,通过建立模糊规则来描述系统输入与输出之间的关系,基于模糊逻辑运算实现系统控制。模糊控制不用数值而用语言式的模糊变量对系统进行描述,进而无须要求建立对象系统的完整数学模型。因此,模糊控制的优点在于能简化系统设计的复杂性,进而可用于复杂、难以建立精确数学模型的系统,处理模糊和不确定性较大的问题,适用于一些难以用精确控制方法解决的场景。

食品加工和精密加工需要降温系统以保证工作车间的环境温度不能过高,假设温度控制系统中存在一个制冷器,通过控制制冷器的开关来维持系统温度在一个合适的范围。传统的精确控制方法要求读取温度传感器的读数并依据模型进行精确计算,进而输出对制冷器开关的控制指令。而模糊控制方法则是将温度变量和制冷器控制指令变量都进行模糊化处理,然后将其通过一定的规则进行匹配,得到最终的控制指令。例如,可以将温度变量分为三个模糊的集合:冷、适中和热。同时,将控制指令变量也分为三个模糊集合:冷、适中和热。通过一定的规则(如最小最大原则、加权平均原则等)将这两个模糊集合进行匹配,得到最终的控制指令,从而实现对制冷器开关的控制。

3.1.2.3　系统工程方法

1. 系统工程的定义

所谓系统工程,就是把系统理论和方法与工程学理论和方法结合起来而形成的一门综合科学。系统工程的核心是系统思维,即将系统看作一个整体,注重系统各部分之间的相互作用、关系,强调系统的全过程和整体性能的优化。系统工程的方法可以应用于各种领域,包括航空、军事、交通、电子、能源、环境等,体现了系统工程方法的普适性,以及该方法论和不同领域的有效融合。例如,美国国防部将系统工程定义为"一种将系统思维应用于规划、设计、执行、评估和控制工程系统的方法。它基于系统思想,注重在系统的全寿命周期内优化系统的效能、可行性、成本和可支持性"。国际系统工程学会(INCOSE)将系统工程定义为"将综合知识、设计原则、方法和工具应用于系统开发和生命周期管理的跨学科方法"。我国有学者给出了更为综合的定义,即系统论是"应用系统思维,综合运用多学科的理论、方法和技术,协调各个阶段的工作,以规划、设计、实施和管理的方法,从整体角度出发,将分散的功能部分组织成完整的系统,达到预定目标的一种工程技术和管理方法"。总而言之,系统工程是一种以系统思维和系统理论为基础,综合应用多个学科和技术手段,从整体和系统层面出发,对复杂工程系统进行规划、设计、开发、实施和运营的工程方法和技术,以达到最优规划、最优设计、最优管理和最优控制的目的,是把系统理论与工程学方法结合起来而形成的一门综合科学。

我国"两弹一星"元勋钱学森院士开创了系统工程"中国学派",他在总结经验的基础上对系统工程实践进行理论阐释和升华。1978年9月,钱学森发表了《组织管理的技术——系统工程》,对系统工程的概念、内涵、应用前景等做了分析,首次在实践与理论层面对系统工程进行清晰梳理,开创了系统科学这一新兴学科,是系统工程在中国发展的里程碑。1979年,钱学森在《经济管理》杂志上发表了《组织管理社会主义建设的技术——社会工程》,这标志着钱学森系统工程思想的一次飞跃和升华,系统工程论从具体的工程管理应用开始转向社会管理应用,系统工程从工程系统工程上升为社会系统工程,从工程管理上升为国家管理,这不仅是系统工程论的理论创新,也是系统工程论应用领域的新尝试和新探索。此外,20世纪80年代中期,钱学森以"系统学讨论班"的方式开始了创建系统学的工作,经过长达7年的学术思考和实践探索,进一步完善了系统工程理论,构建了系统科学体系,提出了开放的复杂巨系统理论及综合集成方法,进一步丰富了系统分类的层次理论体系,为系统工程的研究和应用提供了重要的理论指导。

2. 系统工程的特点

系统工程的特点在于,处理问题的思路首先着眼于系统整体,从整体出发去研究部分,再从部分回到整体,统筹兼顾,避免顾此失彼。系统工程强调系统整体最优,强调各要素之间的组织、管理、配合和协调。此外,系统工程在处理问题时需要全面综合地利用各种知识和技术。具体来说,系统工程方法具有如下一些特点。

1) 综合性

系统工程的方法跨学科多,综合了多个学科的理论和方法,包括物理学、数学、控制论、信息论、经济学、管理学等。通过这些学科的综合应用,可以对工程系统进行全面规划、设计、开发、实施和管理。

2) 系统思维

系统工程方法的核心是系统性和整体性思维,即将系统看作一个整体,注重系统各部分之间的相互作用和整体性能的优化,实现系统总体效果的最优化,同时达到该最优效果的方法或途径也应是最优的。

3) 风险管理

系统工程方法注重对系统的潜在风险进行评估和管理,从而避免在系统开发和运行过程中可能发生的各种问题,保证系统的稳定性和可靠性。

4）以"软"为主

这里的"软"指的是软件，对于生产过程，软件可以理解为管理制度、保障方案等。生产过程中硬件更新，如设备的替换、流水线的迭代升级等，必然涉及大量资源和资金的投入，操作难度较大。因此，系统工程方法应以"软"为主，软硬结合。

5）灵活性与实践性

系统工程方法采用了多学科手段，可以根据不同的工程需求和环境变化进行适当的调整和优化，形式上较为灵活。在实际应用中，系统工程师可以根据具体情况，经过方案比选，选择最优的方案解决问题，避免过多方案实施造成的浪费。

3. 系统工程方法的步骤

系统工程方法的步骤通常是迭代进行，即在每个步骤中会不断地回顾和完善之前的设计和实现，以确保系统改进的质量和可靠性。系统工程方法通常包括以下步骤。

1）明确问题

识别和明确待改进系统所需的功能和性能，改进过程可能遭遇的限制条件。这一步骤要求系统工程师对用户的需求和系统的需求进行分析，并明确需要解决的问题。

2）指标提取

针对所明确的问题，提取对应的指标，用以定量化描述问题解决的程度。

3）概念设计

确定系统的总体设计和实现方案，包括系统组成、结构、功能和性能等方面的概念设计。

4）系统筛选

广泛收集针对系统问题所能采取的潜在方案，并对方案进行优选，确定有实施潜力的方案。

5）详细设计

详细描述系统的各个部分的设计和实现方案，包括硬件、软件、控制等方面的设计。

6）方案实施

根据详细设计完成系统的改进，并进行测试和调试。基于系统呈现的指标变化情况，判断改进后系统是否符合需求和设计要求。如不符合，则将相关信息反馈，以进一步对方案进行调整。

7）运行和维护

系统投入使用后，对系统进行运行和维护，以保证系统的可靠性、安全性和稳定性。

3.1.3　系统论与清洁生产

系统论和系统工程的要旨表明，清洁生产的有效实施必须遵循系统原理和系统工程方法。清洁生产的实施主体是作为生产单元的企业，但其有效实施必须建立在企业、政府与公众良好的协调关系上。清洁生产必须依靠各级政府、部门和公众的支持，特别是国家要在宏观经济发展规划和产业政策中纳入清洁生产内容，以引导和约束企业。另外，必须进一步加强政府部门、企业和公众的清洁生产意识，提高清洁生产知识和技术水平。

从系统论来看，清洁生产系统就是一个反馈系统，清洁生产实践是一个根据清洁生产预期目标的系统调优过程，是一个管理系统和环境之间能量、物质和信息输入/输出的过程。某种意义上看，清洁生产就是要有效地管理这些流程。由于输入作用和干扰变化，系统的边界、结构和内部构成实体等在不断变化。在此背景下,系统需要变革组织结构、管理体制和生产工艺等,以适应环境保护和经济发展的需要。具体到生产系统,系统论同样是考察处理生产过程、产品或服务体系中清洁生产的重要方法论。我们可基于系统论来理解和处理生产系统与环境之间,以及生产系统内部各要素之间的关系,进而达到清洁生产的目的。系统论思想和方法在清洁生产方面的体现和应用主要可表现为如下几个方面。

1)清洁生产的优化具有系统性和全局性

清洁生产强调从整体的角度来考虑生产系统与环境系统之间的关系,即从生产系统整体出发,以系统思维为基础来分析、设计和优化生产系统。借助系统思维分析方法,对生产系统内各个组成部分的相互关系和作用形成深刻理解,在此基础上优化生产系统的设计和运行,实现对系统整体的优化,最大限度地减少对环境的负面影响。

2)清洁生产要求系统性理解生产系统与环境的关系

清洁生产认为生产系统是与环境紧密相关、相互依存的系统。生产系统通过对环境的资源和能源的利用来生产产品或提供服务,同时也会产生废物、污染和能源消耗等不良影响。而环境则提供生产系统所需的资源和能源,并在一定程度上承载着生产系统产生的废物和污染物。因此,清洁生产强调通过对生产系统和环境之间关系的理解,来减少生产系统对环境的负面影响,实现生产系统和环境系统之间的协同发展。

3)清洁生产的原则源于系统论

清洁生产通过对生产系统的优化来减少对环境的负面影响。在这个过程中,清洁生产遵循一些基本原则,如减少废物和污染的产生,提高资源和能源利用效率,优化生产工艺和产品设计,以及倡导循环经济等。这些原则都基于系统论的思想,强调整体的优化和系统的协同作用,以减少生产系统对环境的负面影响。

4)清洁生产所采用的方法基于系统工程方法

清洁生产采用多种方法来实现对生产系统和环境系统之间关系的优化,其中包括生命周期评价、物质流分析、能量流分析、过程改进、节能减排、循环经济、绿色化学等。这些方法都基于系统思维和系统工程分析方法,旨在从整体的角度来优化生产系统的设计和运行,以减少对环境的负面影响。

3.1.4　系统论视角下的循环经济

系统论的出现和广泛使用,推动了人类的思维方式深刻变化。在此之前,研究问题的方法是把一个事物分成若干部分,然后选择其中有代表性的部分进行分析,以部分的性质来代替整体,这种分析方法是着眼于局部,不能反映事物整体的性质,单项因果决定论忽略了各部分之间的联系及相互作用影响。而现代科学的发展越来越重视整体的功能与综合的全面发展,传统的分析方法无法解决人类所面临的许多规模巨大、关系复杂、参数众多的复杂问题。而系统论则能有效地考虑全局,为复杂的问题提供清晰的思路和解决方法。

循环经济的模式作为一个复杂的对象,是一个庞大的系统,包含了人类、自然环境、科技等几个主要因素。人类在经济发展和生产生活时,要考虑自己同时也是作为系统这个整体的一个要素,要考虑自身与其他要素的相互作用及自身作为整体的一部分应遵循的基本规律,要从自然生态的大环境出发来发展经济和研究发展。循环经济的本质是一种生态经济,从生态系统的基础出发,从中获取自然资源等物质来支持各子系统的存在和发展,包括生产与消费等。同时,在生产、消费和回收再利用三种活动之间,研究"自然资源—生产产品—循环再生资源"的物质流动循环,两两组成相互对应,涉及物质流、能量流和信息流的相互交汇。

3.2　物质与能量守恒原理

系统的运行可表述为一个输入-输出过程,而物质和能量是工业生产系统的两大要素,所以生产过程也是一个物质资源和能源的流动过程和消耗过程。生产量越大,输出产品就越多,但同时物质资源和能源消耗就越多,所排放的废弃物也相应地增多,对环境的影响也就越大。因此,物质循环与物质能量的梯级利用是清洁生产的重要内容,物质和能量平衡也因此成为清洁生产实施所需要的重要工具,其理论基石是物质和能量守恒原理。

3.2.1　物质守恒原理

物质的质量守恒是自然界的普遍规律,物质在生产和消费过程中及其后都没有消失,只是从原来"有用"的原料或产品变成了"无用"的废物进入环境形成污染物,物质的总量、元素构成甚至化合物成分在某些情况下都可保持不变,这暗示了物质流的重复利用和优化利用是有可能的。

3.2.1.1　物质守恒

物质守恒可以用物料衡算方程式来表示,而物料衡算是清洁生产的数据基础,只有在取得系统详细输入、输出的条件下,才有可能发现生产过程中急需改造的重要环节,以及"跑冒滴漏"等情况。进行物料衡算时,对象系统可以是整个生产过程,也可以是其中的一部分,甚至是一个单元。物质守恒在尺度上可以大到整个工厂、一个工业园区或者一个区域,小到一个反应器或者一个蒸馏塔。物质守恒的基本表达式见式(3-1):

$$\sum F - \sum D = A \tag{3-1}$$

式中,F——体系的进料量;

D——体系的出料量;

A——体系中物料的累积量。

其中,出料又包含产品和废弃物两部分。

3.2.1.2　物料衡算基本程序

物料衡算的基本程序(图 3-4)包括:①识别问题类型,这是进行数据处理、建立平衡方程的基础;②绘制流程图,并在图上有关位置标注所有已知和未知变量,分析物料运动的方向、条件以及数量关系;③选择计算基准;④建立输入-输出物料表格,以此来描述和识别所有进入和离开体系的物料;⑤建立物料平衡关系式。

3.2.1.3　物质循环利用原理

物质流是最为基本也是最为重要的,是它构成了人类活动和工业行为的载体,但物质流不具备能量流的均质性,因此难以处理。在产业系统中物质处于运动状态,在运动过程中和

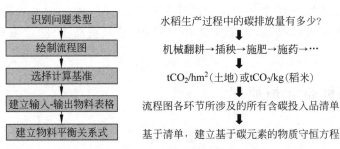

图 3-4　物料衡算的基本程序和举例

最终阶段,物质以废弃物的形态返回自然环境。再循环和再利用的物质越多,耗散到环境中的就越少。如何利用物料才能产生更多的产品和最少的废料,获得最大的经济效益和环境效益,这是清洁生产实践追求的目标。例如,在化工生产中,应尽量选择原子经济反应,即完全利用生产原料,让生产原料中所有的原子都以一种或多种产品的形式出现。当然,原子经济反应当数最理想的情况。在处理实际生产问题中,可以基于物料品位的高低之分分级使用,并可以通过对物料品位的提升或再开发,实现物料的循环利用,以最小的消耗换取最大的利用价值。

1) 物料的质量品质

我们都知道这样一些事实:在分离过程中,最初分离剂具有最高的分离能力,随着分离过程的进行,其分离能力逐渐下降,直至完全不能进行分离;在催化过程中,催化剂的活性随使用时间逐渐下降,到一定时间其催化性能就无法满足过程要求而需要再生或更换新的催化剂;在反应过程中,反应物的转化率也是随产物的生成逐渐下降的。据此可以假设,初始进入某个生产环节的物料具有最高的品质,即物料能对过程所作贡献的性质,可以是纯度、浓度、反应转化率、溶解性、催化性能等。随着物料在生产过程中的转化、混拌和使用,其品质在逐渐降低,直至降到该过程能够使用的品质低限,转变成废物。在实际生产过程中,应根据物料品质的变化,将其划分成几个等级,以便对物料进行综合利用。

2) 最低品质使用原则

在满足工艺要求的情况下,应尽可能使用低品质物料,降低对高品质物料的消耗,提高生产过程的经济效益,例如常规的生产工艺没有必要追求过高纯度的原材料。此外,生产过程中可能遇到需要提高物料品质的情况,而物料品质升高幅度越大,生产所需要付出的资源和经济代价越大,所以应尽可能以最小的品质提高幅度来完成后续过程的要求。

3) 物料分级串联使用原则

物质资源是具有多种使用属性和功能的,在加工使用过程中不能只用其一方面而不计其余,否则会造成资源的浪费。过程的不同工序或单元操作中对物料的品质要求是不尽相同的,对于过程要求物料品质较低时,就可以在满足工艺规程的前提下考虑用高品质转化而来的品质较低的物料,而不用品质较高的新物料。物料完全可能按照品质要求,分层次串联使用,提高原料的使用效率,节省物料投入。例如水的分级使用,可以采用机器设备的冷却水来冲洗地面等。再如木料的分级使用,大块的木料做成家具之后,边角料仍可以作为纸张或者生物质燃料的物料使用。

4) 废物循环利用原则

尽管对一个过程而言,废物的品质太低而无法使用,但它可以经品质提高用于其他过程或直接用于要求品质较低的过程。此外,利用废物不必也不应该局限于一个过程或企业,应在较广泛的范围内寻找其他能够实现物料利用的过程。例如塑料矿泉水瓶在废弃后,重新成为纯净水容器,进入食品行业无疑需要付出较大的再生代价,但是可以降级使用,做成其他塑料制品,成为其他生产过程或行业如成为塑料纤维地毯、塑料衣架等的原材料。

3.2.2　能量守恒原理

3.2.2.1　能量守恒与转换原理

一切物质都具有能量,能量是物质固有的特性。能量守恒定律即热力学第一定律:能量既不能被创造也不会被消灭,而只能从一种形式转换为另一种形式,形式不同的能量可以相互转化或传递,在能量转换和传递过程中能量的总量恒定不变。从热力学的角度来看,能量守恒和转换定律是能量有效、合理利用的基本依据。

3.2.2.2　能量贬值原理

1. 能量的品位

热力学第一定律只说明了能量在量上要守恒,并不能说明能量在质方面的高低。能量也可以分为不同的品位,最高品位的能量为全部转换能,是理论上可以全部转化为功的能量形式,称为高品质能量(high grade energy),如电能。低品位的能量(low grade energy)为部分转换能,即只能部分转换为功的能量形式,如热能、流动体系的总能。受环境限制不能转换为功的能量为废弃能,也称寂态能量(dead energy),如空气分子等环境介质的内能、焓等,虽然总量大,但从实际技术角度出发难以将其转化为有用的功。如对于能量利用中最重要的热能来说,其可利用的部分可以理解为:处于某一个热状态的体系可逆地变化到基准态(周围环境状态)达到相平衡时,理论上能对外界所做的最大有用功。采用周围环境作为基准态,是因为它是所有能量相关过程的最终冷源。

2. 能量的贬值

所谓提高能量的有效利用,其本质就在于防止和减少能量品质发生贬值。能量贬值实质对应的是热力学第二定律,它指出能量转换过程总是朝着能量贬值的方向进行;高品质的能量可以全部转换为低品质的能量;能量传递过程也总是自发地朝着能量品质下降的方向进行;能量品质提高的过程不可能自发地单独进行;一个能量品质提高的过程肯定伴随另一能量品质下降的过程,并且这两个过程是同时进行的,即这个能量品质下降的过程就是实现能量品质提高过程的必要的补偿条件。在实际过程中,作为代价的能量品质下降过程必须是足以提高能量品质的改进过程,因为某一系统中实际过程之所以能够进行,都是以该系统中总的能量品质下降为代价,即任何过程的进行都会产生能量贬值。这也是热力学第二定律中所述系统的熵总是增加这一原理。

3.2.2.3　节能的基本原理

节能是一个综合性的课题。要提高能量有效利用率,必须首先确切而定量地回答以下问题：①一个过程或者单位产品的理论能耗是多少？节能潜力有多大？②能量浪费了多少，是怎么分布的？③引起能量损耗或损失的原因是什么？④科学用能的基本原则是什么？⑤实际过程中有哪些不合理、不正确的用能情景？等等。回答这些问题，只有依靠热力学两个定律，即从"量"和"质"两方面出发考虑能量的有效利用。

1. 提高可使用的能量总量

开源节流，提高我们可以使用的能量总量。所谓"开源"，是指可以通过开发清洁能源增加可利用能源的总量，如太阳能、地热能、风能等。该方法能够有效减少传统高污染化石能源的使用量，避免资源消耗和环境污染。此外，还可以通过能量的储备行为，增加能量的来源，如抽水蓄能电站等依靠重力储能的设备，在需要时转化为电力重新释放。所谓"节流"，最好的办法是开展节约能源，避免能量浪费的活动。在实际生活生产过程中，能量从一个物体传递到另一个物体，或者从一个环节进入另一个环节的过程中，绝大部分的传递效率都较低，能量以热量方式浪费掉。例如，在燃烧石油发电过程中，产生的电能只相当于石油最初能量的38％。用燃烧木材的炉子给房间加热时，能量利用率只有40％左右，大部分的热能都耗散进入了外部环境。而如果采用较好的绝热技术，改用一个能量节约型的燃气炉却可以达到90％的能量利用率。此外，随手关灯，关门（以保证室内暖气不流失）等行为，也能大大避免能量的浪费，实现节能。

2. 依据能量品位开展能量利用

节能不是消极地减少能源的用量，而是积极地谋求提高能量的有效利用率，实现能量匹配利用和梯级利用。根据能量贬值原理，要求在生活和生产过程中针对不同的能量利用目的，选择所使用的能量形式和品位。

和物质节约类似，节能的原则之一就是在需要低品位能量的场合，尽量不供给高品位的能量，这就是能量匹配原则。能量在转换和利用过程中品位逐渐降低，但同一能量可以在不同品位的水平上多次利用，这就是能量的梯级利用原则。能量匹配和能量梯级利用原则的理论基础就是降低用能过程中的不可逆性，是热力学原理的重要实践内容之一。例如，电能是一种品位较高的清洁能源，而热能的品位较低，如果冬季直接利用电暖气等设备转化电能为热能进行采暖，和能量匹配原则、梯级利用原则不符。热电联产电厂的产生就是针对这一问题（图3-5）。相对于传统只有发电功能的电厂，热电联产电厂将天然气等化石能源产生的热能直接供给用户，而不是经历化石能源→电能→热能的转化途径，不仅实现了能量的匹配使用，而且减少了能量转化的环节，有利于节能。

图 3-5　传统电厂和热电联产电厂冬季供暖方式示意图

3.2.2.4　废热的循环利用原理

1. 常见热交换器

热交换器（heat exchanger）是一种用于在不同流体之间传递热量的设备。其基本原理是将热能从一个流体传递到另一个流体,从而实现能量的转换或控制流体的温度。按照冷流和热流接触的方式,可以将热交换器分为直接接触式交换器和非直接接触式交换器,在交换器中,热流与冷流一般相对(逆向)流动。常见的热交换器或换热装置包括 6 种。

1)套管式换热器

由套管和管子组成,流体在套管内流动,换热管中的另一种流体在管子内流动。热能通过套管传递给管子内的流体,实现换热。

2)板式换热器

由一系列平行的金属板组成,每个板上面有一系列小的凸起,通过将板叠放在一起形成一个堆叠的板式换热器,流体在相邻的板间流动,热量通过金属板进行传递。

3)螺旋板式换热器

由两个平行的螺旋板组成,通过旋转实现流体之间的换热。

4)管壳式换热器

由管束和外壳组成,内部管束中的流体与外部的流体进行换热,通过管束和外壳之间的热传递实现换热。

5)空气换热器

利用空气作为换热介质进行热交换,常见的有空气冷却器、空气加热器、蒸汽加热器、干燥器等。

6)双曲线冷却塔

通过水在填料上形成薄膜,利用空气对水薄膜进行热量传递的方式进行换热,以达到冷却的目的(图 3-6)。

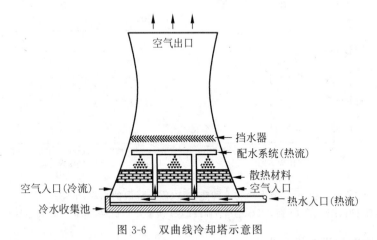

图 3-6　双曲线冷却塔示意图

2. 热能循环利用的夹点分析技术

1)夹点技术的产生

Bodo Linnhoff 教授及其同事于 20 世纪 70 年代末提出了夹点技术,其针对的是现实生产中存在能量利用的问题。生产过程中一些工艺需要加热,另一些工艺需要冷却,如何尽可能地回收热量,以减少制热与制冷设备的投入,是企业环保提效的现实问题。20 世纪 70—80 年代,夹点技术开始应用于换热器中。近年来,夹点技术得到进一步发展,如实现了在微通道换热器中应用等。

2）夹点分析

夹点分析是一种基于热力学和热传导学原理的换热器性能分析方法,用于分析换热器中各流体的温度变化和传热情况,以评估换热器的性能。夹点分析的关键步骤是需要首先确定夹点的位置,确定夹点位置的方法可概述如下。

（1）绘制焓-温度图。

首先需要分析生产环节中的冷物流(需要加热的物流)和热物流(需要降温的物流)的性质,并绘制它们各自的焓-温度图($H\text{-}T$ 图),即根据冷物流与热物流的始末温度、焓值在坐标系中作图,如图 3-7 所示:图(a)中两条需要升温的冷流,第一条从 50℃升温至 210℃,需要吸热 2000 kW·h,第二条温度从 160℃升温至 210℃,需要吸热 4200 kW·h;图(b)中显示出两条冷流的组合曲线;图(c)中两条需要降温的热流,第一条从 220℃降温至 100℃,可放热 3520 kW·h,第二条从 270℃降温至 160℃,可放热 1980 kW·h;图(d)表示两条热流的组合曲线。

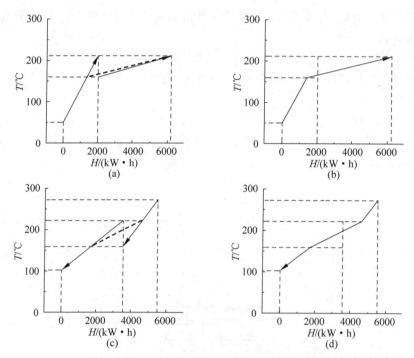

图 3-7　生产环节中冷物流和热物流(需要降温的物流)的焓-温度图

(a) 两条需要升温的冷流；(b) 两条冷流的组合曲线；(c) 两条需要降温的热流；(d) 两条热流的组合曲线

（2）绘制冷热物流的组合曲线。

冷物流组合曲线是指将所有冷流的 $H\text{-}T$ 图组合为一条曲线,其方法是,首先将所有单个冷流 T 的上下限,从低至高按顺序排列,基于这些 T 值,将温度划分为不同的区间,该温度的连续区间即纵坐标的各个区间。其次,计算所有冷物流在每一个温度区间内,因升高该区间段内的温度,所需要吸收的 H 总量,并将该值作为横坐标数值。

具体的作图方法是将所有冷物流在横坐标方向上头尾相连,纵坐标方向上,在每一个温度区间取对角线,即为该区间段内的冷组合曲线,其代表的意义是所有冷流在该温度段升温所需要吸收的总热量(图 3-8(b))。

（3）确定夹点位置。

热传递的基本要求是热量只能由高温物体流向低温物体，因此热物流（需要降温）需要比冷物流（需要升温）的温度更高。因此，在作图时，热物流组合曲线必须位于冷物流的上方（图 3-8(a)），以保证传热是从热物流指向冷物流。同时，二者之间的重叠区域越大，则代表能交换的热量越多（图中 Q_R 值），二者之间传的热量大小受物流焓值的约束。冷物流和热物流组合曲线相互靠近，直至出现的第一个交点，即为夹点。此时两条曲线在横轴方向上重叠最多，即意味着热交换的 Q_R 值最大。在夹点上方只需要使用加热设备，对冷物流进行加热，而无须使用制冷设备；夹点下方只需要使用制冷设备对热物流进行降温，而无须使用加热设备。

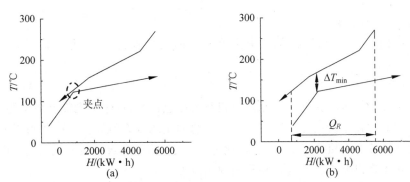

图 3-8　热传递的夹点位置分析
（a）冷热物流组合曲线以及理论夹点的位置；（b）夹点温差和实际的换热量 Q_R

（4）夹点温差的修正。

理论夹点处的温差为零，不能实现热交换。因此冷物流和热物流组合曲线不能存在交点，但是又要保证两条线足够近，以维持换热量较大，如此对热物流降温和冷物流升温的额外设备和能源投入会更小。然而，夹点温差越小，意味着换热设备的成本投入会越高（图 3-9）。因此，在实际工作中，需要对设备成本等经济性进行考量，维持一定的夹点温差（图 3-8(b)中夹点温差的合适值一般可以认为是总成本的最低值（图中箭头所示位置））。

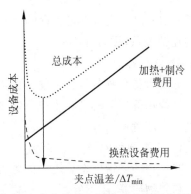

图 3-9　夹点温差和设备成本之间的关系

3.3　生态学理论

生态学相关知识和理论已经成为人们认识社会、顺应自然、改善生产活动的方法论基础。人类社会在清洁生产领域所取得的成就，均可被看作生产过程、产品或者产业的生态化过程。

3.3.1　生态学相关概念

1. 生态学和生态系统

生态学是研究生物与它所存在的环境之间以及生物与生物之间相互关系的作用规律及

其机制的一门学科。这里的生物包括植物、动物和微生物,环境是指各种生物特定的生存环境,包括非生物环境和生物环境。非生物环境由光、热、空气、水分和各种无机元素组成,生物环境由作为主体生物以外的其他一切生物组成。

生态系统是指在自然界的一定空间内,生物群落与周围环境构成的统一整体。群落是生活在一定区域内的所有种群的组合。种群是某一种生物所有个体的总和。生态系统具有一定组成、结构和功能,是自然界的基本结构单元。在这个单元中,生物与环境之间相互作用、相互制约、不断演变,并在一定时期内处于相对稳定的动态平衡状态。一个沼泽和湖泊、一条河流、一片草原、一片森林、一个城镇、一个村庄都可以构成一个生态系统,自然界就是由各种各样的生态系统组成的。

2. 生态系统的组成

生态系统由 4 个部分组成,包括由生物构成的生产者、消费者和分解者,以及非生物环境。

1) 生产者

生产者主要指能进行光合作用制造有机物的绿色植物,也包括光能合成细胞、单细胞的藻类以及一些利用化学能把无机物转化为有机物的化能自养菌等。生产者利用太阳能或化学能把无机物转化为有机物,把太阳能转化为化学能,不仅供自身发育的需要,而且它本身也是其他生物类群以及人类的食物和能源的供应者。

2) 消费者

消费者指直接或间接利用绿色植物所制造的有机物质作为食物和能量来源的其他生物。其中,草食动物直接以植物为食,是一级消费者;以草食动物为食的肉食动物,称为二级消费者;以二级消费者为食的动物,称为三级消费者;它们之间形成一个以食物联结起来的连锁关系,称为食物链。

3) 分解者

分解者指各种具有分解能力的微生物,包括各种细菌、真菌和一些微型动物,如鞭毛虫和土壤线虫等。分解者在生态系统中的作用是把动物、植物的尸体分解成简单的无机物,重新供给生产者使用。

4) 非生物环境

非生物环境指生态系统中的各种无生命的无机物、有机物和各种自然因素,包括水体、大气和矿物质等。

3. 生态平衡

在一个正常的生态系统中,能量流动和物质循环总是在不断进行着,并在生产者、消费者和分解者之间保持着一定的相对平衡状态,系统的能量流动和物质循环能较长期地保持稳定,这种状态叫生态平衡。

生态平衡包括结构上的平衡,功能上的平衡及能量和物质输入、输出数量上的平衡等。显然,生态系统的各组成部分不断按一定的规律运动或变化,生态平衡是一种动态平衡。生态系统之所以能够保持相对的平衡状态,主要是由于生态系统内部具有一定限度的自动调节的能力。这种调节的机理较为复杂,至今尚未清晰。但可以确定的是,系统的组成成分越多样,能量流动和物质循环的途径越复杂,其调节能力就越强。但一个生态系统的调节能力再强,也是有一定限度的,超出这一限度,生态平衡就会遭到破坏。

3.3.2　产业生态系统

1. 产业系统的构成

在自然生态系统中,生产者通过光合作用,制造有机物质。消费者直接或间接地以绿色植物为食,并从中获得能量。分解者把动植物的有机残体分解为简单的无机物,使其回归环境,供生产者重新利用。这 4 个组成部分在物质循环和能量流动中各自发挥着特定的作用,并通过若干食物链形成整体功能,保障着整个系统的正常运行,与非生物环境联系在一起,共同组成生态系统。

在产业系统中也存在着可以类比的 4 种基本成分组成:生产者,包括利用自然资源生产出初级产品的初级生产者,以及进行初级产品深度加工及高级产品生产的高级生产者,如农业生产、发电厂等;消费者,不直接生产"物质化"产品,但利用生产者提供的产品,供自身运行发展,同时产生生产力和服务功能的行业,如各种制造企业;分解者,把工业企业产生的副产品和"废物"进行处置、转化、再利用等,如废物回收公司、资源再生公司等;非生物环境,指原材料及自然资源条件。

今天产业系统出现的问题,在于该系统不如生态系统那样完备,流经系统的大量物质不能像自然生态系统那样主要通过闭环运行,会从产业系统外部攫取大量资源,并同时向外部排放大量废物,导致严重的环境污染和生态破坏,进而反过来威胁产业系统自身的健康可持续发展。

2. 产业系统的生态化

生态化的产业系统(生态产业系统),首先是将产业系统看作生物圈的组成部分,把产业活动产生的环境影响置于生态系统物质能量的总交换过程中。其次,对生态产业系统内各组分进行优化组合,使不同企业之间形成类似于自然生态链的关系,构建高效率、低消耗的协调发展体系。这样的系统,既与自然生态系统和谐相处又有自身稳定协调的产业结构。

生态产业系统应是一个由众多社会单元所构成的人工复合生态系统,其中既有生产企业,也包括了社区和一些自然体。这些成员之间以物质、能量和信息为纽带,相互联结、相互依赖,并最终形成类似自然生态系统的"食物链"和"食物网"结构。不同单元之间通过废物交换、物质能量梯级利用或基础设施共享等,不仅能够提升参与企业的生存及获利能力,还可有效提高系统整体的资源能源利用效率,减轻对资源环境的压力。如何促使传统产业体系向生态产业体系演进已经成为当前的热点研究领域,并逐渐形成了一个相对独立的学科——工业生态学。

3. 工业生态学

工业生态学(industrial ecology),又称产业生态学,属于应用生态学的一个分支,它以生态学的观点研究工业化背景下人类社会经济活动与生态环境的相互关系,考察人类社会从取自环境到返回环境的物质转化全过程,探索实现生态化的途径。它把包含人类生产消费活动的经济系统看作整个生物圈中的一个子系统,该系统不单受到社会经济规律的支配和制约,更要受自然生态规律的支配和制约。为了谋求人类社会和自然的和谐共存,技术圈和生物圈的兼容,解决途径就是使经济活动在一定程度上仿效生态系统的结构原则,遵循自然规律,最终实现经济系统尤其是产业系统的生态化。

在具体的方法上,工业生态学的核心方法是系统分析,在此基础上发展起来的工业代谢分析和生命周期评价,是目前工业生态学中普遍使用的有效方法。工业生态学以生态学的理论观点考察工业代谢过程,即从取自环境到返回环境的物质转化全过程,研究工业活动和生态环境的相互关系,以研究调整、改进当前工业生态链结构的原则和方法,建立新的物质闭路循环,使工业生态系统与生物圈兼容并持久生存下去。当代生态工业的发展,就是基于该理论和方法的具体实践。

生态工业的具体实施,是利用工业生态学的共生原理、长链利用原理、价值增值原理和生态经济系统的耐受性原理,使各工矿企业相互依存,形成共生的网状生态工业链,达到资源的集约利用和循环使用的目的。工业系统中的人流、物流、价值流、信息流和能量流合理流动并转换增值。基于工艺关系分析,采用"原料-产品-废料-原料"的生产模式,尽量延伸资源的加工链,最大限度地开发利用资源,减少废弃物的排放。同时,工业系统也应与其所处的自然生态系统相适应,符合自然生态系统的承载力。

3.3.3 生态系统的功能和规律

3.3.3.1 生态系统的功能

1. 自然生态系统的功能

自然生态系统主要表现为三大功能:能量流动、物质循环和信息传递。生态系统中能量流和物质流的行为由信息决定,而信息又寓于物质和能量的流动中。

能量是生态系统的动力,是生命活动的基础,一切生命活动都伴随能量的变化。生态系统中的一切生物(动物、植物、微生物)和非生物的环境,都是由运动着的物质构成的。物质流是能量流的载体,而能量流推动着物质的运动。生态系统中的能量流与物质流紧密联系,使生态系统各个营养级之间和各种成分之间彼此依赖。伴随能量和物质的传递与流动,还同时存在着各种信息的联系,而这些信息把生态系统连成一个统一的整体,对能量流动、物质循环起控制作用。信息在生态系统中表现为多种形式,主要有营养信息、化学信息、物理信息、遗传信息和行为信息。

2. 产业生态系统的功能

与自然生态系统相比,产业系统也具有类似的功能。但值得注意的是,自然系统中的能量属于可再生能源——太阳能,而当前产业系统的能量主要来自不可再生的化石燃料。我们应分析和研究生产过程和产业系统中的能量流动、物质循环和信息传递,尽量效仿自然生态系统,以达到清洁生产的目标。

产业系统内的能量流动和物质循环可基于物质和能量守恒原理进行研究和调节,例如使用容易再生的资源,注重清洁能源的开发和使用等。产业生态系统中的信息传递同样对系统的稳定和发展起着控制作用。例如,企业通过市场的需求信息和价格信息来调整产品的结构,并促使产业生态系统内的产业结构调整。

3.3.3.2　生态学基本规律及其启示

1. 相互依存与相互制约规律

相互依存与相互制约反映了生物间的协调关系,是构成生物群落的基础。这种制约关系一方面是指生物间通过食物链、食物网形成的联系与制约关系。另一方面,则是指生物间不依赖食物链关系而形成的普遍的依存与制约关系,这种关系不仅表现为同种生物之间的相互依存、相互制约,同时在不同群落或系统之间也有体现。例如,各国长期以来坚持对处于营养级高层、大体型生物的保护。这是因为普遍观点认为,在保护这些高等级生物的同时,即可以同时帮助生存在同一片栖息地的其他生物物种,即使这些生物不存在任何食物链关系。因此,这些受重点保护的生物物种也被称为"伞护物种"。

这种依存和制约关系也存在于产业系统中,如企业竞争和企业合作。发生竞争关系的企业具有相同或相似的资源需求,可被认为占据了相同的生态位。通过竞争,资源和能源利用率更高的企业将脱颖而出。良性的竞争和制约关系无疑将促进生产力的进步。占据不同生态位的企业则有合作的潜力,此时应积极寻找多个企业相互合作、构成产业生态群落的可能性,建立群落内的企业之间的共生关系,相互合作的企业将围绕区域内的优势资源开展产业活动,使物质和能源得到充分利用。

2. 物质循环与再生规律

在自然生态系统中,植物、动物、微生物和非生物成分,借助能量的不停流动,一方面不断地从自然界摄取物质并合成新的物质,另一方面又随时分解为原来的简单物质,即所谓再生,重新被植物所吸收,进行着不停的物质循环。

对于生产系统,目前其所需要的原料大多来源于自然资源,经过生产系统转化为产品以及废物后,最终再次进入环境。生产系统和自然生态系统最大的不同在于缺少足够多的分解者,系统内部的物质难以循环。而当排入环境的废物积累超过生态系统的自净能力时,就会发生环境问题,社会生产也将受到干扰。因此,需要在生产系统内部积极开展物质循环和再生利用,将废弃物经过品质提升转化为同一生产部门或另一生产部门新的生产要素,投入新的生产过程,回到生产和消费的循环中去,将废弃物的排放量降低到最低限度。

3. 物质输入输出平衡规律

物质的输入输出规律涉及生物、环境和生态系统三个方面。生物体一方面从环境摄取物质,另一方面又向环境排放物质。但对于一个处于平衡态或者封闭型的生态系统(如整个地球生态系统),物质的输入与输出是相等的。

对于产业系统,其物质的输入输出平衡是指系统内部,以及系统与外部环境之间达到互相适应、协调统一状态后的物质流状态。对于传统产业系统,其物质流是线性的,即系统不断从外界环境摄取大量物质、能量和信息,并排出高度无序的废料。而清洁生产希望实现的平衡状态是不从外界环境摄取或仅摄取少量物质,形成物质闭环流动的平衡系统。

4. 环境资源的有效极限规律

从系统获取环境资源的角度出发,任何生态系统中生物赖以生存的各种环境资源,在数量、质量、空间和时间等方面都有一定的限度,不可能无限制地供给,而其生物生产力也有一定的上限,如"树冠郁闭"现象:发育成熟的森林显示出树冠相互衔接,是树木对光照资源充分抢占竞争的结果。此外,从系统维持自身状态的角度出发,每个生态系统对任何外来干扰都具有一定的忍耐极限,超过这个极限,生态系统就会破坏。

目前,消耗自然资源是工业生产的必要条件。同时,生产活动还会产生废物,排放进入自然环境。无论是生产系统对环境的资源索取还是污染造成的环境改变,都有限度。超过该限度,不仅将破坏人类生存的基本条件,而且将进一步导致生产无法进行。环境是经济发展的空间,资源是经济发展的基础,环境质量和资源永续利用程度的高低与经济发展关系密切。清洁生产的基本要求是在环境承载力允许的条件下进行经济发展和社会生产。

3.4　生命周期评价理论

传统的污染控制方法仅重视生产过程的污染排放过程,强调末端治理。工业活动对环境的影响,不仅会产生于产品的制造加工过程,有时会更突出地体现在产品的消费使用阶段,或使用后的废弃处置阶段。因此,仅仅注意产品生产过程本身的资源环境问题是不够的。全过程的环境影响和管理是可持续发展的必然要求。

3.4.1　生命周期评价的起源与发展

生命周期评价起源于20世纪60年代。20世纪60年代末期,在罗马俱乐部出版的刊物上有人提出了世界人口变化对有限原材料和能源需求的预测。1969年,美国中西部资源研究所(MRI)的研究者为可口可乐公司开始了一项研究,该研究试图从最初的原材料采掘到最终的废弃物处理(从摇篮到坟墓)进行全过程的跟踪与定量分析,这为目前生命周期分析的方法奠定了基础。20世纪70年代初,在美国、欧洲、日本的其他公司进行了类似的比较性的生命周期评价分析。

20世纪80年代末以后,生命周期评价得到广泛关注和迅速发展。1985年,联合国环境规划署在奥地利维也纳召开了一次关于生命周期分析的国际研讨会,确定了生命周期评价的方法和应用。1989年荷兰国家住房、空间规划与环境部(VROM)针对传统的“末端控制”环境政策,首次提出了制定面向产品的环境政策。这种面向产品的环境政策涉及从产品的生产、消费到最终废弃物处理的所有环节,即所谓的产品生命周期。1990年由国际环境毒理学与化学学会(SETAC)召开了有关生命周期评价的国际研讨会,并在该会议上首次提出了“生命周期评价”(life cycle assessment,LCA)的概念。1992年以后,以SETAC为主的西方几个国家的有关科研机构对LCA展开了全面深入的研究工作。研究小组于1993年开始协调统一有关概念、定义及具体操作处理方法等,使LCA理论有了长足的发展。1993年,SETAC根据在葡萄牙的一次学术会议的主要结论,出版了一本纲领性报告《生命周期评价纲要:实用指南》,该报告为生命周期评价方法提供了一个基本技术框架,成为生命周期评价方法论研究起步的一个里程碑。经过20多年的实践,在SETAC及国际标准化组织的共同努力下,生命周期评价方法论的国际标准化取得了重要进展。1997年国际标准化组织推出ISO 14040标准《环境管理　生命周期评价　原则与框架》,1999年推出ISO 14041《环境管理　生命周期评价　目标与范围的确定和清单分析》,2000年公布了ISO 14042《环境管理　生命周期评价　生命周期影响评价》和ISO 14043《环境管理　生命周期评价　生命周期解释》。2001年,联合国环境规划署发布了《生命周期评价在环境管理中的应用指南》,指出 LCA 的重要性和作用,强调了环境管理中的 LCA 应用。2006 年,国际标准化组织发布了 ISO 14044《环境管理　生命周期评估　要求和指南》,以推进 LCA 在全球范围内得到广泛应用。2006 年,联合国环境规划署和欧盟联合制定了《生命周期评价在政策决策中的应用指南》,提供了政策制定者使用 LCA 进行决策的指南和建议。2009 年,欧盟制定了《产品环境足迹指南》,该指南要求使用 LCA 方法评估产品的环境足迹,是全球范围内第一个系统推动 LCA 在产品环境足迹领域应用的指南。2018 年,联合国环境规划署和国际贸易中心联合推出了"环保贸易透明度计划",通过 LCA 评估方法,为企业提供环保标签,鼓励企业生产更环保、更可持续的产品。

参照国际标准,我国于 1999 年后相继推出了 GB/T 24040—2008《环境管理　生命周期评价　原则与框架》及 GB/T 24044—2008《环境管理　生命周期评价　要求与指南》等国家标准,随后金属复合板材、浮法玻璃、钢铁产品、机械产品、电子电气产品、变压器、电机等各行业相继开始发布并实施生命周期评价规范类指导标准。生命周期评价标准汇总一览表见表 3-2。

表 3-2　生命周期评价标准汇总一览表(2024 年 2 月底前)

序号	标准名称	标准号	发布日期	实施日期	状态
1	环境管理　生命周期评价　原则与框架	GB/T 24040—1999	1999-03-02	1999-11-01	作废
2	环境管理　生命周期评价　原则与框架	GB/T 24040—2008	2008-05-26	2008-11-01	现行
3	环境管理　生命周期评价　目的与范围的确定和清单分析	GB/T 24041—2000	2000-02-01	2000-10-01	作废
4	环境管理　生命周期评价　生命周期影响评价	GB/T 24042—2002	2002-04-16	2002-10-01	作废
5	环境管理　生命周期评价　生命周期解释	GB/T 24043—2002	2002-04-16	2002-10-01	作废
6	环境管理　生命周期评价　要求与指南	GB/T 24044—2008	2008-05-26	2008-11-01	现行
7	绿色制造　机械产品生命周期评价　总则	GB/T 26119—2010	2011-01-10	2011-10-01	现行
8	金属复合装饰板材生产生命周期评价技术规范(产品种类规则)	GB/T 29156—2012	2012-12-31	2013-10-01	现行
9	浮法玻璃生产生命周期评价技术规范(产品种类规则)	GB/T 29157—2012	2012-12-31	2013-10-01	现行
10	钢铁产品制造生命周期评价技术规范(产品种类规则)	GB/T 30052—2013	2013-12-17	2014-05-01	现行
11	绿色制造　机械产品生命周期评价　细则	GB/T 32813—2016	2016-08-29	2017-03-01	现行
12	电子电气产品的生命周期评价导则	GB/T 37552—2019	2019-06-04	2020-01-01	现行
13	变压器产品生命周期评价方法	GB/T 40093—2021	2021-05-21	2021-12-01	现行
14	电机产品生命周期评价方法	GB/T 40100—2021	2021-05-21	2021-12-01	现行
15	环境管理　生命周期评价在电子电气产品领域应用指南	GB/Z 40824—2021	2021-10-11	2022-05-01	现行
16	环境管理　生命周期评价　数据文件格式	GB/T 43620—2023	2023-12-28	2024-04-01	现行
17	人造板生产生命周期评价技术规范	LY/T 3045—2018	2018-12-29	2019-05-01	现行
18	木地板生产生命周期评价技术规范	LY/T 3227—2020	2020-12-29	2021-06-01	现行
19	基础机电继电器生产生命周期评价技术规范(产品种类规则)	SJ/T 11921—2023	2023-07-28	2023-11-01	现行

序号	标 准 名 称	标准号	发布日期	实施日期	状态
20	印制电路板生产生命周期评价技术规范（产品种类规则）	SJ/T 11924—2023	2023-07-28	2023-11-01	现行
21	固体废物制备建材产品生命周期评价通用指南	T/CACE 031—2021	2021-07-19	2021-07-19	现行
22	机织牛仔布生命周期评价技术规范	T/GDACERCU 0024—2024	2024-01-31	2024-01-31	现行
23	产品生命周期评价技术规范　稀土储氢合金	T/REIANM 0102—2022	2022-07-04	2022-07-04	现行

3.4.2　生命周期评价理论和应用

1. 产品生命周期的主要阶段

产品生命周期的主要阶段一般包括原材料采集、原材料加工、产品制造、产品包装和运输、消费者使用、回用和维修、再循环或作为废弃物处理和处置，整个过程称为产品的生命周期(主要阶段见图 3-10)。对生命周期各个阶段环境影响的评价，就是生命周期评价。

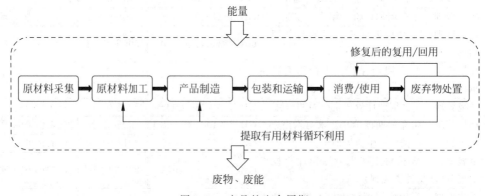

图 3-10　产品的生命周期

目前，对生命周期评价存在多种定义，其中国际标准化组织和 SETAC 的定义最具权威性。ISO 将 LCA 定义为：汇总和评估一个产品（或服务）体系在其整个生命周期内的所有投入及产出对环境造成的和潜在的影响的方法。SETAC 的定义为：LCA 是一种对产品生产工艺以及活动对环境的压力进行评价的客观过程，它是通过对能量和物质的利用以及由此造成的环境废物排放进行识别和量化。其目的在于评估能量和物质利用，以及废物排放对环境的影响，寻求改善环境影响的机会以及如何利用这种机会。LCA 评价应贯穿产品、工艺和活动的整个生命周期，包括原材料提取与加工、产品制造、运输以及销售；产品的使用、再利用和维护；废物循环和最终废物处理。

2. 生命周期评价的应用

传统的污染控制，是在保证经济效益最大化的前提下，考虑工厂本身产生的污染，忽略了生态效益和生产链条上下游的综合影响，所形成的优化方案往往并非全局最优方案。而 LCA 可以全面检测产品系统各阶段的物质、能量流的状况，通过生态设计增强企业的综合竞争能力。生命周期评价可对产品、工艺或技术流程整个生命周期内的环境影响进行分析，给出对环境影响的综合性评价，克服了传统环境影响评价的片面性。例如，强度高但材质轻的材料在生活中具有广泛的用途，但制造这些材料不仅价格昂贵，而且在生产过程中会消耗更多的能源，造成更大的碳排放。然而，这类材料的优势是在使用过程中能更节能，如碳纤维制作的球拍、自行车让人用起来更省力，同理大量采用轻质材料的汽车，重量更轻碳排放也更少。虽然在车辆中使用铝合金、碳纤维增强塑料或镁合金钢可能会增加车辆制造过程中的温室气体排放，然而，如果将使用阶段考虑进来，计算因车身减重带来的燃料经济性和环保性，整个生命周期的温室气体排放是可以接受的。

生命周期评价最常见的应用是比较不同的工艺、产品的环境影响高低，寻求能源、资源消耗最低的生产技术方案。国际标准化组织和大多数实行环境标志制度的国家，均要求采用生命周期评价方法对申请环境标志产品的环境性能进行量化评估，并借环境标志的授予对市场消费行为进行引导，进而倒逼生产企业贯彻与环境相关的长期发展战略，推进绿色消费和绿色营销的健康发展。在更宏观的尺度上，例如环境政策与立法，生命周期评价可用于评估政策变更可能产生的环境影响，也可应用于评价同一种生产、产业或更宏观的经济活动在不同地区开展所造成的影响，并基于此寻找最佳实施方针政策，为精细化制定区域性的环境政策与立法提供理论支持。例如，荷兰政府曾对废弃物包装的回收和处理方法进行过生命周期评价，结果表明回收和利用废弃包装对于环境和经济都是最佳选择。这些研究成果随后被荷兰政府采用，于 1994 年颁布了《包装废弃物管理法案》，要求生产商对其销售的包装材料实施回收和处理措施。欧盟也曾基于生命周期评价，对生产和使用生物燃料的环境影响进行评估，并基于该结果于 2009 年颁布了生物燃料可持续性标准，以减少温室气体排放。

3.4.3　生命周期评价的步骤与原理

3.4.3.1　生命周期评价的框架体系概述

国际标准 ISO 14040 规定了生命周期评价的框架和方法，按照同一标准进行生命周期评价，微观上将有利于企业对产品或服务进行全面评估，了解产品或服务对环境的影响，帮助企业确定优化环节和减少环境影响的方案，为企业制订环境管理计划提供参考，提升企业的国际竞争力。宏观上将为政策制定提供依据，例如确定环境标准、制定环境政策、评估环境政策效果等，帮助政府制定科学的环境政策。生命周期评价的框架体系由 4 个有机联系的部分构成(图 3-11)：确定目标和范围、清单分析、影响评价和结果解释(改善评价)。

3.4.3.2　确定目标和范围

确定生命周期评价的目标和范围是第一步，这一步的主要工作包括明确生命周期评价的目标，确定系统边界、分析的对象产品及其功能、应用的范围、受众等内容。简言之就是对一个具体问题所涉及的调查内容和调查精度进行限定和说明，越具体越好。其中，明确目标是指要清楚地说明开展此项生命周期评价的目的和意图，以及研究结果的可能应用领域，例如是为了确定单一产品的环境影响，还是为了对多种同一产品或服务进行对比，以便为公共政策的制定提供基础数据。确定系统边界是指要清楚描述产品系统所包含的所有要素，包括界定产品系统和环境之间的边界、所关注的环境影响类型、调查的时间和空间范围、数据

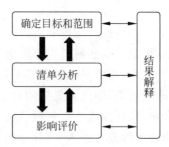

图 3-11　ISO 14040 中有关生命周期评价的框架体系
粗箭头表示基础信息流,细箭头表示每阶段的结果解释

的质量要求、对应于 LCA 最终所需要提供的报告类型等。

例如,基于 LCA 评估生产一个面包对环境的影响(图 3-12),就需要定义研究哪些阶段(小麦种植、面粉制作、面包烘焙),这些阶段又包括哪些细化的单元操作。同时,环境影响可能有很多方面,具体研究什么方面,碳排放还是营养盐;每个部分研究的数据来源是哪里,是否处于同一个精度下;等等。

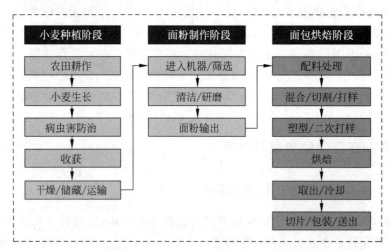

图 3-12　LCA 评估生产一个面包对环境的影响界定的产品系统和边界
虚线外部为环境,内部为待考察的产品系统

3.4.3.3　清单分析

清单分析是对产品、工艺过程或者活动等研究系统整个生命周期阶段和能源的使用,以及向环境排放废物等进行定量的技术过程。该定量分析过程存在于根据 LCA 问题所界定的整个系统,一般是指产品的整个生命周期,即原材料的提取、加工、制造和销售、使用和用后处理。

1. 数据采集

1)数据类型

清单中的数据应包括输入和输出两部分,其功能都是用来量化单元过程的输入和输出。数据的来源和精度与产生数据所用的方法有关,包括测算过的数据(如数据统计)、模拟数据、非测算数据(如估计得来的数据)。

收集的数据根据其性质归为:①输入部分,包括能量输入、原材料输入、辅助性输入、其他物理输入;②输出部分,包括产品、副产品、向空气的排放、向水体的排放、向土地的排放、向其他潜在环境介质的排放等。在这些主题中,单个数据类型还必须进一步细化,以满足研究的需要,例如,能量的输入,可以是电能或者天然气等;向空气的排放,可进一步以化合物区分为一氧化碳、二氧化碳、一氧化氮、二氧化氮等;向水的排放,可以区分为总氮、总磷、铵根、化学需氧量(COD)等。

2) 数据来源

生命周期评价的执行单位一般是某产品的生产工厂,能够对生产过程各环节进行测算、模拟或估算,进而获得第一手的原始数据。然而,生命周期评价所涉及的环节较多,其他环节的数据显然不可能通过现场调查的方法获得。因此,需要根据数据的类型特点,通过间接的方式,灵活且有理有据地从各类其他可靠的渠道获得,如工厂报告、技术手册、政府文件、工作报告、年鉴、发表的论文、国家和行业标准等。需要强调的是,在利用间接取得的数据时,需要对其准确性进行评估,且最好能做到多数据源求证。

3) 数据收集

对每个数据的表述必须包含:获取的方法、进行数据确认的方法、数据收集的地点和时间以及它们在整体中的代表性、在地域性上的代表性、数据收集过程中所使用技术方法和技术水平的代表性等,一张典型的清单分析表如表 3-3 所示。

表 3-3　清单分析所用的数据收集表

生命周期阶段的名称(如原材料获取)					(报送地点)
类型	环境影响	数据名称	单位	数量	数据来源表述
输入	能源	类型 1(如电力)	如 kW·h/d		…
	水资源	类型 2(如水)	如 t/d		…
	⋮	⋮	⋮		…
输出	向大气排放	类型 1(如二氧化碳)	如 t/d		…
	向水体排放	类型 2(如氨氮)	如 t/d		…
	⋮	⋮	⋮		…

2. 数据平衡核算

对所收集的物质和能量数据进行平衡核算,即输入的物质和能量是否和输出匹配。若它们不能满足物料平衡,则说明过程数据不完全或数据错误。注意在核算时,除了要关注物质和能量的总数量,还应注意数据类别、单位之间的对应关系,例如输入了 100 t 的煤炭,最后产生了 100 t 的铁,虽然质量平衡了,但是显然类型无法匹配。因此,在做数据平衡核算之前,对各数据的功能单位先进行统一。功能单位是指用来度量产品系统输入、输出的单位,是将各类数据联系起来的基础,同时其大小也决定了对产品比较的尺度。例如对面包进行 LCA 评估时,我们可以将生产每千克(/kg)面包或者每万元(/万元)产值作为分母,衡量该标准下产品系统各环节物质输入、输出的量。

3. 数据汇总

在汇总各个生命周期阶段数据、形成清单的过程中,要详细掌握生命周期各阶段及其子系统的名称、工作内容以及相互间的连接关系(如前面关于面包生产的流程,如图 3-12 所示),如果因某一个系统要素过大,无法收集到所需要的数据,则需要进一步分析该系统由哪些子系统或子过程构成,通过对子系统/子过程的分析得到所需数据。子系统/子过程所得数据经过不断向更高级系统/过程的层层汇总,最终得到整个产品系统生命周期输入和输出的完整清单。数据汇总的示意图如图 3-13 所示。

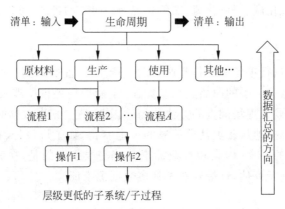

图 3-13　取得清单的数据汇总过程示意(由低层级向高层级汇总)

3.4.3.4　影响评价

影响评价是对清单阶段所识别的环境影响压力进行定量或定性的表征评价,即确定产品系统的物质、能量交换对其外部环境的影响,即采用模型将清单分析阶段所识别的输入输出数据与环境影响联系起来。这种评价考虑了清单中的各类项目对生态系统、人体健康以及其他方面的影响。根据国际标准化组织的标准,生命周期影响评价主要包括两个必要的步骤,环境影响分类和特征化,以及可依据特征化结果进行灵活选择并应用的可选步骤,包括正规化、分组和赋权(图 3-14)。

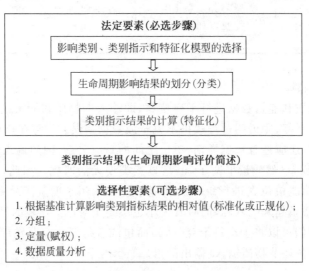

图 3-14　影响评价的必选步骤和可选步骤

1．环境影响分类

环境影响分类是根据清单统计结果，以及其中各输入和输出的项目，分析可能导致的环境影响并进行分类。单一项目必须要至少对应一种环境影响类别，同时一个项目可能具有多种不同的环境影响，例如氮氧化物，既可能产生温室效应，也能诱导水体富营养化。目前常用的环境影响分类体系出自国际环境毒理学与化学学会，包括资源耗竭、人类健康影响和生态影响三大类。每个大类下又包括许多小类，如在生态影响下有全球变暖、臭氧层被破坏、酸雨、光化学氧化物形成和富营养化等，详细的分类情况如表 3-4 所示。

表 3-4　国际环境毒理学与化学学会提出的环境影响分类体系

环 境 问 题	影 响 类 型	资源耗竭	人类健康影响	生 态 影 响
资源耗竭	非生物资源消耗	＋		
	生物资源消耗	＋		
环境污染	全球变暖		（＋）	＋
	臭氧层被破坏		（＋）	（＋）
	人体毒性		＋	
	生态毒性		（＋）	＋
	光化学氧化物形成		＋	＋
	酸雨		（＋）	＋
	富营养化			＋
生态系统与景观退化	土地利用		＋	

注：所有的资源利用及污染物排放都应该归类到这十种影响类型的一种或多种，以便后续评价过程的开展；"＋"表示潜在直接影响，"（＋）"表示潜在间接影响。

2．特征化

特征化是指使用某种模型，能将清单提供的数据转变成影响结果的过程。常见的特征化模型有临界体积模型、效应导向模型、生态点模型、固有的化学特性模型、总体暴露-效应模型、点源暴露-效应模型等。使用者可以根据具体的评价目的和清单的数据内容，来选择合适的模型进行特征化处理。下面举例说明前面两种模型的使用方法，其他模型简要说明。

1）临界体积模型

临界体积模型指将清单项目中的各污染物稀释到某种环境质量标准阈值（法规标准）时，所需要排放介质的体积，其表达式见式（3-2）：

$$\text{临界体积} = \frac{\text{污染物排放量(g)}}{\text{排放阈值(法规标准)(g/Vol)}} \tag{3-2}$$

显然，如果清单中某种污染物计算出来的临界体积越大，该污染物的污染水平就越高。具体的计算方法如以下例子。

假设生命周期评价的目的，是从两款功能相似的产品中选择一款环境更为友好的进行规模生产。经过清单统计，每生产 1 个产品 A 排放的大气污染物为 CO_2：10 g，SO_2：200 mg，NO_2：0.1 mg；每生产 1 个产品 B 排放的大气污染物为 CO_2：1 g，SO_2：500 mg，NO_2：100 mg。试以临界体积模型分析两种产品的环境影响。假设某大气标准规定的污染物浓度为 CO_2：390 mg/m³，SO_2：70 mg/m³，NO_2：0.02 mg/m³。请问哪一款产品更加环境友好？

解析：

$$V_A = V_{A,CO_2} + V_{A,SO_2} + V_{A,NO_2} = \left(\frac{10000}{390} + \frac{200}{70} + \frac{0.1}{0.02}\right) m^3 = 33.5\ m^3$$

$$V_B = V_{B,CO_2} + V_{B,SO_2} + V_{B,NO_2} = \left(\frac{1000}{390} + \frac{500}{70} + \frac{100}{0.02}\right) m^3 = 5009.7\ m^3$$

结论：

A 产品排放大气污染物的临界体积更小，为更清洁的产品。

2）效应导向模型

以某一种污染物为基准，把其影响潜值看作 1，然后将等量的其他污染物与其比较，这样可以得到各类污染物相对影响潜值的大小。例如，在国际环境毒理学与化学学会提出的环境影响分类体系中，对应于全球变暖、酸化、富营养化、臭氧层破坏、土地利用的基准物质分别为二氧化碳、二氧化硫、硝酸根、氟氯烷烃。表 3-5 为全球变暖影响潜值举例。表 3-6 显示的是以二氧化硫、硝酸根为基准物质表示全球变暖、酸化和富营养化影响潜值的部分数据。

表 3-5   全球变暖影响潜值举例

化合物名称	影响潜值（不同时间尺度）		
	20 年	100 年	500 年
二氧化碳	1	1	1
甲烷	62	21	7
氮氧化物	290	320	180
CFC-12	7900	8500	4200
HCFC-22	4300	1700	520
氧化亚氮	275	310	256
氢氟碳化物	9400	11700	10000
全氟化物	3900	5700	8900
六氟化硫	15100	22200	32400

表 3-6   酸化和富营养化的影响潜值举例

化合物	酸化相对影响潜值	化合物	富营养化相对影响潜值
SO_2	1	NO_3^-	1
SO_3	0.8	NO_x	1.35
NO	1.07	NH_4	3.44
HNO_3	0.51		
H_2SO_4	0.65		
H_2S	1.88		
HCl	0.88		

显然，依据效应导向模型分析清单数据，所计算出来的数值越大，该类产品的环境影响就越严重。仍以对比产品 A、B 为例，假设每生产 1 个 A 产品产生 CO_2：10 g，SO_2：200 mg，NO_x：0.1 mg。每生产 1 个产品 B 排放的大气污染物为 CO_2：1 g，SO_2：500 mg，NO_2：100 mg。应用效应导向模型，且仅考虑表 3-5 和表 3-6 所列化合物和分类情况，特征化的计算方法如下。

解析：

对于产品 A：

全球变暖总潜值 $=10 \times 1$(基准,g CO_2)$+0.0001 \times 290$(氮氧化物当量,g CO_2)

$=10.029$(g CO_2)

酸化总潜值 $=0.2 \times 1$(基准,g SO_2)$+0.0001 \times 1.07$(氮氧化物当量,g SO_2)

$=0.200107$(g SO_2)

富营养化总潜值 $=0.0001 \times 1.35$(氮氧化物当量,g NO_3^-)

$=0.000135$(g NO_3^-)

对于产品 B：

全球变暖总潜值 $=1 \times 1$(基准,g CO_2)$+0.1 \times 290$(氮氧化物当量,g CO_2)$=30$(g CO_2)

酸化总潜值 $=0.5 \times 1$(基准,g SO_2)$+0.1 \times 1.07$(氮氧化物当量,g SO_2)$=0.607$(g SO_2)

富营养化总潜值 $=0.1 \times 1.35$(氮氧化物当量,g NO_3^-)$=0.135$(g NO_3^-)

3）生态点模型

生态点模型是指将清单中的物质排放到生态系统中,通过对生态系统的生产力、物种多样性等进行评估,来刻画其对环境质量的影响。生态点模型通常使用物种多样性、能量流和养分循环等参数对环境质量进行描述。例如,可以通过评估化学品对藻类生长的抑制作用,来衡量化学品对水生生态系统的影响。

4）固有的化学特性模型

固有的化学特性模型是指从物质本身化学的特性和环境行为出发评估其对环境和人类的影响。如可以基于物质的水溶性、生物蓄积性和生物可降解性等特征,来评估物质对环境的影响。

5）总体暴露-效应模型

总体暴露-效应模型是指考察人类对物质的暴露和反应。该模型使用剂量响应函数(DRF)和暴露量来描述物质对人类健康的影响。

6）点源暴露-效应模型

点源暴露-效应模型是指将人类接触物质的方式(如通过食物、空气、饮水等途径)与物质的毒性联系起来。该模型通过食物链和其他途径,将物质的排放转化为对人类健康的影响。例如,可以通过评估饮用水中铅的含量,来估算铅对儿童智力发育的影响。

3. 正规化（标准化）

在某些情况下,以上的特征化模型无法完成预定的任务目标,如利用效应导向模型获得的一个结果(表 3-7)。若该生命周期评价的目标是选择一个更"清洁"的产品,该如何取舍表中的两款产品呢？显然,产品的类别不一样造成无法取舍,进而需要通过更进一步的方法对特征化之后的数据进行深度的处理。

表 3-7　两种产品经由效应导向模型特征化获得的结果比较

比 较 项 目	影 响 类 别	总 影 响 潜 值	分　　组
产品 A	温室效应潜值	10 g CO_2	全球性
	酸雨潜值	1 g SO_2	区域性
	富营养化潜值	10 g NO_3^-	区域性
	臭氧破坏潜值	0.5 g CFC-11	全球性

比 较 项 目	影 响 类 别	总影响潜值	分　组
产品 B	温室效应潜值	400 g CO_2	全球性
	臭氧破坏潜值	0.1 g CFC-11	全球性

正规化的目标,一方面是为了消除各指标在量纲上的差异,另一方面是消除各指标在特征化后数量级上的差异,最好是能得到一个无量纲的数字来衡量环境影响的大小。正规化的过程是用类别指示结果除以基准量,其计算公式可表示为式(3-3):

$$N_i = \frac{C_i}{S_i} \qquad (3-3)$$

式中,N_i——正规化的计算结果,i 为第 i 种环境影响类别;

C_i——特征化计算所取得的结果;

S_i——基准量,该值一般为特定范围内(全球、区域或局部地区)的排放总量或资源消耗总量,或者特定区域内的人均排放总量或人均资源消耗总量。

正规化后的值没有量纲,因此可以进行加减运算。例如,某地区 CO_2、SO_2、硝酸盐、臭氧破坏物质排放总量分别为 1000 万 t、10 万 t、80 万 t、5 万 t。

对于产品 A,其得分为:

$$\left(\frac{10}{1000} + \frac{1}{10} + \frac{10}{80} + \frac{0.5}{5} \right) \times 10^{-10} = 0.335 \times 10^{-10}$$

对于产品 B,其得分为:

$$\left(\frac{400}{1000} + \frac{0.1}{5} \right) \times 10^{-10} = 0.42 \times 10^{-10}$$

由此可见产品 A 更为清洁。

4. 分组

分组是指首先将清单中的影响类别按照某种规则进行分类,然后再进行排序以确定清洁程度的高低。例如,对于表 3-7 中的数据,可以先对不同的环境影响,按照全球性和地域性影响进行区分,之后根据对全球性和地域性影响的重视程度,选择清洁性更好的产品。具体的分类和排序流程如图 3-15 所示。

5. 赋权计算

通过分组排序,对不同环境影响进行区分,对环境影响严重的赋予较高的权重值,影响不严重的赋予较低的权重值,并结合标准化之后的值进行加权计算,其公式如下:

$$W_i = P_i F_i \qquad (3-4)$$

式中,W_i——某一项环境影响的加权值,i 为第 i 种环境影响因素;

F_i——权重因子;

P_i——某种环境影响正规化(或者特征化)后的值,在经过正规化处理无量纲情况下,最后可以将所有环境影响的加权值相加,得到总的环境影响,见式(3-5):

$$总环境影响 = \sum W_i = \sum P_i F_i \qquad (3-5)$$

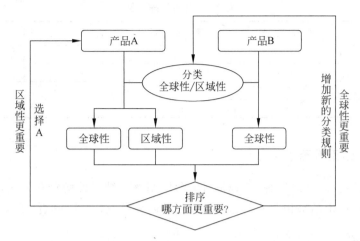

图 3-15 用分类和排序的方式筛选清洁性更高的产品

在加权计算中,显然权重值的大小对于评价的结果影响巨大。因此,如何科学地确定权重值 F 十分重要。目前有如下几种方法确定权重值。

(1) 目标距离法:依据某种影响当前水平与目标水平(标准或容量)之间的距离来表征。目标水平可以是科学目标,如某种污染物所产生环境影响的极限浓度;政治目标,如政府所制定的污染物削减目标;管理目标,如某特定行业规范中对某种污染物规定的排放标准或质量标准。

(2) 专家法(德尔菲法):成立专家组,经过对专家组的多轮意见征询,最终得到一个比较一致的权重值方案。

(3) 层次分析法(analytic hierarchy process,AHP):将与决策总是有关的元素分解成目标、准则、方案等层次,在此基础上进行定性和定量分析的决策方法。在实际操作上层次分析法可分为建立判断矩阵、计算权重、一致性检验。其中的关键步骤是建立判断矩阵并根据重要性排序进行打分,分值一般为 1~9 分(表 3-8 中仅展示了奇数分值,偶数分值所描述的重要性位于两个奇数分值之间)。基于矩阵特征根的计算可以得到权重值,该计算过程也可由相关工具完成。

表 3-8 建立判断矩阵的打分依据

分值	含 义	分值	含 义
1	两个元素具有同等重要性	7	前者比后者极其重要
3	前者比后者稍微重要	9	前者比后者强烈重要
5	前者比后者明显重要		

例如,以国际环境毒理学与化学学会提出的 10 种影响分类为例,建立判断矩阵就是要评估这 10 种影响之间的相对重要性。若某专家打分如表 3-9 所示,则 3 和其对称的元素 1/3(表中斜体数字),表示该专家认为臭氧层破坏比全球变暖的影响稍重要一些。

表 3-9　判断矩阵举例

影 响 分 类	全 球 变 暖	臭氧层被破坏	人 体 毒 性	…
全球变暖	1	*1/3*	1/2	…
臭氧层被破坏	3	1	1/2	…
人体毒性	3	2	1	…
⋮	⋮	⋮	⋮	⋮

3.4.3.5　结果解释

生命周期评价的"结果解释"部分是对生命周期评价结果的解释和说明,以及为决策者提供与生命周期评价结果相关的信息和建议。具体来说,这一部分应包括以下内容。

1. 结果描述

对生命周期评价结果进行描述,包括描述评价对象的主要环境和社会影响,以及其在整个生命周期中的重要环节和热点问题是什么。

2. 结果的评估

对生命周期评价结果进行分析和评估,包括对评价对象的主要环境和社会影响因素、影响程度、不确定性以及可能的风险和机会进行分析和评估。对整个生命周期评价过程中的完整性、敏感性和一致性进行检查。例如,生命周期所有单元过程数据是否完整、可信;改变影响评价的方法、假设等条件后对原有评价结果是否存在显著影响;评价所用的数据和所参考的标准,其精度和来源是否一致。

3. 建议和决策

根据生命周期评价的结果,为决策者提供相关的建议和决策支持,包括对可能的改进措施和替代方案的评估和建议,以及对政策和法规的影响和建议。

3.4.3.6　生命周期评价的局限性

1. 生命周期评价在适用范围上具有的局限性

生命周期评价需要对评估的体系做出条件约束,而在这一过程中所做的选择和假定,在本质上可能是主观的。如系统边界的确定,可能具有一定的主观性,并最终给评价结果带来不确定性。同时,用来进行影响评价的清单数据也缺乏时空属性。其具体表现是,针对某一区域的生命周期评价研究结果可能不适合另一区域;在某一时间所做的结论,可能随着认知的进步,过一段时间就不准确了。此外,生命周期评价难以涉及经济、社会、文化方面的因素,也不考虑企业生产的质量、经济成本、劳动力成本、利润、企业形象等。因此,无论是政府和企业都不可能仅依靠 LCA 的结论来解决所有的问题。

以电动车的发展为例,长期来看,纯电动汽车的发展是环境保护的大趋势,但如果进行精细化的考虑,当下推广纯电动车给不同区域带来的环境影响并不一样。例如在目前主要基于水力、风能等清洁能源的区域推广电动车是有利的,而在以火力发电为主的区域推广电动车,反而可能加剧当地的环境污染。除能源结构外,还应考虑包括具体气候乃至充电设施的完备性。

2．生命周期评价在方法上存在的局限性

目前生命周期评价主要采用的是 ISO 和 SETAC 建立的相关体系和方法，但对于某些环境污染或资源利用所造成的影响，可能没有能够对其适当进行描述的模型，进而难以进行特征化。同时，一种污染物的环境影响也必然是多种方面的，导致在对其环境影响进行分类时，会受到知识面等主观因素的影响。此外，权重因子的确定方法、数据资料的搜集渠道和方法等同样可能存在客观性不足的问题。

3．生命周期评价数据的局限性

生命周期评价需要大量的数据，而往往有些数据难以取得或者不完备，或者能够取得，但是不同来源的数据精度又不统一，存在偏差，进而影响评价的准确性。例如，同样是对煤燃烧的烟气成分进行检测，国内的检测指标有 CO_2、SO_2、NO_2、粉尘和总悬浮固体量（TSS）等几种到十几种，美国 EPA 的检测结果多达上百种化合物，有许多对人体和生物有害的化合物赫然在列，这种差异对两国生命周期评价的结果必然存在巨大影响。此外，生命周期系统庞大，各子系统和子过程之间的关系复杂，且各子系统或子过程相互间的输入（输出）关系并不是绝对的，进行量化十分困难。

综上所述，仅基于某个特定的生命周期评价，很难对某种产品或者活动做出非常准确的结论。对于不同的生命周期评价，只有当它们的假定和背景条件相同时，才有可能对其结果进行比较。生命周期评价所取得的信息只能作为一个全面决策过程的一部分加以参考。在生命周期评价方法发展阶段，当务之急是尽快建立适合我国国情的生命周期评价体系和相关数据库。

3.4.4　基于生命周期理论的产品设计和优化原理

基于生命周期理论的产品设计，又称为生态设计（eco-design），是指在产品开发和设计阶段就综合考虑与产品相关的生态环境问题和预防污染的措施，将保护环境、人类健康和安全等性能作为产品设计的目标和出发点，力求产品对环境的影响最小。

3.4.4.1　设计和优化策略

1．设计理念的创新和优化

1）低物质化或非物质化

产品的体积和重量应尽可能小，以减少生产需要投入的物质资源。在理想的情况下，甚至应该不使用实体物质，就实现产品功能。例如现在流行的共享充电宝、共享单车甚至共享汽车等服务，实现多人使用一个产品，提高了资源的使用效率。再如疫情期间发展起来的远程办公平台，能够让人们足不出户就能上班，避免了通勤过程带来的资源消耗和污染物排放。

2）提高产品的可靠性和耐用性

性能稳定、使用周期较长的产品，能够避免重复生产相同或相似产品造成的物质资源浪费。广义上理解，产品的复用也应属于该策略范畴。此外，在设计和制造技术性能可靠的产品时，还应考虑其美观性，产品的美感同样能够增加其使用频率和寿命。

3）功能组合

在保证产品使用功能正常的前提下，应给其附加尽可能多的功能，实现一物多用。其典

型代表是现在日常生活中所使用的手机,除能实现打电话的功能外,还能上网、游戏、拍照、付款等,可以说日常生活的诸多方面都离不开手机等智能设备。

2. 生命周期过程的优化

1) 采用清洁的能源和原材料

生产中尽量使用清洁能源和原材料,其中清洁的能源是指产生废弃物和有毒有害物质较少的能源,清洁材料是指制造这些材料的过程本身也应该清洁,且尽可能考虑采用可再生、易循环的原料。

2) 优化生产环节

在选用生产工艺时,应尽可能选择对环境影响小的技术工艺,如原材料使用量更小的工艺。同时尽可能选择工艺步骤更少的流程,因为步骤的增加常意味着中间出现"跑冒滴漏"等问题的概率会增加。在生产中应关注热能的回收以及废弃物或者边角料的循环利用。

3) 减少运输过程的消耗和污染

考虑到运输过程可能产生的污染,应减少包装的重量,制造可以重复利用的包装,同时在选择包装材料时尽量使用环保的包装材料。运输过程除考虑成本外,还应将能源消耗、污染物排放等因素纳入考虑,以选择合适的运输工具与方式。此外,保障运输过程的通畅,也能有效减少资源的消耗和污染物排放。

4) 减少使用阶段的影响

应充分了解消费者对某种产品的使用习惯,以及社会、经济等因素对这种习惯的影响,进而有针对性地优化产品。增加产品的自动化程度是有效控制使用阶段影响的重要手段之一,有数据表明,智能洗衣机、洗碗机都能有效节水。今天很多设计理念过度关注了产品的性能,而忽略了消费者的使用习惯,虽然产品的性能有提升,但总体环境影响却变得更糟。

5) 废弃阶段易拆解和易循环

产品要易于维护和维修,例如像组装计算机那样采用模块化设计,当某个部件损坏后能够方便地拆解换新,而不需要淘汰整个设备。要详细标明制造所用的材料种类,便于后期的分类回收。产品各部分之间的连接应尽可能采用比较容易拆解的方式,例如对于组装方式,在不影响功能的前提下,尽量以榫卯或者螺栓固定连接的方式取代胶粘和焊接,并形成标准化的操作模式。

3.4.4.2 生态产品的设计流程

1. 目标设定

明确待设计产品的功能、生命周期阶段以及各个阶段主要的环境影响等信息,并根据这些信息判断急须改进的部分并设定设计目标。例如,要考虑生命周期设计一款新的冰箱,通过考察发现使用阶段的冰箱主要是与能耗相关的碳排放问题,而废弃后制冷剂的排放可能会危害臭氧层。

2. 数据收集和分析

根据设计目标和需要改进的内容,收集产品在不同生命周期阶段的相关数据,并进行分析和评估,确定主要的环境影响源自什么生命周期阶段,产生环境影响的主要问题来自哪里,是什么具体的化合物或产品部件等。例如,考虑到老款冰箱主要存在破坏臭氧层的危害,且该危害主要发生在冰箱的废弃阶段,由制冷剂的泄漏引起。

3. 设计策略

根据主要的环境影响,从整个生命周期范围寻求设计思路,在重点关注有效减小主要环境影响的同时,综合考虑其他环境影响因素,如能耗、排放等,制定相应的设计策略。对于传统的冰箱,可以采用清洁的原材料——非氟利昂类的制冷剂,来消除臭氧层破坏的环境影响。

4. 设计实现

将设计策略转化为实际的设计方案和产品。在这个过程中,需要同时考虑成本效益、市场需求等因素,制定既能够落实生态设计策略,又能被市场接纳的实施方案和产品。

5. 评价和改进

生态设计的最后一步是评价和改进,通过对新设计产品进行生命周期评价,并和老产品进行对比,评估是否达到设计目标,并同时发现潜在的改进机会。

课外阅读材料

1. 化学品的潜在危害

化学农药是保障农业生产所必需使用的重要物资。然而,在农药投入使用之前,如果没有对其生态影响做充分评估,则可能酿成严重的生态和健康危机。

20 世纪 50 年代,为应对虫害、杂草、疾病等问题,农药作为一种高效的农业技术迅速普及,农作物产量得到明显提高。同时,有机氯之类的农药也被用于生活中的除虫和除螨。20 世纪 60 年代之后,人们发现难以降解的化学农药在环境中积累,导致了水、空气和土壤的污染,化学农药不仅对土壤微生物、蜜蜂、鸟类和其他生物造成了严重危害,而且增加了人类罹患癌症的风险,威胁到了人类的健康。针对这种情况,以美国为代表的各国政府制定了一系列法规,以限制使用残留性强、毒害性高的化学农药。

每年都有大量类似农药这样的新化学品被合成、生产和使用。人们在开始使用这些化学品时,大多只是关注到了它们在某一方面的高效和便捷,而没有对其环境影响进行充分的考察。而在使用这些化学品多年,并已形成了较为严重的污染后,才开始注意到种种有害的生态环境影响。例如抗生素的大量使用,造成了抗生素抗性基因的生物污染,超级病菌成为今日笼罩在人们头顶的一片乌云。塑料制品中添加的以多溴联苯醚、全氟辛酸、全氟磺酸为代表的阻燃成分和疏水成分,近年来发现其对水生生物的生殖和发育具有不利影响。此外,塑料制品本身的污染也不容小觑,塑料在进入环境后会风化形成大量的微塑料碎屑。近期的研究结果显示,微塑料不仅自身具有一定的毒性,在水生动物摄入后会影响其生长发育,而且可通过食物链不断向高营养级传递,威胁人类健康。研究人员已经在人类血液和肺部中发现了微塑料,它们可造成肺炎、胃肠道疾病和其他一些潜在威胁。

人类对自然的理解,尤其是对大时空尺度的自然过程和规律的理解仍然是不深入和不完整的。基于目前的认识,人类尚不足以做到能对自然生态系统中各种复杂的关系都加以考察,对自然界各要素从量变到质变的过程的把握还相当肤浅。很有可能只要其中某个环节考虑不周,就会出现严重的负面后果。因此,在应用农药、抗生素这些化学品时,人们需要比以往更加谨慎,从源头上进行防控,避免这些物质长期持续流入环境,造成不可逆转的破坏。

2. 咸海改造的失败

咸海曾是世界上第四大湖泊,位于亚欧大陆腹部的荒漠和半荒漠环境中,气候干旱,蒸发非常强烈。咸海每年的耗水量大于进水量,进少出多,使得湖水水面逐步下降。如 1930 年湖面积为 42.2 万 km^2,1970 年则萎缩至 37.1 万 km^2。因为水分大量蒸发,盐分逐年积累,湖水也越来越咸。咸海卡拉博加兹戈尔湾的面积有 1.8 万 km^2,强烈的蒸发致使海湾与咸海的水面出现 4 m 的落差,咸海水以每秒 $200\sim300\ m^3$ 的水量流入卡拉博加兹戈尔湾。咸海生物资源丰富,既有鲟鱼、鲑鱼、银汉鱼等多种鱼类繁衍,也有海豹等海兽类栖息。咸海含盐量高,盛产食盐和芒硝。卡拉博加兹戈尔湾是大型芒硝产地。

由于卡拉博加兹戈尔湾被环抱在干旱的沙漠中,客观上形成了一个巨大的蒸发器。1977 年,根据科学家的建议,苏联部长会议通过一个修建堤坝的决议,将卡拉博加兹戈尔湾与咸海分割开,以求封闭海湾这个巨大的天然“蒸发器”,减缓咸海水面下降。1980 年 3 月,咸海和卡拉博加兹戈尔湾的水道被成功堵死,分割海湾的筑堤工程即告完成。

然而,分割后的海湾环境发生了出乎意料的变化。原先由于海湾的蒸发作用,湾内积存了 480 亿 t 的盐类。1929 年起采用提取盐溶液的工艺开采芒硝,1955—1985 年共提取盐溶液 2.6 亿 m^3,硫酸钠采量一度占全苏联总产量的 40%。海湾干涸后,芒硝生产被迫停产。往日每年从里海随水流入海湾的盐分高达 1.3 亿 t,由于卡拉博加兹戈尔湾的封闭,使咸海失去了一个消盐的“淡化器”,反而增加了一个盐风暴污染源。一方面,卡拉博加兹戈尔湾因无水补给而在 1984 年完全干涸;另一方面,卡拉博加兹戈尔湾与里海的分割又造成了咸海水位上升,使湖水淹没了大片的农田、工业设施、油井、交通干线和居民区。最后,政府又不得不重新将分割卡拉博加兹戈尔湾的人工堤坝打开,以恢复分割工程前原本的自然面貌。

20 世纪 60 年代前后,湖水盐含量增加了一倍,湖区有 2.4 万 km^2 已成了盐土荒漠。裸露的湖底成了沙尘和盐粒的源生地,盐和沙尘被强风吹扬到百里之外,沉降到地面。有人测算,每年升入大气层的粉尘量达 1500 万~1700 万 t。如 1975 年 5 月,咸海东北沿岸强风暴导致地表沙尘面积达 4800 km^2,到了 1979 年 5 月沙尘面积则达到了 45000 km^2,沙尘总量为 100 万 t。因此,不少科学家断言,若咸海完全干涸,析出的盐重量将达到 100 亿 t,这将对周边地区的气候产生直接的影响。不仅如此,大量化肥和杀虫剂的使用,使得土壤洗盐排出的洗盐水与化肥和杀虫剂一同流入河流或渗入地下,使河水和地下水受到污染。当地居民长期饮用受污染的水,导致该流域贫血、食管癌、肝炎、痢疾、伤寒等疾病的发病率居高不下,胎儿发育不全和婴儿夭折的比例也较其他地区高。联合国在 1996 年的一份报告中披露,在咸海流域的克考勒-奥尔达城,儿童得病率 1990 年每千人为 1485 人次,到 1994 年增加到每千人 3134 人次。

一项造福人类的工程为何取得了相反的效果?原本工程的目标是把天然河水引入干渠和农田,以促进农业经济发展,且这一目的也确实已经达到。可问题是任何一项工程都必须受到自然条件的约束,如何将工程与自然条件相协调,就要求决策者充分考虑单一目标与复杂生态系统之间的多维关联。按照通行的做法,对于任何一项重大工程的决策,都需要以充分的科学论证做基础。苏联学术界在 20 世纪 70 年代也有过激烈的争论,但决策者并未考虑到阿姆河和锡尔河三角洲的生态,也未考虑到咸海调节大陆气候的作用,更未考虑到咸海湖内生物群落的丧失和荒漠化进程的加剧,而是主要考虑追求近期的经济效益。忽视生态效益的结果必然会使所期望的结果走向反面。

改造咸海的失败是在没有全面深刻理解自然规律时就贸然行动的生动案例,这仅是一个缩影,类似的经验教训仍不断在世界各地上演,只不过在大多数情况下,一些水利工程所表现出来的负面效果需要经过较长时期的积累才能显现。美国科罗拉多河和我国的黄河所出现的长年断流现象,就是摆在面前的现实。然而,在人口与经济增长的压力下,这类水利工程仍会进行下去,但在开展这些工程项目时,我们都应该牢记"不以伟大的自然规律为依据的人类计划,只会带来灾难"以及"我们不要过分陶醉于对自然界的胜利,对于每一次这样的胜利,自然界都报复了我们"这样的警世恒言。

思考题

1. 什么是系统?简述系统的属性和特点。
2. 系统工程方法在清洁生产中有何作用?
3. 简述质量(能量)守恒原理。
4. 质量守恒定律在清洁生产中有哪些应用?
5. 如何理解质量(能量)的品位?
6. 简述生态系统的组成和功能。
7. 生态学的基本规律有哪些?
8. 简述产业生态学和生态学的关系。
9. 生命周期理论的主要内容是什么?
10. 生命周期评价的步骤和具体内容是什么?
11. 以生活中常见的物品或服务为例,谈谈你将如何对它开展生命周期评价?
12. 在设计新产品时应考虑哪些理念以让产品更加清洁?

第 **4** 章

清洁生产与"双碳"

4.1 碳足迹与"双碳"

4.1.1 碳足迹的提出

人类在生存发展过程中与自然环境相互依存、相互影响和制约。但人类活动对周边环境是具有积极性和重要影响的,当人类过度活动在局部区域内造成环境污染并影响生存时,人们开始反思自己的行为。研究发现,区域生态环境的破坏对人类生存发展的危害较大,因此将更多的注意力放在生态保护区的研究上;进一步研究发现,由于化石燃料、煤和石油等化学物质的大量使用,形成了大量温室气体排放到大气中,其中以二氧化碳为代表的气体覆盖在地球表面,促使全球气温升高,如果继续下去,将对全球产生灾难性的后果,因此,学者提出了"碳足迹"和"低碳经济"的概念并促使各国联合讨论应对方法。人类对自然的认识不会停止,在"碳足迹"之后,又提出了"水足迹""环境足迹"或"生态足迹"的概念。

人类社会发展可以简单归纳为以下过程:人类活动频繁—局部环境污染—环境保护—地区性生态保护—清洁生产—节能减排—气候变化—碳足迹(低碳经济)—水足迹—环境足迹或生态足迹。这一链还在延伸,并且人类会更系统、更全面地考虑问题,不断改正错误,促使人类与环境慢慢地走向和谐。

局部地区环境污染往往影响该地区和周边地区,而温室效应影响全球,需要全世界共同努力。为此人们召开了一系列会议,历次世界气候会议及成果见表 4-1。

表 4-1 历次世界气候会议及成果

时　间	地　点	成　　果
1992 年	巴西里约热内卢	《联合国气候变化框架公约》要求各国"承担共同但有区别的责任",减少二氧化碳的排放
1997 年	日本京都	《京都议定书》提出的目标是截至 2012 年温室气体的排放比 1990 年下降 5.2%
2007 年	印度尼西亚巴厘岛	《巴厘路线图》要求发达国家在 2020 年前将温室气体减排 25%~40%
2009 年	丹麦哥本哈根	《哥本哈根协议》的目标是拟定温室气体排放的全球框架,取代 2012 年到期的《京都议定书》
2010 年	墨西哥坎昆	《坎昆协议》

续表

时　间	地　点	成　果
2011 年	南非德班	建立德班增强行动平台特设工作组,研究实施《京都议定书》第二承诺期行动,并启动绿色气候基金
2012 年	5 月德国波恩 11 月卡塔尔多哈	决定实施《京都议定书》第二承诺期计划

温室效应发生的原因是生活水平提高和人类数量增加导致能源消费迅速增加。

为了定量而形象地表征人类活动所排放的温室气体及其对环境所造成的影响,研究人员提出了"碳足迹"这一概念。它是指个人或企业的能源意识和行为对自然界产生的影响,以二氧化碳为标准计算表示。其中"碳"就是石油、煤炭、木材等由碳元素构成的自然资源,碳耗增加,导致全球变暖的二氧化碳也随之增加。制造企业的供应链一般包括了采购、生产、仓储和运输,其中生产、仓储和运输会产生大量的二氧化碳,这个概念以形象的"足迹"为比喻。

在生产中定义碳足迹为某种产品在生命周期中所排放的二氧化碳以及其他温室气体转化的二氧化碳等价物的总和,碳足迹形象见图 4-1。

图 4-1　碳足迹示意图

碳足迹可以分为企业(或产品)碳足迹和个人碳足迹。个人碳足迹可以分为第一碳足迹和第二碳足迹。第一碳足迹是使用化石能源而直接排放的二氧化碳,如乘飞机和汽车等燃料消耗导致二氧化碳排放称为第一碳足迹。第二碳足迹是使用、消费各种产品而间接排放的二氧化碳,如消费饮用水或食物,这些产品在生产和运输过程中产生的二氧化碳排放称为第二碳足迹。

碳足迹的计算有两种方法:第一种,利用生命周期评估法,这种方法较准确也更具体;第二种,通过所使用的能源矿物燃料排放量计算,这种方法较一般。

用汽车的碳足迹作为一个例子:第一种方法会估计所有的碳排放量,从汽车的制造开始(包括制造汽车所用的金属、塑料、玻璃和其他材料),到开车和处置车。第二种方法则只计算制造、驾驶和处置车辆时所用化石燃料的碳排放量。

生命周期评价是评价一个产品(或是一项服务)系统在生命周期的整个阶段(从原材料的提取和加工,到产品生产、包装、市场营销、使用、再使用和产品维护,直至再循环和最终废物处置)的环境影响的一种方法。

产品碳足迹评价标准基本是以生命周期评价为方法论,评价的是产品全生命周期的碳足迹,不仅包括产品的某个阶段,更需要溯至原料开采、制造及最终废弃处理阶段,均需纳入碳足迹的计算范围,要达成此目的,需应用 LCA 方法提升碳足迹计算的可信度与便捷性。

"碳足迹"是用来对抗气候变化的一个重要工具。它让个人和组织能够评估自己对环境造成的影响,也能帮助他们了解自己在哪些地方排放了温室气体。这对于在未来减少碳排放量极为重要。"碳足迹"也为评估未来的减排状况设定了一个基线,也是确定未来可在哪些地方采用何种方式减少碳排放的一个重要工具。

对于企业来说,为了实现二氧化碳的减排目标,是时候需要制定一个标准方法去测量和减少整个供应链的排放。对于信息透明度、可靠性和一致性的需要,产品或服务的碳足迹和碳排放量的控制是至关重要的,同时可以为企业赢得信誉。

提出碳足迹有很大意义:它揭示了工业生产活动排放的温室气体;识别产品在工业生产阶段的温室气体排放的关键环节;作为一项科学分析工具和方法,为企业提高产品工业生产过程能源利用效率提供依据;行业及相关管理部门完善行业的温室气体排放与绩效评价体系,促进工业生产的可持续发展;可为政府进行区域可持续发展的产业决策提供科学依据;为消费者的消费选择提供新的参考,推动绿色消费。

4.1.2　减少碳足迹的途径

减少碳足迹可以通过以下几种途径实现。

1. 使用低碳、无碳能源

二氧化碳的排放主要来源于煤、石油等的燃烧。太阳能、风能、水力能、地热能、核能、潮汐能等低碳、无碳能源的使用可以减少温室气体排放量,水力发电是目前比较低廉的能源,但它受地理环境限制;太阳能、风能、地热能、潮汐能等目前运行成本还较高,需要研究解决;核能的安全防护需要研究提高。

温室气体减排可以从三个层面分析:国家或地区主要分析产业结构以及能源使用结构;针对企业或组织自身与相关的温室气体排放;针对个别产品生命周期的温室气体排放以及个人活动过程的二氧化碳排放,例如提倡生活低碳化——减少浪费、出行尽量使用公交车、提倡徒步、骑自行车等。

2. 节能减排

就个人而言,低碳实质上是一种生活态度,而不是能力;也是一种生活习惯,一种自然而然地节约身边各种资源的习惯。例如,每月手洗一次衣服,如果每月用手洗代替一次机洗,每台洗衣机每年可节能约 1.4 kg 标准煤,相应减排二氧化碳 3.6 kg。如果全国 1.9 亿台洗衣机都因此每月少用一次,那么每年可节能约 26 万 t 标准煤,减排二氧化碳 68.4 万 t。或者,每年少用 1 kg 洗衣粉,可节能约 0.28 kg 标准煤,相应减排二氧化碳 0.72 kg,如果全国 3.9 亿个家庭平均每户每年少用 1 kg 洗衣粉,1 年可节能约 10.9 万 t 标准煤,减排二氧化碳 28.1 万 t。

对于企业特别是生产企业,主要通过技术进步,采用先进工艺和先进设备减少单位产品的能耗来实现节能减排。另外,通过能源审计对设备进行能效检测,在审计过程中可确定是设备问题还是管理问题,进而调控能源消耗。

3. 碳转换、碳补偿

植物可以吸收二氧化碳并转变成氧气,因此可以利用植树(绿化)来消除二氧化碳的影响,称为"碳补偿"。单位或个人可以通过植树,但一般委托国家认可的基金会或采取其他吸收二氧化碳的行为对自己曾经产生的碳足迹进行一定程度的抵消或补偿。一棵树一年吸收18.3 kg 二氧化碳,需种树木棵数=二氧化碳排放量(kg)/18.3kg。

4. 碳捕集、利用与封存技术

二氧化碳捕集、利用和封存(carbon capture,utilization and storage,CCUS)技术是现阶段实现大幅度二氧化碳减排的必要手段。碳捕集技术是指从排放源捕获二氧化碳并将捕获而得的二氧化碳进行收集并压缩的过程。碳利用技术是指通过工程技术手段将捕集的二氧化碳实现资源化利用的过程。碳封存技术是指将捕集的二氧化碳注入特定地质构造中,实现与大气长期隔绝的技术过程。

捕集、封存的二氧化碳其实是一种资源,可以利用。二氧化碳有 4 种利用方式,见图 4-2。地质利用是将二氧化碳注入地下石油储层,利用替代效应采集石油等地下资源;化学利用是以二氧化碳为原料,将其转化为附加值高、能长久储存二氧化碳的化工产品;物理利用是利用二氧化碳易于达到超临界状态等物理性质,将其存入物理空间和载体;生物利用是通过植物光合作用,将二氧化碳用于生物质合成,实现其资源化利用。

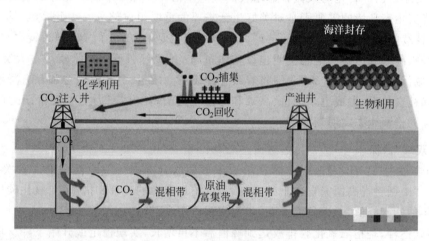

图 4-2　二氧化碳的利用方式

CCUS 是应对全球气候变化的关键技术之一,受到世界各国的高度重视,各国纷纷加大研发力度,但在产业化方面还存在困难。随着技术的进步及成本的降低,CCUS 前景光明。目前,CCUS 已应用于化工、燃气、电力、钢铁、水泥等行业。在我国,此方面研究和应用逐渐取得新进展,一批试点示范项目正在进行。2022 年 8 月 29 日,国内首个百万吨级 CCUS 项目——齐鲁石化—胜利油田百万吨级 CCUS 项目正式注气运行,每年可减排二氧化碳 100万 t。2022 年 11 月,中国石化与壳牌、中国宝武、巴斯夫在上海签署合作谅解备忘录,在华东地区共同启动我国首个开放式千万吨级 CCUS 项目,打造低碳产品供应链。这个项目将钢材厂、化工厂、电厂、水泥厂等长江沿线工业企业的碳源通过槽船,集中运至二氧化碳接收站,再通过距离较短的管线,把接收站的二氧化碳输送至陆上或海上的封存点,为华东地区长江沿线工业企业提供一体化二氧化碳减排方案。

4.1.3 "双碳"的提出和目标

1. "双碳"目标提出的背景

由于全球气候变化将对人类社会构成重大威胁,越来越多的国家将"碳中和"上升为国家战略,提出了无碳未来的愿景。"双碳"目标的提出有着深刻的国内外发展背景,必将对经济社会产生深刻的影响;"双碳"目标的实现也应放在推动高质量发展和全面现代化的战略全局中综合考虑和应对。

1) 世界背景

目前,全球每年向大气排放约 510 亿 t 的温室气体,要避免气候灾难,人类需停止向大气中排放温室气体,实现零排放。《巴黎协定》所规定的目标,是要求联合国气候变化框架公约的缔约方,立即明确国家自主贡献减缓气候变化,碳排放尽早达到峰值,在 21 世纪中叶,碳排放净增量归零,以实现在 21 世纪末将全球地表温度相对于工业革命前上升的幅度控制在 2℃以内。

2) 国内背景

改革开放以来,我国经济加快发展,已经成为世界第二大经济体,绿色经济、技术领先,全球影响力日益增强。事实证明,只有让发展方式绿色转型,才能适应自然规律。同时,我国社会主要矛盾已经转化为人民日益增长的美好生活需要和不平衡不充分的发展之间的矛盾,而对优美生态环境的需要则是对美好生活需要的重要组成部分。为此,2020 年,我国基于促进可持续发展和建设人类命运共同体承担的内在要求,宣布了"碳达峰、碳中和"目标愿景。碳达峰、碳中和已纳入生态文明建设整体布局;推动绿色低碳技术实现重大突破,加快推广应用减污降碳技术。未来,我国将着眼于建设更高质量、更开放包容和具有凝聚力的经济、政治和社会体系,形成更为绿色、高效和可持续的消费与生产力为主要特征的可持续发展模式,共同谱写生态文明新篇章。

2. "双碳"目标

2020 年 9 月 22 日,习近平主席在第七十五届联合国大会一般性辩论上首次提出"双碳"目标。"中国将提高国家自主贡献力度,采取更加有力的政策和措施,二氧化碳排放力争于 2030 年前达到峰值,努力争取 2060 年前实现碳中和。"

所谓碳达峰,是指二氧化碳排放达到峰值后不再增长,实现稳定或开始下降。根据世界资源研究所 2017 年发布的报告,全世界已有 49 个国家实现碳达峰,占全球碳排放总量的 36%。

所谓碳中和,是指二氧化碳达到人为碳排放和碳去除的平衡,即二氧化碳净零排放。一方面,我们要通过清洁能源取代化石能源、提升能效等方式降低碳排放;另一方面,我们要通过植树造林、CCUS 技术等提升碳去除水平。目前,大多数发达国家将碳中和目标锁定在 2050 年。

从碳达峰到碳中和,发达国家大多需要 60 年,但对于我国来说只有一半的时间,峰值更是翻了一番。随着我国将面临经济和社会现代化以及碳排放的双重挑战,实现"双碳"目标无疑任重而道远。

2020 年 12 月 12 日,习近平主席又在气候雄心峰会上重申"双碳"目标。他进一步宣布："到 2030 年,中国单位国内生产总值二氧化碳排放将比 2005 年下降 65% 以上,非化石能源占一次能源消费比重将达到 25% 左右,森林蓄积量将比 2005 年增加 60 亿立方米,风电、太阳能发电总装机容量将达到 12 亿千瓦以上。"

这一宣告彰显出我国在《巴黎协定》框架下继续扮演全球气候治理领导者的决心与信心。配合国家领导人在国际舞台上的宣言,我国国内也开始掀起一场自上而下的"双碳"热潮。

2020 年中央经济工作会议、2021 年国务院政府工作报告、国家"十四五"规划、中共中央政治局会议等相继将碳达峰、碳中和作为重点任务强调。各省 2021 年政府工作报告和"十四五"规划也纷纷给出符合本地实际的"双碳"目标路线图。

3. "双碳"目标带来的挑战和机遇

作为发展中国家,我国目前仍处于新型工业化、信息化、城镇化、农业现代化加快推进阶段,实现全面绿色转型的基础仍然薄弱,生态环境保护压力尚未得到根本缓解。当前我国距离实现碳达峰目标已不足 10 年,从碳达峰到实现碳中和目标仅剩 30 年左右的时间,与发达国家相比,我国实现"双碳"目标,时间更紧、幅度更大、困难更多。但从辩证的角度看,"双碳"目标的实现过程,也是催生全新行业和商业模式的过程,我国应顺应科技革命和产业变革大趋势,抓住绿色转型带来的巨大发展机遇,从绿色发展中寻找发展的机遇和动力。

1) 面临挑战

(1) 对产业结构调整带来的挑战。"双碳"目标下,区域能源密集型产业结构调整将成为能源消费强度控制的重点,以煤炭为主的传统能源地区,将面临主体性产业替换的严重冲击;钢铁、有色、化工、水泥等高耗能产业为主导的区域也将面临同样的挑战。

(2) 对区域财政可持续带来的挑战。山西、内蒙古、陕西、黑龙江等采矿大省(自治区),青海、内蒙古、云南等电力大省(自治区),贵州、甘肃、青海等建筑大省,地方财政对采矿业、电力行业、建筑业等依赖程度较高。"双碳"战略的实施将不可避免对相关区域的主导产业产能造成巨大冲击,进而导致经济效益下降和产能过剩,给当地财政的可持续发展造成相当大的冲击。

(3) 面对技术创新需求高的挑战,中国仍处于工业化、城市化进程中的低碳和零碳技术、负碳技术等对技术创新的需求逐渐增加。如何在清洁能源运输优化、存储等技术上实现突破,碳捕集技术如何实现有效应用、升级并逐渐趋于成熟等,均是"双碳"目标下面临的巨大挑战。

(4) 对区域金融体系带来的挑战。能源和经济低碳转型,将不可避免导致高碳排放的资产价值下跌,引致资产搁浅、高碳资产泡沫破灭、高碳产业和企业消失,贷款、债券违约和投资损失风险上升,进而成为区域乃至整个金融体系稳定的风险源。

2) 面临机遇

(1) 为提升国际竞争力带来机遇。"双碳"目标为中国经济社会高质量发展提供了方向指引,是一场广泛而深刻的经济社会系统性变革。快速绿色低碳转型为中国提供了和发达国家同起点、同起步的重大机遇,中国可主动在能源结构、产业结构、社会观念等方面进行全方位深层次的系统性变革,提升国家能源安全水平。若合理布局 5G、人工智能等新兴产业,将为自主创新与产业升级带来独特机遇,推动国内产业加快转型,有力提振中国经济竞争力,巩固科技领域国际领先者的地位。

(2) 为低碳零碳负碳产业发展带来机遇。2010—2019年,中国可再生能源领域的投资额达8180亿美元,成为全球最大的太阳能光伏和光热市场。2020年中国可再生能源领域的就业人数超过400万人,占全球该领域就业总人数的近40%。"双碳"背景下,新能源和低碳技术的价值链将成为重中之重,中国也可借此机遇,进一步扩大绿色经济领域的就业机会,催生各种高效用电技术、新能源汽车、零碳建筑、零碳钢铁、零碳水泥等新型脱碳化技术产品,推动低碳原材料替代、生产工艺升级、能源利用效率提升,构建低碳、零碳、负碳新型产业体系。

(3) 为绿色清洁能源发展带来机遇。在我国能源产业格局中,煤炭、石油、天然气等产生碳排放的化石能源占能源消耗总量的84%,而水电、风电、核能和光伏等仅占16%。目前,我国光伏、风电、水电装机量均已占到全球总装机量的1/3左右,领跑全球。若在2060年实现碳中和,核能、风能、太阳能的装机容量将分别超过目前的5倍、12倍和70倍。为实现"双碳"目标,中国将进行能源革命,加快发展可再生能源,降低化石能源的比重,巨大的清洁、绿色能源产业发展空间将会进一步打开。

为新的商业模式创新带来机遇。"双碳"目标有助于中国提高工业全要素生产率,改变生产方式,加快节能减排改造,培育新的商业模式,从而实现结构调整、优化和升级的整体目标。环保产业将从纯粹依赖以投资建设为主要模式的末端污染治理方式,转向以运维服务、高质量绩效达标为考核指标的方式。企业也将加快制定绿色转型发展新战略,以体制与技术创新形成低碳、低成本发展模式及绿色低碳投融资合作模式。

4.1.4 《碳达峰碳中和标准体系建设指南》

1. 《碳达峰碳中和标准体系建设指南》的出台背景

该标准是国家质量基础设施的重要内容,是实现资源高效利用、能源绿色低碳发展、产业结构深度调整、生产生活方式绿色变革和经济社会发展全面绿色转型的重要支撑,对如期实现碳达峰碳中和目标具有重要意义。我国碳达峰碳中和标准化工作具有良好的基础,据统计,当前直接支撑碳达峰碳中和工作的国家标准已有1800余项、行业标准2300余项,涉及碳排放核算核查、节能、非化石能源、新型电力系统、化石能源清洁利用、资源循环利用、碳汇等多个方面,为淘汰落后产能、节能审查、差别电价、碳排放权交易等政策实施提供了有力支撑。

但与实现碳达峰碳中和目标的需求相比,"双碳"标准化工作还存在差距,主要表现在标准的领域和范围需要进一步扩大,标准的数量和质量需要提高,协调推进力度需要加大等。2022年10月,经碳达峰碳中和工作领导小组审议通过,国家市场监督管理总局、国家发展改革委、工业和信息化部、自然资源部、生态环境部、住房城乡建设部、交通运输部、中国气象局和国家林业和草原局联合印发了《建立健全碳达峰碳中和标准计量体系实施方案》(国市监计量发〔2022〕92号),提出了2025年前完成不少于1000项国家标准和行业标准(包括外文版本),实质性参与不少于30项相关国际标准制修订的目标。

为抓紧实现这一目标,国家标准化管理委员会会同相关部门,在深入调查研究、广泛听取意见建议的基础上联合发布了《碳达峰碳中和标准体系建设指南》(国标委联〔2023〕19号,简称《指南》)。《指南》进一步细化了标准体系,明确了碳达峰碳中和标准化工作重点,支撑能源、工业、交通运输、城乡建设、农业农村、林业草原、金融、公共机构、居民生活等重点行业和领域实现绿色低碳发展,推动实现各类标准协调发展。

2.《指南》的基本原则

碳达峰碳中和标准体系建设工作与"双碳"政策部署、产业结构调整、生产生活方式绿色变革、经济社会发展全面绿色转型等密切相关,主要遵循以下基本原则。

(1)坚持系统布局。加强顶层设计,优化政府颁布标准和市场自主制定标准二元结构,强化跨行业、跨领域标准协同,提升标准的适用性和有效性,实现各级各类标准的衔接配套。

(2)坚持突出重点。加快完善基础通用标准。聚焦重点领域和重点行业,加强节能降碳标准制修订。及时将碳达峰碳中和技术创新成果转化为标准,以科技创新推动绿色发展。

(3)坚持稳步推进。锚定碳达峰碳中和近期目标与长远发展需求,加快标准更新升级,扎实推进标准研制,坚持系统推进和急用先行相结合,分年度分步骤有序稳妥实施。

(4)坚持开放融合。扎实推动标准化国际交流合作,积极参与国际标准规则制定,强化国际标准化工作统筹,加大中国标准在国外推广力度,促进国内国际标准协调一致。

3.《指南》的主要内容

通过分析国际国内碳达峰碳中和标准现状,结合当前工作的重点领域和方向,《指南》提出的碳达峰碳中和标准体系包含基础通用标准、碳减排标准、碳清除标准和市场化机制标准4 个一级子体系、15 个二级子体系和 63 个三级子体系,细化了每个二级子体系下标准制修订工作的重点任务,碳达峰碳中和标准体系框架见图 4-3。

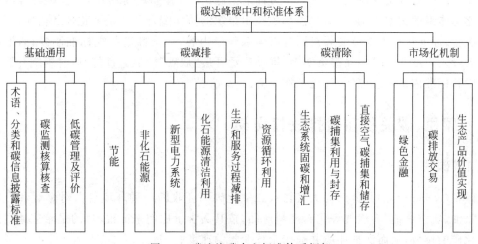

图 4-3　碳达峰碳中和标准体系框架

在基础通用标准领域,主要包括碳排放核算核查、低碳管理和评估、碳信息披露等标准,推动解决碳排放数据"怎么算""算得准"的问题。在碳减排标准领域,主要推动完善节能降碳、非化石能源推广利用、新型电力系统、化石能源清洁低碳利用、生产和服务过程减排、资源循环利用等标准,重点解决碳排放"怎么减"的问题。在碳清除标准领域,主要加快固碳和碳汇、碳捕集利用与封存等标准的研制,重点解决碳排放"怎么中和"的问题。在市场化机制标准领域,主要加快制定绿色金融、碳排放权交易和生态产品价值等标准,推动解决碳排放可量化可交易的问题,支持充分利用市场化机制减少碳排放,实现碳中和。

上述任务部署将为支撑重点行业和领域碳达峰碳中和工作提供协调、全面的标准支撑。

4.《指南》对碳达峰碳中和国际标准化提出的重点工作

碳达峰碳中和国际标准是应对气候变化国际规则的重要组成,是国际标准的热点领域。为进一步深化"双碳"标准国际交流合作,加大"双碳"标准开放发展力度,《指南》提出了以下4个方面的重点工作。

(1)形成国际标准化工作合力,提出成立碳达峰碳中和国际标准化协调推进工作组,设立一批国际标准创新团队等措施。

(2)加强国际交流合作,提出与联合国政府间气候变化专门委员会(IPCC)、ISO、国际电工委员会(IEC)、国际电信联盟(ITU)等机构以及"一带一路"合作伙伴加强交流合作对接,推动在金砖国家、亚太经济合作组织等框架下开展节能低碳标准化对话等措施。

(3)积极参与国际标准制定,提出在温室气体监测核算、能源、绿色金融等重点领域提出国际标准提案,积极争取成立一批标准化技术机构等措施。

(4)推动国内国际标准对接,提出开展碳达峰碳中和国内国际标准比对分析,鼓励适用的国际标准转化为国家标准,成体系推进国家标准、行业标准、地方标准等外文版制定和宣传推广等措施。

5.如何推动《指南》的有效实施

《指南》的发布是全面贯彻落实党的二十大精神,落实党中央、国务院关于积极稳妥推进碳达峰碳中和决策部署的重要措施,绘制了未来三年"双碳"标准制修订工作的"施工图"。为推动《指南》有效实施,主要采取三个方面的措施:一是坚持统筹协调,发挥碳达峰碳中和标准化总体组的技术协调作用,加强相关技术组织的协作配合。二是强化任务落实,组织各行业协会、标准化技术委员会等按照标准体系建设内容,加快推进各级标准制修订,推动各方加大投入力度。三是加强宣贯实施,推动广泛开展"双碳"标准化宣传,适时组织开展碳达峰碳中和标准体系建设评估,优化工作任务。

4.2 碳税、碳关税和碳排放权交易

4.2.1 碳税

碳税(carbon tax)是针对向大气排放二氧化碳而征收的一种环境税。对燃煤和石油下游的汽油、航空燃油、天然气等化石燃料产品,按其碳含量比例来征税,目的是希望通过削减二氧化碳的排放,从而保护环境并减缓全球变暖的速度。

其方法是先确定每吨碳排放量价格,然后通过这个价格换算出对电力、天然气或石油的税费。因为征税使得污染性燃料的使用成本变高,这会促使公共事业机构、商业组织及个人减少燃料消耗并提高能源使用效率;碳税使得替代能源与廉价燃料相比更具成本竞争力,进而推动替代能源的使用。另外通过征收碳税而获得的收入可以用来支持环保项目或税收抵免。

20世纪90年代,北欧一些国家率先征收碳税。到目前为止已有10多个国家引入碳税,主要有奥地利、捷克、丹麦、爱沙尼亚、芬兰、德国、意大利、荷兰、挪威、瑞典、瑞士和英国等国家。瑞典对私人用户征收全额碳税,而对工业用户减半征收,对公共事业机构则免征此税。由于瑞典全国所耗电能半数以上是用于供暖,并且所有可再生能源(如由植物产生的能

源)都免税,所以自 1991 年以来,生物燃料工业蓬勃发展。此外,日本和新西兰等国家也在考虑征收碳税。丹麦早在 20 世纪 70 年代就开始对能源消费征税。1992 年,丹麦成为第一个对家庭和企业同时征收碳税的国家。

2010 年,中国国家发展改革委和财政部联合提出碳税专题报告,指出我国推出碳税比较合适的时间大约在 2012 年,且应先针对企业征收,暂不针对个人。在这份我国碳税税制框架设计中,提出了我国碳税制度的实施框架,包括碳税与相关税种的功能定位、我国开征碳税的实施路线图以及相关的配套措施建议。但这一方法也可能有弊病,因为纳税企业还是可以通过提高能源收费价格将成本部分转嫁到消费者身上。

4.2.2　碳关税

碳关税(carbon tariff)这个概念最早由法国前总统希拉克提出,用意是希望欧盟国家应针对未遵守《京都议定书》的国家(美国是其中之一)课征商品进口税,否则在欧盟碳排放权交易机制运行后,欧盟国家所生产的商品将遭受不公平的竞争。2009 年我国明确表示反对碳关税。碳关税是指对高耗能产品进口征收特别的二氧化碳排放关税。"碳关税"不仅违反了世界贸易组织(WTO)的基本规则,也违背了《京都议定书》确定的发达国家和发展中国家在气候变化领域"共同而有区别的责任"原则,WTO 基本原则中有一条"最惠国待遇"原则,其含义是缔约一方,现在和将来给予任何第三方的一切特权、优惠和豁免,也同样给予其他成员。而征收碳关税,由于各国环境政策和环保措施都不同,对各国产品征收额度也必然差异甚大,这就会直接违反最惠国待遇原则,破坏国际贸易秩序。

例如,发达国家生产一个产品可能排碳量较低,他们以此为标准,对于从发展中国家进口此产品,超过部分排碳量课以高额的碳关税。表面上是为了减排,实际上是既享受了廉价劳动力,又要求向它们进口高额的技术和设备,以降低排碳量,确保发达国家的技术优势和经济剥削。碳关税本质上是一个国际政治、经济和权利的交叉问题,目前的做法实际已经失去了减少碳排放的意义。

4.2.3　碳排放权交易

4.2.3.1　碳排放权交易和碳交易市场

碳交易(carbon trading)是以二氧化碳为主的温室气体排放权的交易。碳交易是以市场的方式达到减少温室气体排放的手段。碳交易不仅在一个国家内部可以进行,在国际之间也可以进行。碳交易的着眼点是宏观层面,而且价格有较大的波动性。

碳排放权交易的概念源于 20 世纪 90 年代经济学家提出的排污权交易概念,排污权交易是市场经济国家重要的环境经济政策,美国国家环保局首先将其运用于大气污染和河流污染的管理。此后,德国、澳大利亚、英国等也相继实施了排污权交易的政策措施。排污权交易的惯例是:政府机构评估出一定区域内满足环境容量的污染物最大排放量,并将其分成若干排放份额,每个份额为一份排污权。政府在排污权一级市场上,采取招标、拍卖等方式将排污权有偿出让给排污者,排污者购买到排污权后,可在二级市场上进行排污权买入或卖出。

从立法体系考虑,我国已经颁布《中华人民共和国可再生能源法》《清洁生产促进法》及

《循环经济促进法》，初步构成了我国当前低碳经济法律体系的重要内容，对保护和改善环境起到促进作用。但是《循环经济促进法》也仅就循环经济产业发展给予鼓励，对碳的排放限定未能有相应措施和对策，因此有必要专门立法加以规范，建立碳排放权交易体系，指导低碳经济在我国的发展。

2011年10月国家发展改革委印发《关于开展碳排放权交易试点工作的通知》，批准北京、上海、天津、重庆、湖北、广东和深圳等七省市开展碳交易试点工作。2013年6月18日，深圳碳排放权交易市场在全国七家试点省市中率先启动交易。半年来，深圳碳市场运行稳定，深圳在运用市场机制实现低碳发展方面担负起探路者的角色。2021年7月8日，生态环境部发布，2021年7月将择时启动发电行业全国碳排放权交易市场上线交易。2021年7月15日，上海环境能源交易所发布公告，根据国家总体安排，全国碳排放权交易于2021年7月16日开市。

中国工厂和国际碳排放权交易商也正在从温室气体排放交易中获取巨额利润。化工厂减少向大气排放污染性的氢氟烃气体，可获得碳排放信用。这种信用在国际碳排放权交易市场上可售得5～15美元。据业内估计，用于减少氢氟烃气体排放的洗涤塔装置安装费用很低廉，一般工厂的安装费用为1000万～3000万美元。安装此类装置，可产生数以百万计的碳排放信用，因为作为一种温室气体，氢氟烃气体的效力比二氧化碳大许多倍。气候变化资本公司从中国氢氟烃气体项目获得了约5000万核证减排量即碳排放信用，价值高达7.5亿美元。碳排放信用额度的最终买家是发达国家政府，它们已同意按照《京都议定书》的要求减少其温室气体排放。这种做法完全合法，但也让工厂和企业得以通过碳排放信用交易获取大量利润。

1997年，全球100多个国家因全球变暖签订了《京都议定书》，该条约规定了发达国家的减排义务，同时提出了三个灵活的减排机制，碳排放权交易是其中之一。2005年，随着《京都议定书》的正式生效，碳排放权成为国际商品，越来越多的投资银行、对冲基金、私募基金以及证券公司等金融机构参与其中。基于碳交易的远期产品、期货产品、掉期产品及期权产品不断涌现，国际碳排放权交易进入高速发展阶段。

根据交易对象划分，国际碳市场可分为配额交易市场(allowance-based trade)和项目交易市场(project-based trade)两大类。配额交易市场：交易的对象主要是指政策制定者通过初始分配给企业的配额。如《京都议定书》中的配额量单位(AAU)、欧盟排放权交易体系使用的欧盟配额(EUA)。项目交易市场：交易对象主要是通过实施项目削减温室气体而获得的减排凭证；如由清洁发展机制(CDM)产生的核证减排量(CER)和由联合履约机制(JI)产生的减排单位(ERU)。其中，欧盟碳排放交易体系(EU ETS)的配额现货及其衍生品交易规模最大；2008年接近920亿美元，占据全球交易总量的3/5以上。

根据组织形式划分，碳交易市场可分为场内交易和场外交易。碳交易开始主要在场外市场进行交易，随着交易的发展，场内交易平台逐渐建立。截至2010年，全球已建立了20多个碳交易平台，遍布欧洲、北美、南美和亚洲市场。欧洲的场内交易平台最多，主要有欧洲气候交易所等。

根据法律基础划分，从碳市场建立的法律基础上看，碳交易市场可分为强制交易市场和自愿交易市场。如果一个国家或地区政府法律明确规定温室气体排放总量，并据此确定纳入减排规划中各企业的具体排放量，为了避免超额排放带来的经济处罚，那些排放配额不足的企业就需要向那些拥有多余配额的企业购买排放权,这种为了达到法律强制减排要求而产生的市场就称为强制交易市场。而基于社会责任、品牌建设、对未来环保政策变动等考虑,一些企业通过内部协议,相互约定温室气体排放量,并通过配额交易调节余缺,以达到协议要求,在这种交易基础上建立的碳市场就是自愿碳交易市场。

按照《京都议定书》的规定,协议国家承诺在一定时期内实现一定的碳排放减排目标,各国再将自己的减排目标分配给国内不同的企业。当某国不能按期实现减排目标时,可以从拥有超额配额或排放许可证的国家(主要是发展中国家)购买一定数量的配额或排放许可证,以完成自己的减排目标。同样地,在一国内部,不能按期实现减排目标的企业也可以从拥有超额配额或排放许可证的企业那里购买一定数量的配额或排放许可证,以完成自己的减排目标,排放权交易市场由此而形成。

当前我国大力发展绿色经济,将节能减排、推行低碳经济作为国家发展的重要任务,旨在培育以低能耗、低污染为基础,低碳排放为特征的新兴经济增长点。根据国家"十二五"规划,"两省五市"碳排放权交易试点在 2013 年内全面启动。扩大的碳排放权交易市场促进了新的产业机遇的产生,例如碳审计、碳排放权交易、碳管理、碳战略规划、碳金融等服务业将迅速发展。对于企业而言,碳排放权交易直接关系到企业的利润与经营状况。企业需要真正了解碳排放权交易的利与弊,增强对各个参与环节的认识,进行专业人才储备与经营战略的调整,化风险为机遇。同时,碳资产是继现金资产、实物资产、无形资产之后的第四类新型资产,将成为我国各类企业和金融机构资产配置的重要组成成分。

随着我国碳排放权交易市场的逐步扩大及日趋成熟,对拥有专业能力和技能的碳排放权交易市场新型人才的需求将快速增长。作为当前全国首个启动的碳市场,深圳碳排放权交易所结合实际运行机制及经验,推出低碳教育与培训系列课程,旨在培养碳排放权交易相关多层次高级人才,在保证我国低碳发展战略实施的同时,切实帮助试点企业、投资者、市场服务机构以及其他有志于投身碳排放权交易产业的机构和个人抓住"碳机遇"。

4.2.3.2　《碳排放权交易管理办法(试行)》的主要内容

第一章为总则。明确三级监管体系:生态环境部负责建设全国碳市场并制定配额管理政策、报告与核查政策及各类技术规范;省级生态环境主管部门组织排放配额分配与清缴、排放报告与核查等工作;设区的市级主管部门有"落实相关具体工作"的责任;由省、市级主管部门共同完成监督检查配额清缴情况和对违约主体的惩罚,由省级主管部门与生态环境部共同完成信息公开。

第二章为温室气体重点排放单位。纳入条件:属于全国碳排放权交易市场覆盖行业;年度温室气体排放量达到 2.6 万 t 二氧化碳当量。

第三章为分配与登记。碳排放配额分配以免费分配为主,适时引入有偿分配。鼓励重点排放单位、机构和个人,出于公益目的自愿注销其所持有的碳排放配额。

第四章为排放交易。交易产品为碳排放配额,适时增加其他交易产品。交易主体为重点排放单位、符合国家有关交易规则的机构和个人。交易方式有协议转让、单向竞价或其他方式。

第五章为排放核查与配额清缴。上一年度排放报告于每年 3 月 31 日前报生产经营场所所在地的省级生态环境主管部门;省级主管部门组织核查;重点排放单位每年可以使用国家核证自愿减排量抵消碳排放配额的清缴,抵消比例不得超过应清缴碳排放配额的 5%。

第六章为监督管理。由主管部门监督、公众媒体监督以及公众举报。

第七章为罚则。重点排放单位虚报、瞒报温室气体排放报告,或者拒绝履行温室气体排放报告义务的,由其生产经营场所所在地设区的市级以上地方生态环境主管部门责令限期改正,处一万元以上三万元以下的罚款。逾期未改正的,由重点排放单位生产经营场所所在地的省级生态环境主管部门测算其温室气体实际排放量,并将该排放量作为碳排放配额清缴的依据;对虚报、瞒报部分,等量核减其下一年度碳排放配额。重点排放单位未按时足额清缴碳排放配额的,由其生产经营场所所在地设区的市级以上地方生态环境主管部门责令限期改正,处二万元以上三万元以下的罚款;逾期未改正的,对欠缴部分,由重点排放单位生产经营场所所在地的省级生态环境主管部门等量核减其下一年度碳排放配额。

第八章为附则。解释了温室气体、碳排放、碳排放权和国家核证自愿减排量的含义,并说明本办法自 2021 年 2 月 1 日起施行。

4.3 碳核查

4.3.1 碳核查的概念

碳核查是指由第三方机构对碳排放单位提交的温室气体排放报告进行事后的独立核查和判断,以确定提交的排放数据是否有效。

碳交易是实现碳中和的重要一环,参与碳交易的企业主动申报碳排放量,然后根据国家给予的碳排放配额进行交易。为确保企业申报的碳排放量真实有效,必须由具有第三方资质的机构对其进行核查,因此碳核查是碳交易的必要前置工作。

碳核查的目的:

(1) 确保排放单位的温室气体排放报告符合核算指南要求,确保二氧化碳排放数据真实有效、客观公正;

(2) 为配额分配与清缴履约提供有力保障,为碳达峰碳中和目标的实现提供重要基础。

碳排放量的核算方法主要有两类,第一类是通过连续监测(浓度和流速)系统(如烟气排放连续监测系统(CEMS))直接测量温室气体排放量;第二类是基于计算的碳核算法,包括基于具体设施和工艺流程的碳质量平衡法计算、排放因子法计算。

生态环境部发布的《碳排放权交易管理办法(试行)》已于 2021 年 2 月 1 日起施行,其中对碳核查做出规定:省级生态环境主管部门应当组织开展对重点排放单位温室气体排放报告的核查,并将核查结果告知重点排放单位,核查结果应当作为重点排放单位碳排放配额清缴依据;省级生态环境主管部门可以通过政府购买服务的方式委托技术服务机构提供核查服务。

4.3.2 企业/组织碳核算及碳中和

4.3.2.1 背景概述

为共同应对全球气候变化,世界近 126 个国家已承诺在 2050 年前后实现碳中和。我国在 2020 年提出"二氧化碳排放力争于 2030 年前达到峰值,努力争取 2060 年前实现碳中和"。为实现应对气候变化目标,我国制定和实施了一系列应对气候变化的战略、法规、政策、标准与行动,构建起碳达峰、碳中和"1＋N"政策体系。

国家政策层面上,有《中共中央　国务院关于完整准确全面贯彻新发展理念做好碳达峰碳中和工作的意见》《2030 年前碳达峰行动方案》等。部门规章及实施细则层面,有《碳排放权交易管理办法(试行)》等。《碳排放权交易管理办法(试行)》是对企业影响最为直接的碳市场政策,规定重点排放单位应当根据国家发布的指南,编制温室气体排放报告,并清缴碳排放配额。

在全球气候问题、我国 30·60"双碳"目标及相应政策压力下,各相关方均在积极推进经济社会绿色转型,低碳与可持续发展成为当下经济社会发展的热点与趋势。

碳核算是一种测量工业活动向地球生物圈直接和间接排放二氧化碳及其当量气体的措施。企业碳核算是按照相关标准,对企业范围内碳排放的相关参数进行收集、统计、记录,并将所有排放相关数据进行计算、累加,得到企业温室气体排放总量的一系列活动。

4.3.2.2　碳核算标准

摸清企业等组织层面的温室气体排放(碳排放)现状,是各组织开展"双碳"工作的基础。目前国内外针对组织层面温室气体的核算与报告编制了相应标准,为组织层面核算温室气体提供了依据。

温室气体核算体系(GHG protocol)由世界资源研究所(WRI)与世界可持续发展工商理事会(WBCSD)联合建立,始于 1998 年,其宗旨是制定国际认可的温室气体核算方法与报告标准,并推广其使用。GHG protocol 自 2009 年发布以来已被国际社会广泛采用。该体系下出台了一系列核算标准,与企业碳核算相关的标准有《温室气体核算体系:企业核算与报告标准》和《温室气体核算体系:企业价值链(范围 3)核算和报告标准》。

1. ISO 14064—1

ISO 14064 于 2006 年由国际标准化组织发布,旨在帮助组织进行温室气体排放及移除的量化报告,由企业层面碳核算(ISO 14064—1)、项目层面碳核算(ISO 14064—2)及温室气体核查(ISO 14064—3)三部分组成。

ISO 14064—1 是国际社会广泛认可的企业碳核算基础标准,最新版为 2018 年更新修订版。

2. 国家发展改革委发布的核算指南

为有效落实建立完善温室气体统计核算制度,逐步建立碳排放权交易市场的目标,国家发展改革委在 2013—2014 年分批次组织制定并发布了 24 个重点行业企业温室气体排放核算方法与报告指南,为发电、电网、钢铁、化工、电解铝、镁冶炼、平板玻璃、水泥、陶瓷、民航、石油化工、电子设备制造、食品等企业提供了规范化和标准化的核算方法。

3. 生态环境部发布的核算指南

国家机构改革后,应对气候变化和减排职责划归至生态环境部。作为我国首批纳入全国碳市场管控的发电行业,为进一步加强其碳排放数据管理,生态环境部在 2021 年发布了《企业温室气体排放核算方法与报告指南　发电设施》,并结合实践中发现的问题于 2022 年进行了修订(《企业温室气体排放核算与报告指南　发电设施》)。

4．地方省市发布的核算指南

除了全国碳市场,我国 7 个试点碳市场主管部门也陆续发布了地方企业核算指南/标准,例如,北京市已发布道路运输、电力生产、服务、水泥制造、石油化工等行业核算标准;上海市发布了钢铁、电力、纺织、造纸、航空、有色、化工等行业核算标准;重庆市、湖北省也分别发布了工业企业核算方法和报告指南。

4.3.2.3　需要进行碳核算的企业/组织

1．重点排放单位

重点排放单位应当根据国家制定的企业温室气体排放核算与报告技术规范,核算温室气体排放量,编制温室气体排放报告,并上报至主管部门。根据生态环境部发布的《碳排放权交易管理办法(试行)》,属于全国碳排放权交易市场覆盖行业(包括发电、化工、建材、钢铁、民航、有色、造纸、石化),年度温室气体排放量达到 2.6 万 t 二氧化碳当量的,应当列为温室气体重点排放单位。

当前纳入碳市场管控,并需要进行报告、履约的行业主要为发电行业,该行业企业应按照生态环境部发布的《企业温室气体排放核算与报告指南　发电设施》完成企业温室气体排放核算和报告工作。其他覆盖行业内温室气体排放量达 2.6 万 t 的企业,将会被逐步纳入碳市场管控,当前可采用国家发展改革委发布的相应行业企业温室气体核算与报告指南,例如从事化工产品生产活动的企业可按照《中国化工生产企业温室气体排放核算方法与报告指南(试行)》提供的方法核算企业温室气体排放量并编制企业温室气体排放报告。未纳入全国碳市场管控,但是已纳入湖北、上海、北京等试点碳市场的重点排放单位,应采用当地相关标准进行企业碳核算。

2．其他组织

目前纳入全国和地方碳市场管控的企业范围有限,随着"双碳"目标的深入宣贯,越来越多未纳入管控的非重点排放企业也将陆续加入碳减排队伍,在开展温室气体排放量核算时可根据自身行业归属采用国内相应核算标准与指南,参考管控企业提前核算企业碳排放,做好充分准备。

企业和组织可采用国家制定的温室气体排放核算与报告技术规范或 ISO 14064—1 等标准核算组织温室气体排放量,挖掘节能减排潜力、扩大组织品牌影响力并应对资本、供应链的低碳要求。

4.4　低碳和节能减排

新时期节能减排总体要求:深入贯彻节约资源和保护环境基本国策,坚持绿色发展和低碳发展。坚持把节能减排作为落实科学发展观、加快转变经济发展方式的重要着力点,加快构建资源节约、环境友好的生产方式和消费模式,增强可持续发展能力。在制定实施国家有关发展战略、专项规划、产业政策及财政、税收、金融、价格和土地等政策过程中,要体现节能减排要求,发展目标要与节能减排约束性指标衔接,政策措施要有利于推进节能减排。

4.4.1 新时期节能减排要求

尽管近期我国能源发展取得了巨大成绩,但也面临着能源需求压力巨大、能源供给制约较多,能源生产和消费对生态环境损害严重,能源技术水平总体落后等挑战。我们必须从国家发展和安全的战略高度,审时度势,借势而为,做好全社会的节能减排工作。当前能源使用的严峻形势具体表现为能源供需矛盾突出、能源结构亟须调整、能源利用水平不高、能源环境亟待改善、能源安全重视不够等方面。

2015 年 5 月国务院正式印发《中国制造 2025》文件,主要从创新能力、质量效益、两化融合、绿色发展 4 个方面提出今后制造业主要发展方向,其中明确到 2020 年与 2025 年分别应达到的节能环保目标。

能源是经济的命脉,人类社会对能源的需求,首先表现为经济发展的需求。同时能源消耗方式的改变既促进人类社会进步,也促进经济的发展。反过来,经济发展又促进能耗的不断增加,由于能耗增长又带来了环境污染和资源短缺。所以,节能减排是经济发展的中心内容之一。

努力推进新时期节能减排工作,需要充分认识新时期节能减排工作的重要性、紧迫性和艰巨性。"十四五"时期,我国发展仍处于可以大有作为的重要战略机遇期。随着工业化、城镇化进程加快和消费结构持续升级,我国能源需求呈刚性增长,受国内资源保障能力和环境容量制约及全球性能源安全和气候变化影响,资源环境约束日趋强化,节能减排形势仍然十分严峻且任务艰巨。

需要国家和政府强化节能减排目标责任、调整优化产业结构、实施节能减排重点工程、加强节能减排管理、大力发展循环经济、加快节能减排技术开发和推广应用、强化节能减排监督检查、推广节能减排市场化机制、推进实施税收优惠政策、促进我国节能减排融资贷款。

4.4.2 企业节能减排规划

工业是我国实现经济发展方式转变的主战场,在节能减排中发挥着关键性作用。新时期国家按照建设资源节约型、环境友好型社会的战略要求,大力推进节能技术进步,积极提升企业能源管理水平,为实现我国节能减排目标作出更大的贡献。

国家主管部门一直坚持把重点用能企业节能作为抓好节能降耗的重中之重,故加强重点用能企业节能管理,对于提高整个工业领域能源利用效率和经济效益,确保国家节能减排目标的实现具有重要意义。

加强企业能源管理,建立节能减排保证体系的工作,不但是社会的要求,而且是企业自身的需要,做好节能减排工作,对提高企业经济效益有重要意义。加强企业节能减排的各项基础工作,是节能减排工作实施的必要条件。基础工作是否扎实,将直接关系到节能减排工作效果的好坏。

节能减排是两化融合的重要切入点,是促进产业结构调整的重要抓手,它改变了过去企业能源管理的粗放模式,极大地提高了企业的节能技术、装备和管理水平。

用信息化手段提升传统产业和节能减排水平是促进技术创新的重要内容。应加快信息技术、环保友好技术、资源综合利用技术及资源节约技术的融合发展,形成低消耗、可循环、低排放、可持续的产业结构和生产方式;推进能源资源管理和利用方式的转变,提高行业、企业资源综合利用的水平和效率。

1) 利用信息技术,促进节能减排

两化融合作为促进节能减排的重要举措和有效途径,在钢铁、石化、有色、建材、轻工、纺织、装备、信息产业等行业已取得了显著的成效和初步的经验。

2) 运用智能化技术,提高节能减排水平

推动重点用能设备的数字化、智能化,逐步开展用能企业能源管理中心项目建设,研究开发重点行业能源利用数字化解决方案。建立工业污染源、节能环保和工业固体废弃物综合利用信息平台,将是今后推进节能减排与两化融合的重点任务。

3) 抓好主要行业的节能减排规划

如石油和化工行业,要担负起历史责任,努力实现全国新时期节能减排目标,做好节能减排规划,具体内容如下。

(1) 积极推进节能减排。推进行业节能减排是调整产业结构、转变行业发展方式的工作,作为重点工作加以推动落实。

(2) 大力开展节能减排技术的推广与应用。

(3) 加强行业环境保护工作。参与建设项目环保准入等法律法规的制修订;配合生态环境部开展了化工环境风险防范调查及化工建设项目环境影响技术评估。

(4) 大力推进责任关怀。积极倡导以注重环境质量、关心健康水平、实现和谐发展为主要内容的责任关怀活动。

工业是我国实现经济发展方式转变的主战场,在节能减排中发挥着关键性作用,按照建设资源节约型、环境友好型社会的战略要求,大力推进节能减排技术进步,积极提升企业节能减排的管理水平,用新机制、新理念、新思路、新方法、新措施来破解当前节能减排工作中出现的新情况、新动向和新问题,可对工业企业节能减排科学发展起到促进作用,同时更好地指导当前的节能减排工作。

4.4.3　低碳和节能减排的关系

低碳经济是指以低能耗、低污染、低排放为基础的经济模式,其实质是通过能源高效利用、清洁能源开发实现企业的绿色发展。这种经济模式不仅意味着企业要加快淘汰高能耗、高污染的落后生产能力,推进节能减排的科技创新,同时也要求企业以身作则,引导员工和公众反思哪些习以为常的消费模式和生活方式是浪费能源、增排污染的不良行为,从而充分发掘行业和消费生活领域节能减排的巨大潜力。

目前在世界范围内,很多知名企业已将"低碳经济"和"碳足迹"作为衡量企业社会责任,实现企业新飞跃的发展方向。"碳足迹"作为最直观的环保新指标,是对企业理解和落实循环经济提出的更高实践标准,而低碳经济则是这种指标的具体落实。只有当企业和员工能同时自觉承担环境义务,进行自我约束和控制,才能真正实现其对消费者、国家以及整个人类生存环境的承诺。

低碳和节能减排的相同点:节约和减少能源使用,减少排放污染物和温室气体。低碳和节能减排的不同点:低碳主要是指提倡开发低碳、无碳排放的新能源,如风能、水能、潮汐能、地热能、太阳能、生物质能、核能等,加强碳转换;不仅从生产考虑,而且从消费方式、生存理念、生活方式要求过低碳生活,保证地球和人类社会可持续发展。

4.5　减污降碳与绿色发展

习近平总书记在党的十九大报告中明确了新时代我国社会的主要矛盾是"人民日益增长的美好生活需要和不平衡不充分的发展之间的矛盾"。其中,优美的生态环境正是民众对新时代美好生活的重要期待之一。党的十九大报告首次将"美丽"一词纳入中国社会主义现代化的建设目标,提出"建成富强民主文明和谐美丽的社会主义现代化强国"的目标,并要"积极推进绿色发展、着力解决突出环境问题、加大生态系统保护力度、改革生态环境监管体制"。报告中还指出公众是国家环境治理的重要主体之一。面对美好生态环境的建设需要,国家提出引导民众积极参与环境保护工作,倡导居民形成绿色消费方式和生活方式,努力建设美丽中国,打好生态环境保护的攻坚战,共同为建设美丽文明的社会而奋斗。

4.5.1　减污降碳

2021 年,我国生态环境质量继续改善,应对气候变化取得显著成效,减污降碳协同推进。大气和水环境质量持续向好,土壤环境治理扎实推进,国土空间布局不断优化,生态系统稳定性持续增强。碳达峰、碳中和"1+N"政策体系逐步构建,能源继续低碳转型,绿色产业稳步发展。

4.5.1.1　生态环境质量明显改善

1. 空气质量显著改善

2021 年,大气污染防治工作扎实推进。在工业领域,截至 2021 年年底,我国实现超低排放的煤电机组超过 10 亿 kW,节能改造规模近 9 亿 kW,灵活性改造规模超过 1 亿 kW。钢铁污染物减排成效明显,中国钢铁工业协会统计数据显示,截至 2021 年年底,已有 34 家大规模钢铁企业完成了超低排放改造,产能超过 2.2 亿 t。在生活领域,各地在保障供暖的前提下,因地制宜开展了清洁取暖改造,2021 年北方地区完成散煤治理约 420 万户,大大减少了由散煤燃烧造成的大气污染。通过持续开展重点区域、重点领域大气污染综合治理攻坚行动,我国空气质量明显改善,主要大气污染物排放量继续下降,空气质量优良天数比例持续增加。

2. 水环境质量持续提升

2021 年,水体治理工作扎实推进。河流治理方面,各地继续加强排污口管控,扎实推进碧水保卫战。在长江、黄河等重点流域建立健全水生态考核指标体系,对沿线入河排污口开展监测、溯源、整治工作。长江流域排污口溯源完成率达 80% 以上,整治排污口 7000 多个;黄河流域完成 7827 km 岸线排污口排查,登记入河排污口 4434 个。

3. 土壤环境状况总体保持稳定

各地继续加强土壤污染风险区域管控,开展农村面源污染整治,扎实推进净土保卫战。稳步推进"无废城市"建设试点,开展资源循环利用。在化工园区加强土壤污染风险管控和治理,开展 68 个国家级化工园区和 9 个重点铅锌矿区地下水环境状况调查评估。加强农业面源污染治理与监督,2021 年新增完成 1.6 万个行政村的环境整治。

4.5.1.2　生态系统稳定性进一步增强

1. 国土空间布局进一步优化

截至 2021 年年底,我国已完成全国生态保护红线勘界定标,划定 40737 个环境管控单元,形成生态保护红线全覆盖、多要素、能共享的生态环境管理"一张图"。建立了三江源国家公园、大熊猫国家公园、东北虎豹国家公园、海南热带雨林国家公园、武夷山国家公园等第一批国家公园,累计建成国家级自然保护区 474 个,国家公园 5 个,国土空间开发格局进一步优化。

2. 生态治理成效明显

2021 年,我国继续开展生态治理工程,新增水土流失治理面积 6.2 万 km^2,水土流失状况明显改善。长江、黄河上中游,东北黑土区等重点区域的水土流失面积和强度均实现下降。"十三五"期间,新增国家沙化土地封禁保护区 46 个,新建国家沙漠(石漠)公园 50 个,沙化土地封禁保护区面积 2660 万亩,荒漠化治理取得新成绩。

3. 生物多样性保护力度加大

2021 年,我国成功举办《生物多样性公约》缔约方大会第十五次会议(COP15)第一阶段会议,达成《昆明宣言》,宣布成立昆明生物多样性基金、设立第一批国家公园等东道国举措。组织开展"绿盾 2021"自然保护地强化监督工作,大力推进生态系统保护与修复监管。濒危野生动植物就地和迁地保护成效显著。长江流域开始实行重点水域十年禁捕。

4. 绿化环境持续变好

近年来,我国不断提升森林覆盖率和质量,推进城市绿化建设,生态碳汇能力得到持续巩固。2021 年完成造林面积 360 万 ha,种草改良面积 307 万 ha,治理沙化、石漠化土地 144 万 ha,退耕还林、退耕还草分别完成 38.08 万 ha 和 2.39 万 ha,开展草原生态修复 156.26 万 ha,全国累计建设"口袋公园"2 万余个,建设绿道 8 万余 km。

4.5.1.3　应对气候变化取得积极进展

1. 积极开展应对气候变化制度体系建设

2021 年 9 月 22 日,《中共中央　国务院关于完整准确全面贯彻新发展理念做好碳达峰碳中和工作的意见》对碳达峰、碳中和工作做出系统谋划,明确了 10 方面 31 项重点任务。2021 年 10 月 24 日,国务院印发《2030 年前碳达峰行动方案》,对碳达峰工作做出总体部署。2021 年 9 月,生态环境部印发《碳监测评估试点工作方案》,聚焦重点行业、城市和区域开展监测试点工作。能源、工业、交通运输、城乡建设等重点行业和领域的政策措施也将陆续出台;财政、金融、标准计量等政策体系,以及督查考核等保障方案将不断完善。碳达峰、碳中和"1＋N"政策体系开始构建。

2. 能源供给和消费继续向绿色低碳转型

截至 2021 年年底,我国全口径发电装机容量 23.8 亿 kW,全口径非化石能源发电装机容量达到 11.2 亿 kW,首次超过煤电装机的规模。2021 年,我国能源供给和消费持续向绿色低碳转型。从消费端看,煤炭消费量占能源消费总量的比重由 2005 年的 72.4% 下降至

2021 年的 56%。天然气、水电、核电、风电、太阳能发电等清洁能源消费量占能源消费总量的比重由 2012 年的 14.5%提高到 2021 年的 25.5%。从生产端看,非化石能源发电比重持续上升。

3. 绿色产业快速发展

2021 年全国万元国内生产总值(GDP)二氧化碳排放下降 3.8%,相比 2017 年累计下降 18.0%。产业结构不断优化,钢铁行业完成 1.5 亿 t 落后产能淘汰目标,电解铝、水泥行业落后产能已基本退出;高技术制造业、装备制造业增加值占规模以上工业增加值的比重分别达到 15.1%和 33.7%,比重进一步提升。我国绿色低碳产业初具规模,部分产业位居世界领先水平。2024 年前三季度我国新能源汽车产销分别达到 831.6 万辆和 832 万辆,同比分别增长 31.7%和 32.5%。太阳能电池组件在全球市场占比超过七成。全国各地推进绿色工业园区建设,绿色制造体系已成为绿色转型的重要支撑。

4.5.2　绿色发展

2021 年 3 月 15 日,中央财经委员会第九次会议重点研究促进平台经济健康发展问题和实现碳达峰、碳中和的基本思路和主要举措。会议强调,这个目标事关中华民族永续发展和构建人类命运共同体。要构建清洁低碳安全高效的能源体系,控制化石能源总量,着力提高利用效能,实施可再生能源替代行动,深化电力体制改革,构建以新能源为主体的新型电力系统;要实施重点行业领域减污降碳行动,工业领域要推进绿色制造,建筑领域要提升节能标准,交通领域要加快形成绿色低碳运输方式;要推动绿色低碳技术实现重大突破,抓紧部署低碳前沿技术研究,加快推广应用减污降碳技术,建立完善绿色低碳技术评估、交易体系和科技创新服务平台;要完善绿色低碳政策和市场体系,完善能源"双控"制度,完善有利于绿色低碳发展的财税、价格、金融、土地、政府采购等政策,加快推进碳排放权交易,积极发展绿色金融;要倡导绿色低碳生活,反对奢侈浪费,鼓励绿色出行,营造绿色低碳生活新时尚;要提升生态碳汇能力,强化国土空间规划和用途管控,有效发挥森林、草原、湿地、海洋、土壤、冻土的固碳作用,提升生态系统碳汇增量;要加强应对气候变化国际合作,推进国际规则标准制定,建设绿色丝绸之路。

2022—2031 年,我国绿色发展前景展望:未来十年是生态文明建设的关键时期。我国将以降碳为重点战略方向,推动减污降碳协同增效。到 2031 年,我国生态环境质量将持续改善,绿色低碳转型将扎实推进,为到 2035 年基本实现"美丽中国"建设目标奠定坚实基础。

4.5.2.1　生态环境质量持续改善

1. 大气环境质量将持续向好

通过持续深入开展大气污染治理,未来一段时间我国大气污染物浓度将持续下降,重点区域和行业的污染物将得到消减。通过减排改造,大气减污降碳协同增效将取得显著成效。根据预测,改造 2000 余万户家庭的清洁取暖方式,将削减散煤使用量 5000 余万 t。预计 2025 年,地级及以上城市 $PM_{2.5}$ 浓度将下降 10%,空气质量优良天数比率将达到 87.5%,重污染天气将消除。预计到 2031 年,我国大气环境质量将持续改善,主要污染物排放总量将持续下降,城市空气质量达标天数比率将达到 74%,$PM_{2.5}$ 浓度将降至 24 $\mu g/m^3$(图 4-4)。

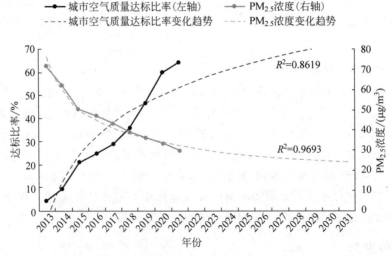

图 4-4　城市空气质量达标天数比率和 PM$_{2.5}$ 浓度变化趋势

资料来源：2013—2021 年数据来自《中国生态环境状况公报》，2022—2031 年数据为根据历史趋势预测的结果

2. 水环境将更加宜人

2022 年开始，各地重点排查地级、县级未完成治理、治理效果不稳定和新增的黑臭水体，从污水管网建设、雨污分流、污水处理能力、农村面源污染、垃圾污染等方面加强源头污染治理，并开展岸线修复、生态用水保护等生态修复工程。预计 2025 年，地表水Ⅰ～Ⅲ类水体比率将达到 85%，近岸海域水质优良（Ⅰ、Ⅱ类）比率将进一步提升，城市黑臭水体将基本消除。预计到 2031 年，水生态环境将朝着更美丽、更宜人的方向迈进，地表水Ⅰ～Ⅲ类水质断面比率将达到 88%，Ⅳ～Ⅴ类水质断面比率将降至 6% 以下，劣Ⅳ类水质将基本消除（图 4-5）。

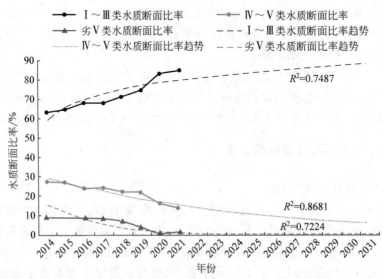

图 4-5　全国地表水监测断面水质趋势

资料来源：2014—2021 年数据来自《中国生态环境状况公报》，2022—2031 年数据为根据历史趋势预测的结果

3．土壤污染风险进一步降低

"十四五"期间,我国土壤环境管控将以质量稳定、风险可控为重点;到 2031 年,全国土壤环境质量将稳中向好,农用地和建设用地土壤环境安全将得到有效保障,土壤环境风险将得到全面管控。

4．生态系统更加优美

未来十年,各项生态保育重大工程将全面实施,青藏高原生态屏障区,黄河、长江等重点生态区将开展生态系统保护和修复。森林、草原、湿地、河湖等生态系统质量将全面改善,生态系统服务功能继续提升,生态稳定性增强,国家生态屏障安全得到保障,生物多样性保护全面加强。开展整体系统的生态保护修复,有利于提升环境容量,同时增加生态系统碳汇能力,对减污降碳协同增效起到积极作用。

4.5.2.2　加快推进绿色低碳转型步伐

1．能源低碳转型稳步推进

构建以新能源为主体的新型电力系统是实现碳达峰、碳中和的必然要求。根据预测,2022 年我国非化石能源发电装机投产约 1.8 亿 kW,累计将达到约 13 亿 kW,非化石能源发电装机占总装机比重有望首次达到 1/2。其中,水电 4.1 亿 kW、并网风电 3.8 亿 kW、并网太阳能发电 4.0 亿 kW、核电 5557 万 kW、生物质发电 4500 万 kW 左右。到 2031 年,非化石能源发电装机容量将持续上升,风电、太阳能发电总装机容量预计将达到 12 亿 kW 以上,能源低碳转型将取得显著成效。

2．绿色技术将蓬勃发展

国际能源署研究表明,全球约有 26% 的碳中和技术处于成熟阶段,尚有 39% 的技术处于早期应用阶段,仍有 36% 的技术处于原型期或示范期,发展空间巨大。预计 2025 年,我国绿色环保产业产值将达到 11 万亿元,在风电、光伏、储能电池、电动汽车等领域的技术创新全球领先地位将得到巩固。到 2031 年,新能源、新材料、新能源汽车、绿色智能船舶、高端装备、能源数字化等绿色环保战略性新兴产业的竞争力将继续提升,带动经济社会绿色低碳发展。

3．重点行业领域继续推进低碳转型

未来一段时间,我国的城镇化和工业化进程仍将持续推进,国内市场对基础原材料的需求仍然旺盛,钢铁、建材、有色金属、石油化工等高耗能、高排放行业仍将保持稳定发展态势。这些行业需要大量化石能源,其原材料生产、生产过程、副产品、包装运输及使用等,也会产生碳排放。这就要求在重点行业领域持续控制化石能源总量,提高利用效能,着力提升电气化水平,实施可再生能源替代方案。未来一段时间,钢铁、建材、有色金属、石油化工等工业的低碳化改造,以及绿色建筑、绿色交通的推广普及,将是重要工作。在重点行业领域低碳转型战略布局推动下,预计到 2031 年以前,非化石能源占一次能源消费比重将达到 1/4。

课外阅读材料

1. 习近平在气候雄心峰会上发表的讲话(节选)

2020 年 12 月 12 日,国家主席习近平在气候雄心峰会上通过视频发表题为《继往开来,开启全球应对气候变化新征程》的重要讲话,宣布中国国家自主贡献一系列新举措。

当前,国际格局加速演变,新冠肺炎疫情触发对人与自然关系的深刻反思,全球气候治理的未来更受关注。在此,我提 3 点倡议。

第一,团结一心,开创合作共赢的气候治理新局面。在气候变化挑战面前,人类命运与共,单边主义没有出路。我们只有坚持多边主义,讲团结、促合作,才能互利共赢,福泽各国人民。中方欢迎各国支持《巴黎协定》,为应对气候变化作出更大贡献。

第二,提振雄心,形成各尽所能的气候治理新体系。各国应该遵循共同但有区别的责任原则,根据国情和能力,最大程度强化行动。同时,发达国家要切实加大向发展中国家提供资金、技术、能力建设支持。

第三,增强信心,坚持绿色复苏的气候治理新思路。绿水青山就是金山银山。要大力倡导绿色低碳的生产生活方式,从绿色发展中寻找发展的机遇和动力。

中国为达成应对气候变化《巴黎协定》作出重要贡献,也是落实《巴黎协定》的积极践行者。今年 9 月,我宣布中国将提高国家自主贡献力度,采取更加有力的政策和措施,力争 2030 年前二氧化碳排放达到峰值,努力争取 2060 年前实现碳中和。

在此,我愿进一步宣布:到 2030 年,中国单位国内生产总值二氧化碳排放将比 2005 年下降 65% 以上,非化石能源占一次能源消费比重将达到 25% 左右,森林蓄积量将比 2005 年增加 60 亿立方米,风电、太阳能发电总装机容量将达到 12 亿千瓦以上。

中国历来重信守诺,将以新发展理念为引领,在推动高质量发展中促进经济社会发展全面绿色转型,脚踏实地落实上述目标,为全球应对气候变化作出更大贡献。

习近平主席的重要讲话为全球气候治理注入信心和力量,展现了中国坚定支持多边主义,坚定支持《巴黎协定》全面有效实施的一贯立场,彰显了中国推动构建人类命运共同体的大国胸怀和责任担当。

2. 中国"双碳"战略及国际零排放路线

2015 年 12 月,世界相关国家达成《巴黎协定》,确立了以国家自主贡献为主要方式的减排机制,要求缔约方向联合国气候变化框架公约提交国家自主贡献,同时实施能够实现其目标的政策,每五年更新其发展计划。随着其发展战略的不断更新,净零排放承诺国家不断增多。《巴黎协定》的目标是将全球平均温度较工业化前水平升高控制在 2℃ 以内,并努力把升温控制在 1.5℃ 以内。2015 年后,各国纷纷宣布二氧化碳净零排放承诺,同意 21 世纪下半叶实现温室气体人为排放和吸收的平衡,即达到碳中和。2020 年 9 月 22 日,我国在第七十五届联合国大会上提出"中国将提高国家自主贡献力度,采取更加有力的政策和措施,二氧化碳排放力争于 2030 年前达到峰值,努力争取 2060 年前实现碳中和"。根据联合国气候变化框架公约(UNFCCC)秘书处 2019 年 9 月报告:目前,全球已有 60 个国家承诺到 2050 年甚至更早实现零碳排放。

碳达峰是指二氧化碳排放量达到历史最高值,然后经历平台期进入持续下降的过程,是二氧化碳排放量由增转降的历史拐点,标志着碳排放与经济发展实现脱钩,达峰目标包括达峰年份和峰值。所谓碳中和是指某个地区在一定时间内(一般指一年)人为活动直接和间接排放的二氧化碳,与其通过植树造林等吸收的二氧化碳相互抵消,实现二氧化碳"净零排放"。碳达峰与碳中和紧密相连,碳达峰是碳中和的基础和前提,碳达峰的早晚和达到碳总量的高低将直接影响到未来碳中和实现的时间长短和达成目标的难易程度。

碳达峰、碳中和是一场极其广泛深刻的绿色工业革命。2012 年将碳达峰及经济发展与碳排放实现彻底脱钩,为第四次工业革命最显著的基本特征之一,即不同于前三次工业革命经济增长碳排放增长的基本特征,实质上是从黑色工业革命转向绿色工业革命,从不可持续的黑色发展到可持续的绿色发展。我国成为绿色工业革命的发动者、创新者。欧盟等发达国家在第四次工业革命中先行一步,我国则是要继续完成第一次、第二次、第三次工业革命的主要任务,即到 2035 年基本实现新型工业化、信息化、城镇化、农业农村现代化,建成现代化经济体系;与此同时,要率先创新绿色工业化、绿色现代化。绿色现代化本质是不同于黑色高碳要素的传统现代化,而是创新绿色要素,加速实现从高碳经济转向低碳经济,是以减少温室气体排放为主要目标,构筑低能耗、低污染为基础的经济发展体系,进而实现零碳经济目标,或者通过碳汇实现碳中和的绿色经济发展体系。

我国需要采取几方面的实际措施。一是全国主要城市,特别是北方地区城市应大幅度削减煤炭直接消费需求,像北京那样成为"无煤城市"(无煤发电、无煤取暖、无煤消费);二是遏制煤炭行业新的"大跃进",国家不再批准煤炭行业的重大投资项目,采取有力措施削减煤炭生产能力;三是国有商业银行不再为煤炭行业提供固定资产投资新增贷款,避免在新一轮的去产能过程中造成超大规模的呆账坏账;四是制定煤炭限产减产方案,对主动退出煤炭生产供应的企业实行"退役竞标",可获得政府的必要补偿,主要支持几百万转岗转业人员再培训再就业,并将转岗保就业工作作为重中之重;五是着手制定全行业退出方案和补偿措施,到 2035 年之前基本完成煤炭产业的退出,由此形成倒逼机制,加快人员退出和转移行业。此外,我国还要超前制定高碳行业,如钢铁、有色金属、建材、水泥、石油化工等低碳化、绿色化的结构性改革专项方案,进而推动国家工业从黑色发展向绿色发展、从高碳化到低碳化发展、从有碳到无碳发展的重大转型。我国有关部门正在编制《国家适应气候变化战略 2035》,实现更加可行的低碳、零碳路线图。

第四次工业革命的重大标志就是绿色能源与信息化、网络化、数字化、智能化融合式发展。它将不仅使经济发展与碳排放脱钩,而且更加有效地提高绿色能源的效率,使绿色能源成为新兴战略性产业,成为推动经济增长的新动能。

思考题

1. 概述碳达峰、碳中和的定义以及"双碳"目标。
2. 国际碳排放权交易市场的不同划分标准和各自的区别是什么?
3. 碳核查的目的是什么?
4. 概述减污降碳、绿色发展的作用和意义。

第 **5** 章

清洁生产法律法规和政策

5.1 清洁生产法律法规

5.1.1 《中华人民共和国环境保护法》

从 1989 年《中华人民共和国环境保护法》(简称《环境保护法》)通过,到 2014 年修订再次颁布,经历了 25 年,而这 25 年是我国经济增长最迅速,社会政治、经济、文化发生深刻变革的 25 年。可持续发展成为全球共识,依法治国成为治国方略,科学发展观强调社会经济的发展必须与自然生态保护相协调,在社会经济的发展中要努力实现人与自然之间的和谐发展。生态文明为统筹人与自然和谐发展指明了前进方向。《环境保护法》由第十二届全国人民代表大会常务委员会第十一次会议于 2014 年 4 月 24 日修订通过,自 2015 年 1 月 1 日起施行。这部法律的主要内容见图 5-1。

《环境保护法》出台的作用和意义。

1. 明确生态文明建设和可持续发展理念

新《环境保护法》调整了环境保护和经济发展的关系,将"使环境保护工作同经济建设和社会发展相协调"修改为"使经济社会发展与环境保护相协调",与党的十八大将生态文明建设融入"五位一体"总体布局的精神相一致。

2. 明确基本国策和基本原则

新《环境保护法》增加了环境保护是国家的基本国策的规定,彰显了国家对环境与发展相协调一致的清醒认识和战略考虑。明确了环境保护坚持保护优先、预防为主、综合治理、公众参与、损害担责的原则。

3. 完善环境管理制度体系

为体现生态文明建设的新理念,贯彻将生态文明建设纳入经济建设、政治建设、文化建设、社会建设全过程的精神,实现国家治理体系和治理能力现代化的目标。新《环境保护法》确立了若干新的环境管理制度,如生态保护红线制度、区域限批制度、环境健康风险评估制度、生态补偿制度、总量控制制度、污染物排放许可制度、农村农业污染防治制度、环境保险制度等。同时,对原有环境管理制度,如环境规划制度、环境影响评价制度、限期治理制度、环境事故应急制度等,也进行了调整完善。

4. 强化义务与责任

新《环境保护法》规定各级政府应承担责任:一是对本行政区域的环境质量负责;二是

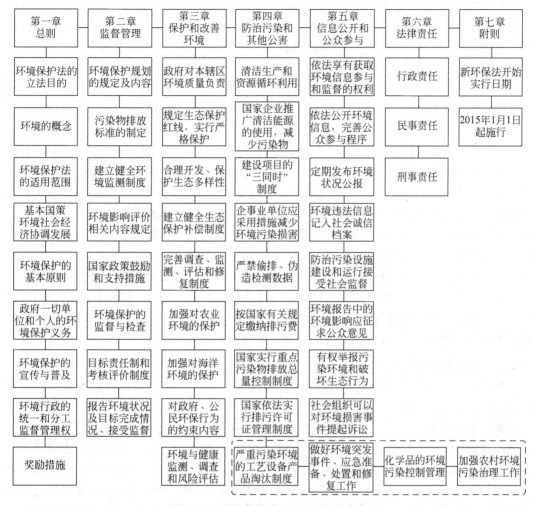

图 5-1　《环境保护法》(2014)主要内容

改善环境质量;三是加大财政投入;四是加强环境保护宣传和普及工作;五是对生活废弃物进行分类处置;六是推广清洁能源的生产和使用;七是做好突发环境事件的应急准备;八是统筹城乡污染设施建设;九是接受同级人大及其常委会的监督。同时明确了政府不依法履行职责应承担相应的法律责任。

《环境保护法》是我国环境保护的基本法,是推行清洁生产与循环经济的基本依据。

5.1.2　《中华人民共和国清洁生产促进法》

1.《清洁生产促进法》的立法目的与原则

《清洁生产促进法》第一条明确规定了立法目的:"为了促进清洁生产,提高资源利用效率,减少和避免污染物的产生,保护和改善环境,保障人体健康,促进经济与社会可持续发展,制定本法。"

《清洁生产促进法》的立法遵循了促进经济和社会可持续发展的立法原则。我国的《清洁生产促进法》充分借鉴了世界各国的先进经验,把促进经济和社会可持续发展作为主要立法原则,规定政府及其行政主管部门负责领导、组织、协调清洁生产促进工作,把经济发展的主体企业作为实施清洁生产的主体,并以财政税收政策、产业政策、技术开发和推广政策以及经济规划和计划制度等经济性手段来推行和实施清洁生产。作为发展中国家,我国的环境问题大半是由发展不足造成的,我们必须致力于发展工作,牢记我们的优先任务和保护及改善环境的必要性。《清洁生产促进法》在保障和提高经济效益的前提下,使经济生产本身充分考虑环境价值和环境效益,可见《清洁生产促进法》是经济法的范畴,是一部渗透了充分尊重和考虑环境的全新经济发展理念的经济法。

《清洁生产促进法》在实施中应该贯彻四个原则。

一是推进清洁生产与结构调整相结合的原则。通过结构调整,实施清洁生产,实现节能、降耗、减污、增效,促进工业经济发展方式从粗放型向集约型转变。二是推进清洁生产与企业技术进步相结合的原则。通过技术进步和技术改造,提高设备的先进性,最大限度地提高资源利用效率,从而减少污染物的排放。三是推进清洁生产与加强企业管理相结合的原则。通过企业建立自我约束机制,建立强有力的管理机构,明确目标,制定规划,将清洁生产作为企业自主自愿的自觉行动,保证污染预防的方针和目标得以贯彻落实。四是推进清洁生产与环境监督、环境管理相结合的原则。通过严格的环境执法,加大环境监督力度,对促进企业控制污染排放也极有意义。通过《清洁生产促进法》的实施,我国的环境保护工作必然能迈上一个新的台阶,可持续发展的步伐会更加坚实。

2.《清洁生产促进法》的主要内容

2003 年 1 月 1 日起正式施行的《清洁生产促进法》是我国第一部以污染预防为主要内容,以推行清洁生产为目的的专门法律。该法律全文共 6 章 40 条。

第一章为总则,共 6 条。明确了实施清洁生产的目的,主要是提高资源的利用率,减少和避免污染物的产生,保护和改善环境,保障人体健康,促进经济和社会可持续发展。界定了清洁生产的定义,提出本法所称清洁生产,是指不断改进设计,使用清洁的能源和原料,采用先进的工艺技术和设备,改善管理、综合利用等措施,从源头削减污染,提高资源利用效率,减少或者避免生产、服务和产品使用过程中污染的产生和排放,以减轻或者消除对人类健康和环境的危害。国家鼓励和促进清洁生产,各级政府应当把清洁生产纳入国民经济和社会发展计划以及环境保护、资源利用、产业发展、区域开发等规划。国家鼓励开展有关清洁生产的科学研究、技术开发和国际合作,组织宣传普及清洁生产知识,推广清洁生产技术。

第二章为清洁生产的推行,共 11 条。提出了国家应当制定有利于实施清洁生产的财政税收政策、产业政策、技术开发和推广政策,县级以上人民政府应合理规划本行政区的经济布局,调整产业结构,发展循环经济,促进企业在资源和废物综合利用等领域进行合作,实现资源的高效利用和循环使用。各级政府的有关行政主管部门,应当组织和支持建立清洁生产信息系统和技术咨询服务体系,向社会提供有关清洁生产的方法、技术、工艺和设备。国家对浪费资源和严重污染环境的落后生产技术、工艺设备和产品实行限期淘汰制度,支持清洁生产的示范和推广工作。教育行政主管部门,应当把清洁生产技术和管理课程纳入有关高等教育、职业教育和技术培训体系。培养清洁生产管理和技术人员,提高国家工作人员、企业经营管理者和公众的清洁生产意识。加强对清洁生产实施的监督。

第三章为清洁生产的实施,共 12 条。首先对新、改、扩建项目进行环境影响评价提出了要求,要求项目在原料使用、资源消耗、资源综合利用以及污染的产生与处置方面进行分析论证,优先采用资源利用率高以及污染物产生量少的清洁生产技术、工艺和设备;要求企业在进行技术改造过程中,采用无毒、无害或低毒、低害的原料,替代毒性大,危害严重的原料;采用资源利用率高、污染物产生量少的工艺和设备,替代资源利用率低,污染物产生量多的工艺和设备;对生产过程中产生的废物、废水和余热进行综合利用或者循环使用;采用能够达到国家或地方规定的污染物排放标准和污染物总量控制指标的污染防治技术。对矿产资源的勘查、开采做了明确规定,要求采用有利于合理利用资源、保护环境和防治污染的勘查、开采方法和工艺技术,提高资源利用水平。企业应当对生产和服务过程中的资源消耗以及废物的生产情况进行监测,并根据需要对生产和服务实施清洁生产审核。企业根据自愿原则,通过环境管理体系认证,提高清洁水平。

第四章为鼓励措施,共 5 条。国家建立清洁生产表彰奖励制度,对在清洁生产中做出显著成绩的单位和个人,由政府给予表彰和奖励,对使用废物生产产品和从废物中回收原料的,税务机关按照国家有关规定,减征或者免征增值税。企业用于清洁生产审核和培训的费用可以列入企业的经营成本。

第五章为法律责任,共 5 条。对污染物排放超过国家或地方规定的排放标准或经地方人民政府核定的污染物排放总量指标的企业,使用有毒有害原料进行生产或者在生产中排放有毒有害物质的企业,应定期实施清洁生产审核。如不实施清洁生产审核或不如实报告审核结果的,由县级以上地方人民政府负责清洁生产综合协调的部门、环境保护部门按照职责分工责令限期改正;拒不改正的,处以五万元以上五十万元以下的罚款。

第六章为附则,共 1 条。规定了该法于 2002 年 6 月 29 日首次颁布,2003 年 1 月 1 日起施行。2012 年 2 月 29 日完成修订并自 2012 年 7 月 1 日起施行。

5.1.3　《清洁生产审核办法》

5.1.3.1　《清洁生产审核办法》的出台背景和重要性

《清洁生产审核办法》(简称《审核办法》)第一条明确规定了立法的目的:"为促进清洁生产,规范清洁生产审核行为,根据《中华人民共和国清洁生产促进法》,制定本办法。"

1. 为了适应发展新形势,贯彻落实《清洁生产促进法》

2010 年,全国人大常委会开展了《清洁生产促进法》的执法检查,指出了管理部门的认识和职责不到位、企业主体责任未落实和激励措施匮乏等问题,并给出了工作建议。在此背景下,2012 年对《清洁生产促进法》进行了修改,对清洁生产审核制度进行了调整,涉及清洁生产审核工作程序的要求以及应实施清洁生产审核的企业和承担评估验收的部门、单位、工作人员的法律责任等多项内容。因此对《清洁生产审核暂行办法》(简称《审核暂行办法》)进行修订是贯彻落实《清洁生产促进法》的迫切要求,有必要尽快对清洁生产审核实施的相关内容进行进一步的完善。

2. 解决实践中的问题,创新完善清洁生产审核制度

2004 年《清洁生产审核暂行办法》发布以后,清洁生产审核制度逐渐成为我国清洁生产推进的一项具有很强可操作性的手段和工具。清洁生产审核作为推进清洁生产的重要途径和手段,在全国 31 个省、自治区、直辖市工业企业清洁生产审核中都取得了明显的成效。

但是,随着清洁生产审核工作的日趋深入,该项制度在实施过程中的问题也逐渐显现:一是管理部门职能交叉严重,缺乏统筹协调的沟通机制;二是清洁生产审核技术咨询服务水平亟待提高,且恶性竞争较为普遍,严重影响了审核质量;三是企业开展清洁生产审核缺乏内在驱动力,单纯依靠咨询机构开展工作,清洁生产审核往往以通过评估验收为目的。

综上,《审核暂行办法》已不能适应对全国清洁生产审核进行有效管理的需要。2015年国家发展改革委、环境保护部开始组织《审核暂行办法》的修订,依托前期的研究成果,遵循注重实用性、连续性和可操作性原则,在保持《审核暂行办法》的基本框架下,形成了《审核办法》,并于2016年5月16日正式发布。

5.1.3.2　《清洁生产审核办法》的主要内容

2016年7月1日起施行的《清洁生产审核办法》是为了进一步规范清洁生产审核程序,更好地指导地方和企业开展清洁生产审核。全文共6章40条。

第一章为总则,共5条。为促进清洁生产,规范清洁生产审核行为,根据《清洁生产促进法》,制定本办法。本办法所称清洁生产审核,是指按照一定程序,对生产和服务过程进行调查和诊断,找出能耗高、物耗高、污染重的原因,提出降低能耗、物耗、废物产生以及减少有毒有害物料的使用、产生和废弃物资源化利用的方案,进而选定并实施技术经济及环境可行的清洁生产方案的过程。本办法适用于中华人民共和国领域内所有从事生产和服务活动的单位以及从事相关管理活动的部门。国家发展改革委会同环境保护部负责全国清洁生产审核的组织、协调、指导和监督工作。县级以上地方人民政府确定的清洁生产综合协调部门会同环境保护主管部门、管理节能工作的部门(简称"节能主管部门")和其他有关部门,根据本地区实际情况,组织开展清洁生产审核。清洁生产审核应当以企业为主体,遵循企业自愿审核与国家强制审核相结合、企业自主审核与外部协助审核相结合的原则,因地制宜、有序开展、注重实效。

第二章为清洁生产审核范围,共3条。清洁生产审核分为自愿性审核和强制性审核。国家鼓励企业自愿开展清洁生产审核。本办法第八条规定以外的企业,可以自愿组织实施清洁生产审核。第八条:有下列情形之一的企业,应当实施强制性清洁生产审核:污染物排放超过国家或者地方规定的排放标准,或者虽未超过国家或者地方规定的排放标准,但超过重点污染物排放总量控制指标的;超过单位产品能源消耗限额标准构成高耗能的;使用有毒有害原料进行生产或者在生产中排放有毒有害物质的。

第三章为清洁生产审核的实施,共6条。各省级环境保护主管部门、节能主管部门应当按照各自职责,分别汇总提出应当实施强制性清洁生产审核的企业单位名单,由清洁生产综合协调部门会同环境保护主管部门或节能主管部门,在官方网站或采取其他便于公众知晓的方式分期分批发布。列入实施强制性清洁生产审核名单的企业应当在名单公布后两个月内开展清洁生产审核。自愿实施清洁生产审核的企业可参照强制性清洁生产审核的程序开展审核。清洁生产审核程序原则上包括审核准备、预审核、审核、方案的产生和筛选、方案的确定、方案的实施、持续清洁生产等。

第四章为清洁生产审核的组织和管理,共13条。清洁生产审核以企业自行组织开展为主。对企业实施清洁生产审核评估的重点是对企业清洁生产审核过程的真实性、清洁生产审核报告的规范性、清洁生产方案的合理性和有效性进行评估。对企业实施清洁生产审核的效果进行验收,应当包括以下主要内容:企业实施完成清洁生产方案后,污染减排、能源资源利用效率、工艺装备控制、产品和服务等改进效果,环境、经济效益是否达到预期目标;按照清洁生产评价指标体系,对企业清洁生产水平进行评定。自愿实施清洁生产审核的企业如需评估验收,可参照强制性清洁生产审核的相关条款执行。清洁生产审核评估验收的结果可作为落后产能界定等工作的参考依据。国家发展改革委、环境保护部会同相关部门建立国家级清洁生产专家库,发布行业清洁生产评价指标体系、重点行业清洁生产审核指南,组织开展清洁生产培训,为企业开展清洁生产审核提供信息和技术支持。

第五章为奖励和处罚,共 10 条。对自愿实施清洁生产审核,以及清洁生产方案实施后成效显著的企业,由省级清洁生产综合协调部门和环境保护主管部门、节能主管部门对其进行表彰,并在当地主要媒体上公布。各级清洁生产综合协调部门应当将企业清洁生产实施方案中的提高能源资源利用效率、预防污染、综合利用等清洁生产项目列为重点领域,加大投资支持力度。排污费资金可以用于支持企业实施清洁生产。企业委托的咨询服务机构不按照规定内容、程序进行清洁生产审核,弄虚作假、提供虚假审核报告的,由各级清洁生产综合协调部门会同环境保护主管部门或节能主管部门责令其改正,并公布其名单。造成严重后果的,追究其法律责任。

第六章为附则,共 3 条。规定了本办法由国家发展改革委及环境保护部负责解释。各省、自治区、直辖市、计划单列市及新疆生产建设兵团可以依照本办法制定实施细则。本《审核办法》自 2016 年 7 月 1 日起施行。原《清洁生产审核暂行办法》同时废止。

5.2　推动清洁生产的相关政策

5.2.1　《"十四五"全国清洁生产推行方案》加快推行清洁生产

5.2.1.1　《"十四五"全国清洁生产推行方案》出台背景

近年来,各地区各部门深入贯彻党中央、国务院决策部署,严格落实法律要求,大力推动工业、农业等领域清洁生产,取得积极进展。一是法规政策体系逐步健全。制定出台《清洁生产审核办法》和《清洁生产审核评估与验收指南》,发布实施钢铁、火电等 51 个行业清洁生产评价指标体系和 35 个重点行业清洁生产技术推行方案。二是重点工业行业清洁生产水平大幅提升。火电等行业清洁生产已达国际领先水平。三是主要工业行业污染物产生强度明显下降。根据第二次污染源普查显示,铅锌冶炼行业二氧化硫产生强度下降 97%、颗粒物产生强度下降 90%。四是农业、服务业清洁生产积极推进。农业领域化肥、农药使用量连续 4 年保持负增长。电商、快递、外卖等领域塑料包装物减量工作持续深化,包装物回收利用率大幅提升。

"十四五"时期,我国生态文明建设进入了以降碳为重点战略方向、推动减污降碳协同增效、促进经济社会发展全面绿色转型、实现生态环境质量改善由量变到质变的关键时期。2021 年 9 月 22 日,《中共中央　国务院关于完整准确全面贯彻新发展理念做好碳达峰碳中和工作的意见》发布,同年 10 月 24 日,国务院印发《2030 年前碳达峰行动方案》,都对推行清洁生产提出了明确要求。为深入贯彻落实党中央、国务院决策部署,充分发挥清洁生产在减污降碳协同增效的重要作用,加快形成绿色生产方式,促进经济社会发展全面绿色转型,根据《清洁生产促进法》有关要求,经国务院同意,国家发展改革委联合生态环境部、工业和信息化部、科技部、财政部、住房城乡建设部、交通运输部、农业农村部、商务部、市场监管总局印发《"十四五"全国清洁生产推行方案》(简称《方案》),全面部署了推行清洁生产的总体要求、主要任务和组织保障,按照资源能源消耗、污染物排放水平确定开展清洁生产的重点领域、重点行业和重点工程,指明了"十四五"清洁生产推行路径,对于实现绿色低碳循环发展,助力实现碳达峰、碳中和目标意义重大。

《方案》是继《清洁生产促进法》(2012 年修订版)和 2016 年《清洁生产审核办法》后清洁生产领域的又一具有重要意义的文件。

5.2.1.2 《"十四五"全国清洁生产推行方案》的目标

到 2025 年,清洁生产推行制度体系基本建立,工业领域清洁生产全面推行,农业、服务业、建筑业、交通运输业等领域清洁生产进一步深化,清洁生产整体水平大幅提升,能源资源利用效率显著提高,重点行业主要污染物和二氧化碳排放强度明显降低,清洁生产产业不断壮大。

到 2025 年,工业能效、水效较 2020 年大幅提升,新增高效节水灌溉面积 6000 万亩。化学需氧量、氨氮、氮氧化物、挥发性有机物(VOC)排放总量比 2020 年分别下降 8%、8%、10%、10%以上。全国废旧农膜回收率达 85%,秸秆综合利用率稳定在 86%以上,畜禽粪污综合利用率达到 80%以上。城镇新建建筑全面达到绿色建筑标准。

5.2.1.3 《"十四五"全国清洁生产推行方案》的主要任务

《方案》以节约资源、降低能耗、减污降碳、提质增效为导向,围绕工业、农业、建筑业、服务业和交通运输业等重点领域,提出了"十四五"时期推行清洁生产 5 个方面 15 项重点任务。

1. 突出抓好工业清洁生产

加强高耗能高排放建设项目清洁生产评价;推行工业产品绿色设计;加快燃料原材料清洁替代;大力推进重点行业清洁低碳改造。

2. 加快推行农业清洁生产

推动农业生产投入品减量;提升农业生产过程清洁化水平;加强农业废弃物资源化利用。

3. 积极推动其他领域清洁生产

推动建筑业清洁生产;推动服务业清洁生产;加强交通运输领域清洁生产。

4. 加强清洁生产科技创新和产业培育

加强科技创新引领;推动清洁生产技术装备产业化;大力发展清洁生产服务业等重点任务。

5. 深化清洁生产推行模式创新

创新清洁生产审核管理模式;探索清洁生产区域协同推进。

《方案》聚焦清洁生产领域亟待解决的重点难点问题,提出了针对性举措,部署了五大重点工程,包括工业产品生态(绿色)设计示范企业、重点行业清洁生产改造、农业清洁生产提升、清洁生产产业培育和清洁生产审核创新试点工程。

推行清洁生产是一项涉及面广、综合性强的系统工程。为推动各项目标任务顺利实现,《方案》提出在加强组织实施、完善法律法规标准、强化政策激励、加强基础能力建设等四方面推行清洁生产的保障措施。明确地方政府要落实主体责任,加大力度鼓励和促进清洁生产,结合实际确定本地区清洁生产重点任务,制定具体实施措施。下一步,国家发展改革委将充分发挥清洁生产促进工作部际协调机制作用,加强协调指导,形成上下联动、部门协同、齐抓共管的良好工作格局,推动"十四五"清洁生产工作取得新的更大成效。

5.2.2　《"十四五"循环经济发展规划》强化重点行业清洁生产

5.2.2.1　《"十四五"循环经济发展规划》出台背景和目标

"十三五"以来,我国循环经济发展取得积极成效,2020 年主要资源产出率比 2015 年提高了约 26%,单位国内生产总值(GDP)能源消耗继续大幅下降,单位 GDP 用水量累计降低 28%。2020 年农作物秸秆综合利用率达 86% 以上。再生资源利用能力显著增强,2020 年建筑垃圾综合利用率达 50%;废纸利用量约 5490 万 t;废钢利用量约 2.6 亿 t,替代 62% 品位铁精矿约 4.1 亿 t。资源循环利用已成为保障我国资源安全的重要途径。

从国际看,一方面绿色低碳循环发展成为全球共识,世界主要经济体普遍把发展循环经济作为破解资源环境约束、应对气候变化、培育经济新增长点的基本路径。另一方面世界格局深刻调整,单边主义、保护主义抬头,叠加全球新冠疫情影响,全球产业链、价值链和供应链受到非经济因素严重冲击,国际资源供应不确定性、不稳定性增加,对我国资源安全造成重大挑战。

从国内看,"十四五"时期,我国将着力构建以国内大循环为主体、国内国际双循环相互促进的新发展格局,释放内需潜力,扩大居民消费,提升消费层次,建设超大规模的国内市场,资源能源需求仍将刚性增长,同时我国一些主要资源对外依存度高,供需矛盾突出,资源能源利用效率总体上仍然不高,大量生产、大量消耗、大量排放的生产生活方式尚未根本性扭转,资源安全面临较大压力。发展循环经济、提高资源利用效率和再生资源利用水平的需求十分迫切,且空间巨大。当前,我国单位 GDP 能源消耗、用水量仍大幅高于世界平均水平,铜、铝、铅等大宗金属再生利用仍以中低端资源化为主。动力电池、光伏组件等新型废旧产品产生量大幅增长,回收拆解处理难度较大。稀有金属分选的精度和深度不足,循环再利用品质与成本难以满足战略性新兴产业关键材料要求,亟须提升高质量循环再利用能力。

无论从全球绿色发展趋势和应对气候变化要求看,还是从国内资源需求和利用水平看,我国都必须大力发展循环经济,着力解决突出矛盾和问题,实现资源高效利用和循环利用,推动经济社会高质量发展。

到 2025 年,循环型生产方式全面推行,绿色设计和清洁生产普遍推广,资源综合利用能力显著提升,资源循环型产业体系基本建立。废旧物资回收网络更加完善,再生资源循环利用能力进一步提升,覆盖全社会的资源循环利用体系基本建成。资源利用效率大幅提高,再生资源对原生资源的替代比例进一步提高,循环经济对资源安全的支撑保障作用进一步凸显。

5.2.2.2 《"十四五"循环经济发展规划》的主要任务

《"十四五"循环经济发展规划》(简称《规划》)以全面提高资源利用效率为主线,围绕工业、社会生活、农业三大领域,提出了"十四五"循环经济发展的主要任务。

1. 构建资源循环型产业体系,提高资源利用效率

推行重点产品绿色设计;强化重点行业清洁生产;推进园区循环化发展;加强资源综合利用;推进城市废弃物协同处置。

2. 构建废旧物资循环利用体系,建设资源循环型社会

完善废旧物资回收网络;提升再生资源加工利用水平;规范发展二手商品市场、促进再制造产业高质量发展。

3. 深化农业循环经济发展,建立循环型农业生产方式

加强农林废弃物资源化利用;加强废旧农用物资回收利用;推行循环型农业发展模式。

《规划》聚焦循环经济领域亟待解决的重点难点问题,提出了针对性举措,部署了五大重点工程和六大重点行动,包括城市废旧物资循环利用体系建设、园区循环化发展、大宗固体废物综合利用示范、建筑垃圾资源化利用示范、循环经济关键技术与装备创新等五大重点工程,以及再制造产业高质量发展、废弃电器电子产品回收利用、汽车使用全生命周期管理、塑料污染全链条治理、快递包装绿色转型、废旧动力电池循环利用等六大重点行动。

发展循环经济是一项涉及面广、综合性强的系统工程。为推动各项目标任务顺利实现,《规划》明确了"十四五"循环经济发展保障政策,提出健全循环经济法律法规标准、完善循环经济统计评价体系、加强财税金融政策支持、强化行业监管;并要求各有关部门按照职能分工抓好重点任务落实,各地区要精心组织安排,明确重点任务和责任分工,结合实际抓好规划贯彻落实。下一步,国家发展改革委将充分发挥发展循环经济工作部际联席会议的作用,加强协调指导,压紧压实部门和地方责任,形成工作合力,推动"十四五"循环经济发展取得新的更大成效。

5.2.3 《"十四五"现代能源体系规划》推行清洁能源促进清洁生产

5.2.3.1 《"十四五"现代能源体系规划》出台背景

从全球发展的大趋势看,世界能源正在全面加快转型,推动能源和工业体系形成新格局,绿色低碳发展提速,能源产业信息化、智能化水平持续提升,能源生产逐步向集中式与分散式并重转变,全球能源发展呈现出明显的低碳化、智能化、多元化、多极化趋势。我国要加快构建的,就是顺应世界大趋势、大方向的"现代能源体系"。从新阶段新要求看,党的十九届五中全会提出了"十四五"时期经济社会发展的总体目标,强调现代化经济体系建设要取得重大进展,并明确了加快发展现代产业体系的任务。能源对于促进经济社会发展至关重要,我国要加快构建的,也是顺应现代化经济体系内在要求的"现代能源体系"。

"十三五"时期,我国能源结构持续优化,低碳转型成效显著,非化石能源消费比重达到15.9%,非化石能源发电装机容量稳居世界第一。"十四五"时期是为力争在 2030 年前实现碳达峰、2060 年前实现碳中和打好基础的关键时期,必须协同推进能源低碳转型与供给保障,加快能源系统调整以适应新能源大规模发展,推动形成绿色发展方式和生活方式。

5.2.3.2　《"十四五"现代能源体系规划》的目标

"十四五"时期现代能源体系建设的主要目标有 5 个。

1. 能源保障更加安全有力

到 2025 年,国内能源年综合生产能力达到 46 亿 t 标准煤以上,原油年产量回升并稳定在 2 亿 t 水平,天然气年产量达到 2300 亿 m^3 以上,发电装机总容量达到约 30 亿 kW,能源储备体系更加完善,能源自主供给能力进一步增强。重点城市、核心区域、重要用户电力应急安全保障能力明显提升。

2. 能源低碳转型成效显著

单位 GDP 二氧化碳排放量 5 年累计下降 18%。到 2025 年,非化石能源消费比重提高到 20% 左右,非化石能源发电量比重达到 39% 左右,电气化水平持续提升,电能占终端用能比重达到 30% 左右。

3. 能源系统效率大幅提高

节能降耗成效显著,单位 GDP 能耗 5 年累计下降 13.5%。能源资源配置更加合理,就近高效开发利用规模进一步扩大,输配效率明显提升。电力协调运行能力不断加强,到 2025 年,灵活调节电源占比达到 24% 左右,电力需求侧响应能力达到最大用电负荷的 3%～5%。

4. 创新发展能力显著增强

新能源技术水平持续提升,新型电力系统建设取得阶段性进展,安全高效储能、氢能技术创新能力显著提高,减污降碳技术加快推广应用。能源产业数字化初具成效,智慧能源系统建设取得重要进展。"十四五"期间能源研发经费投入年均增长 7% 以上,新增关键技术突破领域达到 50 个左右。

5. 普遍服务水平持续提升

人民生产生活用能便利度和保障能力进一步增强,电、气、冷、热等多样化清洁能源可获得率显著提升,人均年生活用电量达到 1000 kW·h 左右,天然气管网覆盖范围进一步扩大。城乡供能基础设施均衡发展,乡村清洁能源供应能力不断增强,城乡供电质量差距明显缩小。

展望 2035 年,能源高质量发展取得决定性进展,基本建成现代能源体系。能源安全保障能力大幅提升,绿色生产和消费模式广泛形成,非化石能源消费比重在 2030 年达到 25% 的基础上进一步大幅提高,可再生能源发电成为主体电源,新型电力系统建设取得实质性成效,碳排放总量达峰后稳中有降。

5.2.3.3　《"十四五"现代能源体系规划》的主要任务

为推动构建现代能源体系,《"十四五"现代能源体系规划》还从增强能源供应链稳定性和安全性、加快推动能源绿色低碳转型、优化能源发展布局、提升能源产业链现代化水平、增强能源治理效能、构建开放共赢能源国际合作新格局、加强规划实施与管理等方面进行了部署,提出了 22 项任务措施。

1．增强能源供应链稳定性和安全性

强化底线思维,坚持立足国内、补齐短板、多元保障、强化储备,完善产供储销体系,不断增强风险应对能力,保障产业链、供应链稳定和经济平稳发展。

2．加快推动能源绿色低碳转型

坚持生态优先、绿色发展,壮大清洁能源产业,实施可再生能源替代行动,推动构建新型电力系统,促进新能源占比逐渐提高,推动煤炭和新能源优化组合。坚持全国一盘棋,科学有序推进实现碳达峰、碳中和目标,不断提升绿色发展能力。

3．优化能源发展布局

统筹生态保护和高质量发展,加强区域能源供需衔接,优化能源开发利用布局,提高资源配置效率,推动农村能源转型变革,促进乡村振兴。

4．提升能源产业链现代化水平

加快能源领域关键核心技术和装备攻关,推动绿色低碳技术重大突破,加快能源全产业链数字化、智能化升级,统筹推进补短板和锻长板,加快构筑支撑能源转型变革的先发优势。

5．增强能源治理效能

深化电力、油气体制机制改革,持续深化能源领域"放管服"改革,加强事中事后监管,加快现代能源市场建设,完善能源法律法规和政策,更多依靠市场机制促进节能减排降碳,提升能源服务水平。

6．构建开放共赢能源国际合作新格局

以共建"一带一路"为引领,积极参与全球能源治理,坚持绿色低碳转型发展,加强应对气候变化国际合作,实施更大范围、更宽领域、更深层次能源开放合作,实现开放条件下的能源安全。

7．加强规划实施与管理

加强对本规划实施的组织、协调和督导,建立健全规划实施监测评估、考核监督机制。

5.2.4 深入推进重点行业清洁生产审核

清洁生产审核作为工业污染防治的重要手段,有效推动了污染防治从末端治理向全过程控制转变,是落实绿色发展方式的有效途径。生态环境部和国家发展改革委在充分调研和研讨的基础上,制定了《关于深入推进重点行业清洁生产审核工作的通知》(环办科财〔2020〕27 号),并于 2020 年 10 月印发实施。

5.2.4.1 《关于深入推进重点行业清洁生产审核工作的通知》的出台背景

近年来,国家相关政策、规划、计划等文件对清洁生产工作提出了新的任务和要求,例如,《中共中央 国务院关于全面加强生态环境保护 坚决打好污染防治攻坚战的意见》提出"在能源、冶金、建材、有色、化工、电镀、造纸、印染、农副食品加工等行业,全面推进清洁生产改造或清洁化改造";《关于构建现代环境治理体系的指导意见》提出"加大清洁生产推行

力度,加强全过程管理,减少污染物排放";《2020 年挥发性有机物治理攻坚方案》提出"以石化、化工、工业涂装、包装印刷等为重点领域,强化 VOC 源头、过程、末端全流程控制"等。为贯彻落实上述政策和规划要求,亟须出台清洁生产审核管理文件,以充分发挥清洁生产在各项任务中的支撑作用。清洁生产审核推进过程中,也暴露出很多操作层面的问题,都制约着清洁生产审核工作的深入推进。

5.2.4.2　《关于深入推进重点行业清洁生产审核工作的通知》主要内容

为贯彻落实《清洁生产促进法》《中共中央　国务院关于全面加强生态环境保护　坚决打好污染防治攻坚战的意见》和《关于构建现代环境治理体系的指导意见》的要求,进一步强化清洁生产审核在重点行业节能减排和产业升级改造中的支撑作用,促进形成绿色发展方式,推动经济高质量发展,现就深入推进重点行业清洁生产审核工作提出以下 7 条要求:

充分认识新形势下推进清洁生产审核的重要意义;扎实推进重点行业清洁生产审核工作;压实企业实施清洁生产审核的主体责任;积极推进清洁生产审核模式创新;健全技术与服务支撑体系;强化资金保障与政策支持;推进清洁生产信息系统建设。

5.2.4.3　新时期深入推进清洁生产审核工作的意义

1. 清洁生产审核是落实精准、科学、依法治污的有效手段之一

2002 年《清洁生产促进法》的颁布标志着我国清洁生产进入法制化的轨道。随后,国家和地方陆续出台了一系列清洁生产相关政策法规,使清洁生产审核工作有法可依、有章可循。清洁生产审核借助物质流分析等技术手段,从企业生产全过程出发,追根溯源,系统分析,全面诊断,提出有针对性、整体性和系统性的解决方案,从而实现科学治污和精准治污。同时,我国近年来一直开展清洁生产标准、审核指南、技术目录等技术体系的研发和清洁生产人才的培养,这些都有助于弥补我国工业源污染预防工作中存在的法律制度不全、行业标准缺乏、治理能力薄弱等问题,有利于提升企业环境治理的科学化和精准化水平。

2. 清洁生产审核是巩固污染治理效果的可靠保障

在我国环保监督帮扶工作的推动下,大量企业都新建和升级了污染治理设施,取得了显著的治理成效。但这些工作主要集中在末端治理方面。随着环境标准要求的日益严格,仅靠末端治理难以实现进一步的绩效减排,污染防治工作必须从末端治理向全过程防控转变。清洁生产审核通过对企业生产全过程诊断,挖掘并提出源头削减和过程减排方案,不仅巩固已有污染治理成效,而且大幅减轻了末端治理的负担。通过在行业内开展清洁生产审核,发现企业普遍存在产污环节分散、废气收集效率低等问题,为此,清洁生产审核咨询机构提出了原辅材料替代、过程控制和污染物收集等治理方案,大大减少了污染物的排放,保证了末端治理设施的高效运行。清洁生产审核不仅能够帮助企业进一步实现污染减排,还能全面提升行业的清洁生产和污染防控水平。

3. 清洁生产审核是推动工业绿色发展的重要方式之一

清洁生产审核能够有效推动企业优化生产工艺、提升技术水平、完善科学管理、提高人员素质,最大限度地提高资源利用率,构建科技含量高、资源消耗低、环境污染少的绿色生产方式。以电解锰行业为例:该行业是典型的高物耗、高能耗、高污染行业,十几年前,该行业废水乱排、废渣乱堆,给周边环境带来严重的环境安全隐患,引起了国家高层和社会的普遍关注。为此,该行业开展了多轮次的清洁生产审核,进行了大量清洁生产技术的研发应用,单位产品的原辅材料消耗降低 20%～60%,能耗降低 20%,废水产生量减少 95%,许多企业从落后、脏乱、简陋的污染企业变成了先进、整洁、智能的生态化工厂,绿色发展水平得到了有效提升。

5.3　清洁生产标准

清洁生产标准是由国家环境保护总局(现为生态环境部)组织制定并发布的国家标准,该标准的制定是为了贯彻实施《环境保护法》和《清洁生产促进法》,进一步推动我国的清洁生产,防止生态破坏,保护人民健康,促进经济发展,为企业开展清洁生产提供技术支持和导向。同时,清洁生产标准也是我国环境标准的重要补充。

5.3.1　清洁生产标准的基本框架

依据各行业的生产过程、工艺特点、产品、原料、经济技术水平和管理水平,建立各行业的清洁生产环境标准。清洁生产的环境标准基本内容和框架体系主要包括以下几个方面。

三级环境标准:第一级为该行业清洁生产国际先进水平,该标准便于企业和管理部门了解和掌握该行业国际国内的生产发展水平,激励企业向高标准靠近;第二级为该行业清洁生产国内先进水平;第三级为该行业清洁生产基本要求,体现清洁生产持续改进的思想。

六类指标:资源能源利用指标、产品环境指标、污染物产生指标、污染物循环利用及处理处置指标、工艺设备指标、环境管理指标。这六类指标又包含若干定量或定性的指标。前五类指标是技术性指标,是用技术手段促进清洁生产的要求,最后一类指标是管理性指标,是用管理手段促进清洁生产的要求。

5.3.2　中国行业清洁生产标准

自 2002 年以来,国家环境保护总局(现为生态环境部)委托中国环境科学研究院组织开展了 50 多个行业的清洁生产标准制定工作,截至 2024 年 2 月,共分批发布了 58 个清洁生产行业标准,现行标准 39 项、作废 4 项、废止 15 项,其中,2021 年《兰炭企业清洁生产标准》(T/CCT 009—2021)由中国煤炭加工利用协会发布。至此,中国行业清洁生产标准取得了一定的标准编制工作经验。行业清洁生产标准汇总见表 5-1。

表 5-1　行业清洁生产标准汇总一览表(2023 年年底前)

序号	标　准　名　称		标准号	发布日期	实施日期	状态
1	清洁生产标准	葡萄酒制造业	HJ 452—2008	2008-12-24	2009-03-01	现行
2	清洁生产标准	印制电路板制造业	HJ 450—2008	2008-11-21	2009-02-01	现行
3	清洁生产标准	煤炭采选业	HJ 446—2008	2008-11-21	2009-02-01	现行
4	清洁生产标准	淀粉工业	HJ 445—2008	2008-09-27	2008-11-01	现行
5	清洁生产标准	味精工业	HJ 444—2008	2008-09-27	2008-11-01	现行
6	清洁生产标准	石油炼制业(沥青)	HJ 443—2008	2008-09-27	2008-11-01	现行

续表

序号	标准名称		标准号	发布日期	实施日期	状态
7	清洁生产标准	电石行业	HJ/T 430—2008	2008-04-08	2008-08-01	现行
8	清洁生产标准	化纤行业(涤纶)	HJ/T 429—2008	2008-04-08	2008-08-01	现行
9	清洁生产标准	制订技术导则	HJ/T 425—2008	2008-04-08	2008-08-01	现行
10	清洁生产标准	白酒制造业	HJ/T 402—2007	2007-12-20	2008-03-01	现行
11	清洁生产标准	烟草加工业	HJ/T 401—2007	2007-12-20	2008-03-01	现行
12	清洁生产标准	彩色显像(示)管生产	HJ/T 360—2007	2007-08-01	2007-10-01	现行
13	清洁生产标准	镍选矿行业	HJ/T 358—2007	2007-08-01	2007-10-01	现行
14	清洁生产标准	钢铁行业(中厚板轧钢)	HJ/T 318—2006	2006-11-22	2007-02-01	现行
15	清洁生产标准	乳制品制造业(纯牛乳及全脂乳粉)	HJ/T 316—2006	2006-11-22	2007-02-01	现行
16	清洁生产标准	人造板行业(中密度纤维板)	HJ/T 315—2006	2006-11-22	2007-02-01	现行
17	清洁生产标准	铁矿采选业	HJ/T 294—2006	2006-08-15	2006-12-01	现行
18	清洁生产标准	基本化学原料制造业(环氧乙烷/乙二醇)	HJ/T 190—2006	2006-07-03	2006-10-01	现行
19	清洁生产标准	氮肥制造业	HJ/T 188—2006	2006-07-03	2006-10-01	现行
20	清洁生产标准	电解铝业	HJ/T 187—2006	2006-07-03	2006-10-01	现行
21	清洁生产标准	甘蔗制糖业	HJ/T 186—2006	2006-07-03	2006-10-01	现行
22	清洁生产标准	纺织业(棉印染)	HJ/T 185—2006	2006-07-03	2006-10-01	现行
23	清洁生产标准	食用植物油工业(豆油和豆粕)	HJ/T 184—2006	2006-07-03	2006-10-01	现行
24	清洁生产标准	啤酒制造业	HJ/T 183—2006	2006-07-03	2006-10-01	现行
25	清洁生产标准	制革行业(猪轻革)	HJ/T 127—2003	2003-04-18	2003-06-01	现行
26	清洁生产标准	炼焦行业	HJ/T 126—2003	2003-04-18	2003-06-01	现行
27	清洁生产标准	石油炼制业	HJ/T 125—2003	2003-04-18	2003-06-01	现行
28	清洁生产标准	氧化铝业	HJ 473—2009	2009-08-10	2009-10-01	现行
29	清洁生产标准	纯碱行业	HJ 474—2009	2009-08-10	2009-10-01	现行
30	清洁生产标准	氯碱工业(烧碱)	HJ 475—2009	2009-08-10	2009-10-01	现行
31	清洁生产标准	氯碱工业(聚氯乙烯)	HJ 476—2009	2009-08-10	2009-10-01	现行
32	清洁生产标准	废铅酸蓄电池铅回收业	HJ 510—2009	2009-11-16	2010-01-01	现行
33	清洁生产标准	粗铅冶炼业	HJ 512—2009	2009-11-13	2010-02-01	现行
34	清洁生产标准	铅电解业	HJ 513—2009	2009-11-13	2010-02-01	现行
35	清洁生产标准	宾馆饭店业	HJ 514—2009	2009-11-30	2010-03-01	现行
36	清洁生产标准	酒精制造业	HJ 581—2010	2010-06-08	2010-09-01	现行
37	清洁生产标准	铜冶炼业	HJ 558—2010	2010-02-01	2010-05-01	现行
38	清洁生产标准	铜电解业	HJ 559—2010	2010-02-01	2010-05-01	现行
39	兰炭企业清洁生产标准		T/CCT 009—2021	2021-01-12	2021-05-01	现行
40	清洁生产标准	合成革工业	HJ 449—2008	2008-11-21	2009-02-01	作废
41	清洁生产标准	电解锰行业	HJ/T 357—2007	2007-03-28	2007-10-01	作废
42	清洁生产标准	电镀行业	HJ/T 314—2006	2006-11-12	2007-02-01	作废
43	清洁生产标准	汽车制造业(涂装)	HJ/T 293—2006	2006-08-15	2006-12-01	作废
44	清洁生产标准	制革工业(牛轻革)	HJ 448—2008	2008-11-21	2009-02-01	废止
45	清洁生产标准	铅蓄电池工业	HJ 447—2008	2008-11-21	2009-02-01	废止
46	清洁生产标准	钢铁行业(炼钢)	HJ/T 428—2008	2008-04-08	2008-08-01	废止

续表

序号	标准 名 称		标准号	发布日期	实施日期	状态
47	清洁生产标准	钢铁行业（高炉炼铁）	HJ/T 427—2008	2008-04-08	2008-08-01	废止
48	清洁生产标准	钢铁行业（烧结）	HJ/T 426—2008	2008-04-08	2008-08-01	废止
49	清洁生产标准	平板玻璃行业	HJ/T 361—2007	2007-03-28	2007-10-01	废止
50	清洁生产标准	化纤行业（氨纶）	HJ/T 359—2007	2007-03-28	2007-10-01	废止
51	清洁生产标准	造纸工业（硫酸盐化学木浆生产工艺）	HJ/T 340—2007	2007-03-28	2007-10-01	废止
52	清洁生产标准	造纸工业（漂白化学烧碱法麦草浆生产工艺）	HJ/T 339—2007	2007-03-28	2007-10-01	废止
53	清洁生产标准	造纸工业（漂白碱法蔗渣浆生产工艺）	HJ/T 317—2006	2006-11-12	2007-02-01	废止
54	清洁生产标准	钢铁行业	HJ/T 189—2006	2006-07-03	2006-10-01	废止
55	清洁生产标准	造纸行业（废纸制浆）	HJ 468—2009	2009-03-25	2009-07-01	废止
56	清洁生产标准	水泥行业	HJ 467—2009	2009-03-25	2009-07-01	废止
57	清洁生产标准	钢铁行业（铁合金）	HJ 470—2009	2009-04-10	2009-08-01	废止
58	清洁生产标准	制革工业（羊革）	HJ 560—2010	2010-02-01	2010-05-01	废止

5.4 环境标志

5.4.1 环境标志的概念与作用

5.4.1.1 环境标志的概念

环境标志是指政府管理部门、社会或民间团体根据一定的环境标准，对相关申请者的产品或服务所颁发的特定标志，环境标志常被视为补充环境保护法律法规不足之处的一个重要市场工具。环境标志是标示在产品或其包装上的一种标签，是产品的"证明商标"，表明该产品质量合格，且在生产、使用和处理过程中符合特定的环保要求，对人体健康和生态环境没有危害，与同类产品相比，具有低毒少害、节约资源等环保优势。

发展环境标志的最终目的是保护环境。环境标志一般由商会、行业或其他组织注册，对使用该标志的商品具有识别能力和保证责任，具有权威性；考虑到环境标准不断提高，该标志每3～5年将重新认定，因此具有时效性；且有标志的产品在市场上所占比例不能太高。

5.4.1.2 中国的环境标志

1994年5月17日，中国环境标志产品认证委员会成立，标志着中国环境标志产品认证工作正式启动。认证委员会由来自环保部门、综合经济部门、科研院所、质量监督部门和社会团体等机构的专家构成，代表了国家环境标志产品实施认证的唯一合法组织。同时，发布《中国环境标志产品认证委员会章程（试行）》和《环境标志产品认证管理办法（试行）》等一系列工作文件，为后续工作奠定了良好的基础。

最早使用的中国环境标志是中国环境十环标志，如图5-2（a）所示，由中心的青山绿水、太阳及其周围的十个环组成,图形中心结构代表人类赖以生存的环境,图形周围的十环紧密相连,表示公众参与、共同保护环境;同时,十个环的"环"字与环境的"环"字相同,意思是"全民团结起来,共同保护人类赖以生存的环境。"

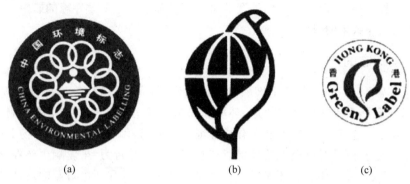

(a)　　　　　　　　　　(b)　　　　　　　　　　(c)

图 5-2　中国环境十环标志(a)、中国台湾的环境标志(b)和中国香港的环境标志(c)

中国环境标志的实施具有以下特点:

(1) 认证委员会代表国家对绿色产品实施第三方认证,既不属于制造商,也不属于使用者,公正客观,保持高度的权威。

(2) 认证制度符合市场机制要求,采用自愿性认证模式,通过市场效应实现环境产品优势。

(3) 认证工作和国际惯例接轨,以利于国际互认。

5.4.1.3　环境标志的作用

目前,世界上许多国家和地区已经实施或正在积极准备实施环境标志。可以说,环境标志在全球范围内刮起了一股环保旋风。环境标志的作用主要有以下三个方面。

1) 提高公众环境意识

实施环境标志,为公众参与环境保护提供了一个好的途径,它扩大了环境保护在公众中的影响,无形中提高了环境保护在人们心目中的地位,国外实施环境标志十多年的经验也印证了这一点。同时,美国著名的盖洛普民意测验发现,目前,绝大多数人认为环境保护比经济增长更具长期战略性。

2) 引导市场和产品向有利于环境的方向发展

消费者是市场的"上帝",消费者的购买倾向直接影响着产品的发展方向。

近年来,随着公众环保意识的提高,逐渐影响着制造商和经销商的战略思维,推动着市场和产品朝着环保方向发展。

3) 环境效益显著

实施环境标志的环境效益也是显著的。绿色消费已成为当代社会的新趋势。在这种条件下,企业只有开发出对环境有益的产品,才能为自身的长远发展奠定坚实的基础。

由于公众的购买倾向无疑会影响产品的设计和生产,环境问题已成为衡量产品销售的一个重要因素。在当今竞争激烈的国际贸易市场上,环境标志就像一张"绿色通行证",在经济贸易中发挥着越来越重要的作用。

实施环境标志,公众能够看到标志,从标志上可以识别哪些产品的环境行为更好,购买哪些产品更有利于保护生态环境。对于生产环境标志产品的企业来说,要把环境行为控制在产品设计、生产、使用、处置的全过程。不仅要求尽可能消除生产阶段的污染,更要最大限度地减少产品在使用和处理处置过程中对环境的危害程度。环境标志将公众的购买力作为保护环境的工具,促使厂商从生产到处置的每个阶段都注意减少对环境的影响,达到防止污染、保护环境、增加效果的目的。

5.4.2　环境标志的法律保证

环境标志需要以一种具有稳定性、普遍性的社会规范形式存在,这种社会规范就是法律。目前,我国已转入市场经济的轨道,环境标志制度借用市场经济的竞争机制,在生产经营者自愿的基础上生产销售被认定为有益环境的产品,以增强该产品在市场上的竞争力;同时,消费者在选择商品时以个人的环保意识和直接的参与行为,来影响生产经营者努力增加在产品的生产、处置各环节的环保投入,以此达到经济效益和环境效益的最佳平衡。

5.4.2.1　环境标志的商标保护

我国环境标志计划的实施尽量遵循了国家现行法律、法规的有关规定,以约束环境标志产品的生产经营者的行为,并保障环境标志的正确使用。因此,借鉴国外经验,我国的环境标志计划采取的法律保障措施主要是对环境标志进行商标注册、与申请使用环境标志的生产者签订环境标志使用合同书,相应受我国商标法和合同法的保护。

(1) 环境标志商标属证明商标。证明商标是证明生产某产品的厂商的身份、商品的原料、商品的功能或商品的质量的标记。使用这种商标的商品,其生产者、经营者自己不得注册,须由商会、实业或其他团体申请注册,申请人(商标所有人)对于使用该证明商标的商品质量具有鉴定能力,并负有保证其质量的责任。中国环境标志符合证明商标的所有条件,是一种典型的证明商标。

(2) 中国法律对环境标志的商标保护。环境标志已进行商标注册,为证明商标,那么其图形及使用权应得到我国现有有关法律的保护。相关法律包括《中华人民共和国商标法》《中华人民共和国产品质量法》《中华人民共和国反不正当竞争法》。

国家为了维护市场经济秩序,制止不正当竞争行为,促进正常交易的健康发展,第八届全国人大常委会第三次会议于 1993 年 9 月 2 日通过了《中华人民共和国反不正当竞争法》,并于同年 12 月 1 日起施行。这一法律的出台与施行,为"环境标志"的实施创造了良好的环境,使环境标志产品刚一进入市场就有安全感。对已取得或即将取得标志的产品生产经营者来说,市场秩序的稳定使产品有保障,标志产品可在市场上以自身的优势得到广大消费者的青睐,由此,生产经营者和消费者的合法权益都有了法律保障。

5.4.2.2　环境标志的合同保障

企业必须依法签订合同并使用环境标志。自愿申请使用环境标志的企业,按照《环境标志产品认证管理办法》中的程序提出申请,经中国环境标志产品认证合格后,须与中国环境标志产品认证委员会秘书处签订环境标志使用合同。合同一经签署,即具有法律效力,因此合同是双方的一个有效的法律约束武器。其中最值得强调的是生产经营者只能在经认证合格的产品上粘贴标志,而不能使用在自己生产的其他未经许可的产品上,否则必须承担法律责任。

5.4.3　ISO 14020 系列标准的环境标志及声明

ISO 14020 系列标准规定了世界各国对产品和服务进行环境行为评价的原则和方法，规范了俗称的绿色产品、绿色服务和绿色市场的科学定位和内涵，在 ISO 14020 的基础上，发展了 ISO 14024（Ⅰ型）、ISO 14021（Ⅱ型）、ISO 14025（Ⅲ型）三种环境标志计划，规范了绿色市场中所有的绿色认证、绿色申报和绿色信息，在防止技术性贸易壁垒的总目标下构建了完整的环境标志计划体系。

5.4.3.1　ISO 14020 系列标准的主要内容

环境标志和声明是 ISO 14000 系列主题《环境管理》的工具之一。

ISO 14020 标准全称为《环境管理　环境标志和声明　通用原则》，它规定了与 ISO 14020 系列中的其他标准一起使用的环境标志和声明的使用原则。本标准本身并不是认证和注册的规范。ISO 14020 系列中的其他标准应遵守本标准所规定的 9 条通则，这些通则规定了各国在环境标志和申报方面应遵守的原则。其核心是产品和服务的环境标志和声明应防止技术性贸易壁垒，准确和不误导。

ISO 14024 标准全称为《环境管理　环境标志和声明　Ⅰ型环境标志　原则和程序》，它规定了Ⅰ类环境标志方案的制定、符合性评价和证明的原则和程序，包括选择产品类别、产品环境标准、产品功能特性和授予标志的认证程序，认证方应首先发布认证标准并公开信息。被认证方的自愿申请经批准后，允许使用Ⅰ类环境标志并取得认证证书。

ISO 14021 标准全称为《环境管理　环境标志和声明　自我环境声明（Ⅱ型环境标志）》，它规定了对自我环境声明的要求；有选择地提供了环境声明中一些通用术语及其适用资格；详细说明了评价和验证自我环境声明的一般方法，以及评价和验证本标准中选择的声明的具体方法。本标准不排斥、取代或以其他任何方式改变法律要求提供的环境信息、声明或标志，或任何其他适用的法律要求。

ISO 14025 标准全称为《环境管理　环境标志和声明　Ⅲ型环境标志　原则和程序》，它规定了制订Ⅲ型环境标志计划的原则和程序，包括产品种类的确定、数据获取方法、预设参数的识别、产品特性和要求的制定，以及评价、证明符合性和标签认证的程序。明确了生命周期信息公告的两种方式，需要第三方进行检验评估，在证明产品和服务的信息公告符合实际后，允许颁发评估证书。

就逻辑关系来讲：ISO 14020 指导 ISO 14021、ISO 14024、ISO 14025 以及该系列中将要发布的标准，共同构成系统的绿色评价体系，并指导其他绿色产品和服务的所有标准。

5.4.3.2　三种环境标志对比分析

三种形式的环境标志各有侧重点，具体包括以下几点。

1. 声明形式和对生命周期的考虑因素

Ⅰ型环境标志，是一种自愿的、基于多准则的独立的第三方认证计划，准则是基于产品生命周期各阶段输入输出矩阵确定的评价依据，该类型标志的授权实体可以是一个政府组织，也可以是民间的非营利组织。

Ⅱ型环境标志，建立在制造商和零售商自己声明的基础上。它并不要求必须进行生命周期评价,但要确保"除了要对最终产品进行正确说明,还必须考虑到产品生命周期中所有相关因素,以确定在减少一种影响的过程中引起另一种影响增加的可能"。

Ⅲ型环境标志,建立在生命周期评价基础上,利用一系列参数来量化产品信息,将产品全生命周期的主要影响列在一张表格中,便于在产品之间进行比较。

2. 数据机密性

Ⅰ型环境标志,如果独立的第三方在执行计划时,能够保证认证过程中企业所提供的产品详细数据的机密性,Ⅰ型计划能够避免机密数据的泄密,因为它一般只涉及使用商标和关于标准的定性的支持性描述。但是,在标准制定过程中如果缺乏详细的数据,可能会阻止Ⅰ型标志的发展。

Ⅱ型环境标志,由于企业采取自我声明的方式,它对声明的内容和支持声明内容的证明材料具有完全的控制权,因此不存在泄密问题。

Ⅲ型环境标志,由于它是基于产品生命周期评价的信息公告,它必须向外界公告量化的数据,因此有可能会导致一些潜在的商业敏感信息的泄密。

3. 标志成本

Ⅰ型环境标志,申请和认证费用较大。

Ⅱ型环境标志,原则上不会产生额外费用。由于Ⅱ型环境标志相对来说比较简单,通常只涉及产品生命周期中的一两种影响,因此,数据收集的费用不会太大。

Ⅲ型环境标志,它的主要成本来自生命周期评价的费用。

4. 环境标志产品的可获得性

Ⅰ型环境标志,由于其本身的选择性和制定标准所需时间较长,导致产品类别覆盖有限,阻碍了Ⅰ型环境标志的发展,可能造成Ⅰ型环境标志产品短缺。

Ⅱ型环境标志,由于其采用企业自我声明的方式,标准的发展对声明的制约性较小,基本不会影响到Ⅱ型环境标志产品的可获得性。

Ⅲ型环境标志,由于其发展还处于早期阶段,所以很难评估,它将随着市场结构和工业布局的改变而发生变化。

5. 可信度

Ⅰ型环境标志,由于必须通过独立的第三方认证,因此标志具有较高的可信度。

Ⅱ型环境标志,除非声明是由信誉度较高的组织做出的,否则可信度较低,因此需要非政府环境组织或消费者组织采用验证等方式进行监督。

Ⅲ型环境标志,它能够由生产商自己公告,也能够由某个组织代为运作或指定,ISO 14025要求所有Ⅲ型环境标志的公布都必须通过一个严格的评判(按照ISO 14020的要求)来审核生命周期评判过程和生命周期信息公告内容及格式的有效性,因此Ⅲ型环境标志的可信度取决于第三方的评判证书或许可文件。

6. 消费者的理解程度

Ⅰ型环境标志,满足了消费者对产品环境性能差异化标准的简化要求,消费者容易理解,无须花费大量时间进行比较,只要是获得Ⅰ型环境标志认证的产品都是具有环境优越性的产品,因为在制定标准时,只允许市场上10%~30%的产品符合标准规定,因此可以作为消费者快速购买选择的依据。

Ⅱ型环境标志,由于它是从市场的角度设计,为了便于企业广告宣传而产生的标准,因此Ⅱ型环境标志使用起来,一般是通俗易懂的。但是如果不能严格按照 ISO 14021 标准的规定来进行声明,使用标准禁止的几种含糊或不具体的术语,诸如"对环境安全""对环境友善""对地球无害""无污染""绿色",会使消费者感到困惑,可能会阻碍标志的使用。

Ⅲ型环境标志,由于它采用了生命周期信息公告的形式,对于不具备专业知识的大众消费者来讲,无法对信息的细节做出有效判断,因此很难使用这些信息,而专业购买者可以利用清单对不同产品进行详细的比较,以便做出最明智的采购方案。

7. 适用范畴

Ⅰ型环境标志,由于配套标准的制定费用高、周期长,因此对更新换代速度快的消费品和市场寿命较短的产品不太适用,即使有现成的标准,申请过程还需要花费较长的时间,有时甚至会超过产品的市场寿命。此外,它更适用于消费者无法或尚未了解的环境壁垒产品。

Ⅱ型环境标志,不受产品市场寿命和产品开发周期的限制,适用于所有产品,尤其是消费者几乎或可能高度关注的具有环境壁垒的产品。

Ⅲ型环境标志,不适用于市场寿命和开发周期较短的产品,即生命周期分析的时间长于市场寿命或开发过程所消耗的时间。此外,其适用范畴不受消费者理解能力的限制。

总之,三种环境标志的意义各有侧重,因此不同主体可根据自身具体情况,选择不同形式或不同形式的组合,对产品或服务进行认证、声明或公告,发挥各自优势,使环境标志真正起到规范绿色市场的作用。

课外阅读材料

清洁生产的重要性:21 世纪以来,我国经济以一种前所未有的姿态迅猛发展,在世界经济中独占鳌头。但是在发展的起始阶段,由于经验不足、环保意识淡薄,人们选择了先生产后治理的传统粗放型发展之路。我国 30 年的工业发展史基本上也是采取"高消耗、高污染、高排放、低产出"的三高一低的发展模式,这种发展模式在带来 GDP 的高速增长的同时,也产生了严重的资源环境问题。资源紧缺、环境压力巨大、国外发达国家利用绿色经济手段实施的对我国出口商品的制裁、我国劳动力价格的上涨等一系列因素都表明我国的工业发展必须走新型工业化道路,节能减排是进入 21 世纪以后我国工业企业的必由之路。清洁生产是实现节能减排的重要手段。

清洁生产思考方法与以前生产不同之处在于:过去考虑对环境的影响时,把注意力集中在污染物产生之后如何处理,以减小对环境的危害,而清洁生产则要求把污染物消除在它产生之前。清洁生产从本质上来说,就是对生产过程与产品采取整体预防的环境策略,减少或者消除它们对人类及环境的可能危害,同时充分满足人类需要,使社会经济效益最大化的一种生产模式。清洁生产的具体措施包括:不断改进设计;使用清洁的能源和原料;采用先进的工艺技术与设备;改善管理;综合利用;从源头削减污染,提高资源利用效率;减少或者避免生产、服务和产品使用过程中污染物的产生和排放。清洁生产是实施可持续发展的重要手段。

清洁生产的观念主要强调三个重点:①清洁能源。包括开发节能技术,尽可能开发利用再生能源以及合理利用常规能源。②清洁生产过程。包括尽可能不用或少用有毒有害原料和中间产品。对原材料和中间产品进行回收,改善管理、提高效率。③清洁产品。包括以不危害人体健康和生态环境为主导因素来考虑产品的制造过程甚至使用之后的回收利用,减少原材料和能源使用。

实现经济、社会和环境效益的统一,提高企业的市场竞争力,是企业的根本要求和最终归宿。开展清洁生产的本质在于实行污染预防和全过程控制,它将给企业带来不可估量的经济、社会和环境效益。

思考题

1. 概述《清洁生产促进法》在实施中应该贯彻的 4 个原则。
2. 概述《"十四五"全国清洁生产推行方案》的主要任务。
3. 清洁生产标准的含义是什么?
4. 环境标志的作用是什么?

清洁生产审核

6.1 清洁生产审核概述

6.1.1 清洁生产审核概念

《清洁生产审核办法》所称的清洁生产审核(cleaner production audit),是指按照一定程序,对生产和服务过程进行调查和诊断,找出能耗高、物耗高、污染重的原因,提出降低能耗、物耗、废物产生,减少有毒有害物料的使用、产生以及废弃物资源化利用的方案,进而选定并实施技术经济及环境可行的清洁生产方案的过程。

清洁生产审核是企业实行清洁生产的重要基础。清洁生产审核应当以企业为主体。对于企业,清洁生产审核是一种对现在的和计划进行的生产和服务实行预防污染的系统分析和评估过程,其目的是找到最大可能高效利用的物料和能源,减少或消除废物产生及排放的方案。持续的清洁生产审核活动会不断产生各种清洁生产方案,旨在促进企业在生产和服务进程的逐步实施,从而实现环境绩效的持续改进。

6.1.2 清洁生产审核对象与特点

清洁生产以节约资源、降低能耗、减污降碳、提质增效为目标,实施清洁生产审核的最终目的是节能、降耗、减污、增效,保护环境,增强组织自身竞争力与全社会福利。

清洁生产审核的对象是第一产业、第二产业、第三产业,其目的是:第一,确定本组织在清洁生产方面做法的不一致之处;第二,提出解决办法并解决问题,以令清洁生产得到实现。

虽然清洁生产审核起源于第二产业,并在第二产业中得到发展,但其原则和程序也适用于第一产业和第三产业。因此,无论是工业组织如工业制造商,还是非工业组织如农场、服务业中的酒店等任何类型的组织,都可以进行清洁生产审核。

第一产业是指农业,如畜禽养殖场、农场等。农业的快速发展使人们的生活饮食变得丰富,同时也导致了农业环境的污染,特别是最近几年农业用地的面源污染有所加剧。例如目前,我国畜禽养殖产业正逐渐走向规模化和专业化,这不仅对环境污染产生了影响,还导致许多主要污染源的出现。此外由于水资源的大量浪费、化肥和杀虫剂造成的污染等,农业也面临环境问题。

第二产业是指工业,如石油和天然气开采、木材加工、服装制造等。工业企业是推进清洁生产的重中之重,《清洁生产审核办法》规定,有下列情形之一的企业,应当实施强制性清洁生产审核。

（1）污染物排放超过国家或者地方规定的排放标准，或者虽未超过国家或者地方规定的排放标准，但超过重点污染物排放总量控制指标的。

（2）超过单位产品能源消耗限额标准构成高耗能的。

（3）使用有毒有害原料进行生产或者在生产中排放有毒有害物质的。

第三产业是指服务业，如餐饮、旅游、汽车运输公司等。在水污染、空气污染以及噪声污染方面，旅游业、餐饮业、汽车运输业等是越来越令人担忧的行业。旅游业存在严重的水污染问题，不少旅客在湖边、海边游玩时随意乱丢垃圾；餐饮业造成的大气污染问题也难以忽视；不少汽车运输公司、酒店等资源浪费问题也相当严重。在某些发达地区，这些服务行业的能耗巨大，可作为节能、降耗、减污的重点。

进行工业企业清洁生产审核是推行清洁生产的一项重要举措，其目的是通过一套程序从公司的角度来防止污染。清洁生产审核具备如下特点。

1）目标明确性

清洁生产审核格外强调节约能源、降低能耗、减少污染，而且符合现代企业的管理需求，目标十分明确。

2）全面系统性

清洁生产审核考虑到了生产过程的所有方面，从原材料的使用到产品的改进，从技术创新到管理改进，等等。它被设计成一种系统的、全面的方法来发现问题、解决问题并持续实施。

3）污染预防性

清洁生产审核强调从源头削减污染，从产生污染的源头抓起，尽量将污染物消除或减少在源头，以减少生产过程中的污染物排放为重点，从而实现贯穿整个审核过程的污染预防目标。

4）符合经济性

清洁生产审核将促进在污染物成为污染物之前减少污染物，这不仅减少了末端污染的处理量，而且通过在污染物成为污染物之前将其转化为有用的原材料，从而增加产品的生产效率和利用效率。事实上，许多已进行清洁生产审核的国内外企业均已证实清洁生产审核可带来经济效益。

5）突出连续性

清洁生产审核突出连续性，无论是在审计重点的选择上，还是在方案的持续实施上，都体现了从点到面、逐步改进的原则。

6）重视可实施性

清洁生产审核的每个步骤都可以与企业的实际情况结合起来，它在审核程序上是标准化的，也就是说，它不会错过清洁生产的机遇，灵活地满足实施方案；如果这个公司的经济条件有限，则首先可以实施一些无/低费的方案，以便资金积累和逐步实施中/高费的方案。

6.1.3　清洁生产审核思路

清洁生产审核思路主要分为三点，即确认废物产生的位置、分析废物产生的原因、提出并实施方案以削减或消除废物。清洁生产审核思路如图 6-1 所示。

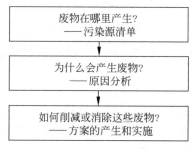

图 6-1　清洁生产审核思路

1）废物在哪里产生

可通过现场调查和物料平衡确定废物的产生部位及产生量,其中废物主要指废弃物和排放物。

2）为什么会产生废物

这需要对产品生产过程(图 6-2)的 8 个方面进行分析,进而发现废物产生的主要原因。

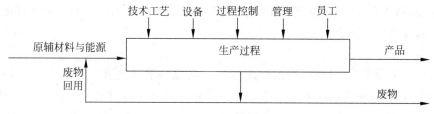

图 6-2　生产过程框图

3）如何削减或消除这些废物

根据每个废物的产生原因,设计出对应的清洁生产方案,包括无/低费方案和中/高费方案,这些方案可能有几个、数十个或者上百个。通过实施这些清洁生产方案,可以消除这些废物的产生原因,从而减少废物的产生。

审核思路提出要分析废物产生的原因,并提出避免或减少废物产生的方法。为此需要分析生产过程的 8 个方面或者废物产生的 8 种途径,而且清洁生产强调在生产过程中避免或减少废物的产生,这是清洁生产与末端处理的主要区别之一。

那么,如何从清洁生产的角度看待企业的生产与服务过程?抛开生产过程的不同,概括出其共性,可得到如图 6-2 所示的生产过程框图。

从图 6-2 可以看出,一个企业的生产与服务过程可分为 8 个方面,即原辅材料与能源、技术工艺、设备、过程控制、管理、员工 6 个方面的投入,得出 2 个方面的产出——产品和废物。必须产生的废物需要优先用于回收和循环利用,然后再将其余的废物排到环境中。即清洁生产审核思路所提到的废物产生原因跟这 8 个方面或者 8 种途径都可能相关,通过这 8 个方面或者 8 种途径可以找到避免或减少废物产生的方案。

1）原辅材料与能源

原材料和辅助材料的特性,如毒性和难降解性等,在一定程度上决定了产品及其生产过程对环境的影响,因此,选择环保型原辅材料是清洁生产需考虑的一个重要方面。同样,由于有些能源(如煤和石油等自身的燃烧过程)在使用时直接产生废物,而有些能源则间接产生废物(如使用电力一般不会产生废物,但火力发电厂在发电时会产生一定量的废物),所以节约能源、使用二次能源和清洁能源也将有助于减少废物的产生。此外,除了原辅材料和能源的特性,原辅材料的储存、分配、运输、投料方式和使用数量等也会导致废物的产生。

2) 技术工艺

废物的数量和类型主要取决于生产过程中的技术工艺,先进高效的技术可提高原材料的使用效率,从而减少废弃物的数量。污染预防和技术变革相结合是实现清洁生产的重要手段。反应时间漫长、连续生产能力低下、生产稳定性差、处理条件高以及其他技术原因都会导致废物产生。

3) 设备

设备在生产过程中也发挥着重要作用,因为它是技术过程的具体表现,而设备的适用性以及设备的维护和保养等也影响着废物的产生。

4) 过程控制

过程控制对许多生产过程十分重要,例如,在化学工业、炼油厂等类似的产品生产过程中,因为控制和达到优化标准(或过程要求)的反应参数对产品的产量和质量有直接影响,从而对产生的废物量有影响。

5) 产品

产品自身决定了生产过程,产品的特点、性质和结构的变化通常需要对生产过程进行相应的变动和调配,这也会影响到废物的类型和数量。在分析和研究与产品相关的环境问题时,产品的包装方式、使用的材料、尺寸、报废处理、储存和处理也是应该考虑的因素。

6) 废物

废物自身的属性及其状况直接关系到它是否能在现场被重新利用和回收。"废物"只有在离开生产过程时才会成为废物。否则,它们在生产过程中仍然是有用的材料和物质,应尽可能地回收利用,以减少产生的废物量。

7) 管理

我国大多数公司目前的管理状况和水平也是造成材料和能源浪费以及废物增加的主要原因之一。管理方面的任何疏忽或失误,如工作程序不完善或缺乏有效的奖惩制度,都会对废物产生造成严重影响。环境管理可以通过"自我决定、自我指导和自我管理"被纳入一个组织的整体管理。

8) 员工

任何生产过程,无论多么自动化,从广义上来说,都需要人类参与,因此,提高员工的技术水平和环保意识等职业素质、调动员工的积极性是有效控制生产过程和废物产生的一个重要因素。缺乏专业的技术人员,缺乏训练有素的操作人员和良好的管理人员,以及员工缺乏动力和干劲,都可能致使废物量增加。

清洁生产审核的重要内容之一就是通过提高能源和资源效率来减少废物量,使环境和经济达成"双赢"。当然,上述8个方面并不是绝对的,虽然它们各自都有侧重方向,但在很多情况下都有重叠和相互渗透的情况,例如,一套大规模的设备可以决定技术工艺程度;过程控制不仅与仪器和仪表有关,还与管理和员工有关。需要注意的是,对于每一个废物来源,都要从上述8个方面分析原因,并提出相应解决问题的方案(解决方案的类型也包括在这 8 个方面)。然而,这并不意味着每一个废物的产生都有 8 个方面的原因,可能是其中一个或多个方面的原因。

6.2 清洁生产审核程序

企业组织和开展清洁生产审核是推行清洁生产的重要手段。国家清洁生产中心制定了我国清洁生产的审核程序,包括 7 个阶段,即筹划与组织、预评估、评估、方案产生和筛选、方案的确定、方案实施以及持续的清洁生产。清洁生产审核的工作流程见图 6-3。

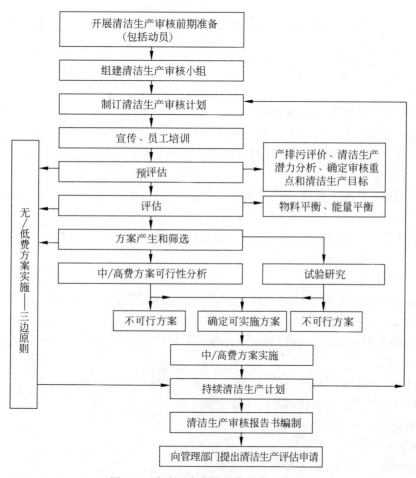

图 6-3　清洁生产审核工作程序示意图

整个清洁生产审核过程分为两个审核期,即第一审核期和第二审核期。第一审核期的工作包括四个阶段:筹划与组织、预评估、评估、方案产生和筛选。在第一审核期结束时,应该对结果进行总结,并提交一份关于清洁生产审核的中期报告,以促进清洁生产审核的进一步发展。第二审核期的工作包括三个阶段:方案的确定、方案实施、持续的清洁生产。第二审核期结束后,应当总结整个清洁生产审核过程,并提交一份(最终)清洁生产审核报告,同时清洁生产(审核)的下一个阶段应着手启动。

6.2.1 筹划与组织（审核准备）

企业清洁生产审核第一个阶段是筹划与组织，即宣传、发动和准备工作。取得企业高级领导层的支持和参与、建立清洁生产审核小组、制订审核的工作计划及宣传清洁生产的理念是这一阶段的重要工作。这一阶段的目的是通过宣传和教育，让企业的管理人员和员工对清洁生产有一个初步的、正确的了解，并消除任何思想和观念上的障碍；了解组织清洁生产审核的内容、要求和程序。

6.2.1.1 取得领导支持

清洁生产审核是一个高度综合的过程，涉及企业的所有部分。通过审核的进展，审核的重点以及参与审核的部门和工作人员也随之改变。因此，管理人员的支持和参与是顺利实施审核的关键。在此过程中，审核期间提出的清洁生产方案是否现实，能否实施，取决于领导层的支持和参与。

1. 解释清洁生产对企业的潜在好处

清洁生产审核可以为企业带来经济效益、生产效益、环境效益，增加无形资产以及促进技术和管理改进等方面的好处，从而提高企业的市场竞争力。

1）经济效益

（1）通过减少废物和排放以及相关费用和处理成本，减少材料和能源消耗，提高产品产量和改善产品质量，可以获得综合经济效益。

（2）实施无/低费方案将清楚地表明经济效益，从而增强对实施可行的中/高费方案的信心。

2）生产效益

（1）通过技术改进，最大限度地减少废物/排放和能源消耗，提高工艺和生产的可靠性。

（2）通过技术改进，使得产品产量增加，产品质量提高。

（3）通过采取清洁生产措施，如减少使用有毒和有害物质，使健康和安全得到改善。

3）环境效益

（1）对组织施加更严格的环境要求是一个重要的国际和国家趋势。

（2）改善环境形象是现代组织的重要竞争手段。

（3）清洁生产是国际和国内趋势。

4）增加无形资产

（1）无形资产有时会比有形资产更宝贵。

（2）清洁生产审核有利于一个企业从粗放型经营向集约型经营过渡。

（3）清洁生产审核是对企业的管理者加强管理的有效支持。

（4）清洁生产审核是提高劳动力质量的有效方式。

5）技术改进

（1）清洁生产审核是一套完整的程序，包括识别和实施无/低费方案的选择，以及开发、测试和分阶段实施技术变革方案，促进引进节能、低耗、高效的清洁生产技术。

（2）清洁生产审核的可行性分析，使企业的技改方案更切合实际，充分利用国内和国际的最新发展。

6）管理改进

管理者关心员工的福利,可以提高员工的积极性和责任感。

2. 清洁生产审核的必要投入

实施清洁生产将对企业产生积极有益的影响,但也需要企业进行投资并承担一定的风险,主要表现在 5 个方面:管理人员、技术人员和业务人员需要做出必要的时间承诺;对监测设备和监测费用进行一些投资;外部专家的聘请费用;审核报告的编制费用;实施中/高费清洁生产方案可能产生的不利影响的风险,包括技术和市场风险。当然这些投入与清洁生产会带来的效益相比是很小的。

6.2.1.2　建立审核小组

计划进行清洁生产审核的企业必须首先在企业内部建立一个权威的审核小组,以确保清洁生产审核的顺利实施。

1. 确定组长

审核小组组长是审核小组的核心,一般来说,最好是由企业的高级主管担任组长,或者由公司的高级主管任命一个具有以下资格的人并授予必要的权力。

（1）具备对公司的生产、工艺、管理和新技术方面的知识和经验。

（2）了解污染防治的原则和技术,熟悉相关的环保法规。

（3）熟悉审核程序和审核小组成员,具有管理和组织工作的能力,与其他部门有良好的合作关系等。

2. 确定成员

审核小组成员的数量取决于企业的实际情况,一般需要 3～5 人全职从事审核工作。审核小组成员应具备以下资格。

（1）具有组织清洁生产审核的知识或专业经验。

（2）了解公司的生产、工艺和管理以及新技术方面的信息。

（3）熟悉公司的废物产生、废物管理、国家和地区的环保法规和政策等。

（4）具有宣传和组织工作的能力和经验。

根据企业实际情况,审核小组还应该由几人到十几人的兼职（非全职）人员组成,并且随着审核工作的进展,还可以增加人员。在审核重点确定前后,应及时调整审核小组的组成。

在审核过程中可能会需要外聘专家的参与,外聘专家的作用是传达清洁生产的基本理念,传授清洁生产审核各环节的要点和方法,打破惯性思维,指出清洁生产的机遇,找出当前工艺和设备以及实际操作中存在的问题并提出解决建议,提供国内外同行业的技术水平和污染物排放的参考数据。

此外,审核小组的一名成员必须来自该企业的财务部门。这个成员不一定要全职参与审核工作,但应该熟悉整个审核过程,不宜在中途被替换。这名来自财务部的成员应该参与所有与审核过程有关的财务计算,准确计算并分别详细说明组织清洁生产审核的投资和收益。中小型企业以及大型企业如果不具备进行清洁生产审核的必要技能,应该请外聘专家协助他们进行审核,组织的审核团队还应该负责与外聘专家联系,研究他们的建议,尽可能多地从他们那里获得优质建议。

在建立审核小组时,各企业可根据自己的工作管理办法和实际需要,灵活选择形式。例如,由高级管理人员组成的审核管理小组负责总体调度,在这个管理小组下成立审核工作小组,主要由技术人员组成,负责清洁生产审核。

3. 明确任务

由于管理小组负责实施方案的决策,并对清洁生产审核的结果负责,因此明确规定管理小组和审核小组的任务是十分重要的。

审核小组的任务有 6 项。

(1) 制订工作计划。

(2) 开展宣传教育——工作人员培训和其他形式。

(3) 确定审核的重点和目标。

(4) 审核的组织和进行。

(5) 编制审核报告。

(6) 提出可持续清洁生产的经验总结和建议。

应将审核小组成员的职责和时间等制成表格,列明审核小组成员的姓名、组内职位、专业领域、职称、时间安排和具体职责等,可参考表 6-1。

表 6-1　清洁生产审核工作小组成员与职责

姓名	审核小组职务	来自部门及职务职称	职　责
	组　长	总经理	清洁生产整体推进
	副组长	总工程师	协助组长开展工作,负责论证工艺改进
	成　员	办公室主任	清洁生产的宣传、培训
	成　员	总经理办公室主任	负责清洁生产的方案征集分析和技术评估
	⋮	⋮	⋮

6.2.1.3　制订工作计划

为清洁生产审核制订更详细的工作计划,将有助于确保审核工作遵循具体的程序和步骤。只有很好地组织人力和物力资源,协调各项工作,才能令人满意地开展审核工作,逐步实现组织的清洁生产目标。

一旦组建了审核小组,应及时编制审核计划。该计划应包含审核过程中的所有重要任务,包括顺序、工作内容、工作进度、负责人姓名、责任部门等,可参考表 6-2。

表 6-2　清洁生产审核工作计划表

阶段	工作内容	工作进度	负责人姓名	责任部门	产出
筹划与组织	1. 取得领导支持; 2. 建立审核小组; 3. 制订工作计划; 4. 进行教育推广				1. 审核小组; 2. 审核工作计划

阶段	工 作 内 容	工作进度	负责人姓名	责任部门	产出
预评估	1. 生产现状调查：收集资料,发动群众,提出问题和建议； 2. 生产污染源及污染物调查； 3. 确定审核的重点； 4. 设定清洁生产目标； 5. 提出和实施无/低费方案				1. 现状调查报告； 2. 资料收集名录； 3. 污染物分析报告； 4. 审核重点； 5. 清洁生产目标； 6. 无/低费方案
评估	1. 对审核重点进行监测分析； 2. 实测输入和输出物流并完成物料衡算； 3. 分析废弃物产生原因； 4. 发动群众开展合理化建议活动； 5. 提出和实施无/低费方案				1. 分析监测报告； 2. 物料平衡图； 3. 废弃物产生原因分析； 4. 实施无/低费方案
方案的产生和筛选	1. 制定清洁生产方案； 2. 分类汇总方案； 3. 筛选方案； 4. 研制方案； 5. 继续实施无/低费方案； 6. 编写清洁生产中期审核报告				1. 各类清洁生产方案汇总； 2. 推荐的供可行性分析的方案； 3. 已实施方案效果分析汇总； 4. 清洁生产中期审核报告
方案的确定	1. 对中/高费方案进行可行性分析,包括技术评价、经济评价和环境评价； 2. 已实施方案成果汇总及效果分析总结； 3. 推荐可行的中/高费方案				1. 方案的可行性分析结果； 2. 推荐的可行方案

6.2.1.4　进行教育推广

争取公司所有部门和广大员工的广泛支持的教育推广活动,特别是现场操作人员的热情参与,对于清洁生产审核的顺利进行和更加有效是至关重要的。

（1）教育推广活动可以通过以下方式进行：定期的企业工作会议；下发关于进行清洁生产审核的正式文件；报告会、研讨会和培训课；电视和录像；黑板报；企业的内部局域网；各种咨询等。

（2）教育推广活动的内容。

① 技术发展、清洁生产和清洁生产审核的概念；

② 清洁生产和末端处理的内容及其优缺点；

③ 国内外企业清洁生产审核的成功案例；

④ 清洁生产审核的障碍及如何克服；

⑤ 清洁生产审核的内容和要求；

⑥ 企业推进清洁生产审核的各项措施；

⑦ 企业各部门取得的审核结果及其具体做法；

⑧ 清洁生产方案的制定及其可能带来的效益和影响。

教育推广的内容将根据审核的阶段进行调整。

（3）克服障碍。企业在开展清洁生产的过程中难免会遇到一些障碍（一般分为思想认识行动障碍、技术障碍、资金物质障碍以及政策法规障碍），如果不克服这些困难是很难达到预期目标的。清洁生产审核小组要结合具体情况，找出不利于清洁生产的障碍，并制定相应的解决方案，如表 6-3 所示。

表 6-3　障碍分析表

障碍类型	障碍表现	解决办法
思想认识行动障碍	1. 清洁生产审核无非是过去环保管理办法的老调重弹； 2. 清洁生产工作涉及每个部门协作，相互协调会有较多困难； 3. 清洁生产审核工作比较复杂，是否会影响生产； 4. 企业生产工艺较成熟，对清洁生产产生怀疑； 5. 清洁生产只是生产一线的事，与其他人无关	1. 推行、开展清洁生产培训尤其是对清洁生产审核与污染防治政策、污染物流失总量管理等讲解要透彻，使得企业领导、员工的清洁生产理念得以转变； 2. 由企业总经理直接参与，成立专门领导机构和常设机构开展工作，保证各种人力、物力资源集中使用； 3. 通过培训讲清审核的工作量和它可能带来的各种效益之间的关系； 4. 从企业的重点生产工艺，阐明在工艺中还存有清洁生产的潜能； 5. 讲清清洁生产是从原料到产品八大方面实行全过程、全方位的污染预防与控制
技术障碍	1. 不了解清洁生产工艺； 2. 担心无实现预防污染的可行性技术	1. 派骨干参加外训与聘请外部清洁生产审核专家相结合，培训企业内部专业人员，掌握清洁生产审核技能，由浅入深，由易到难，逐步开展工作； 2. 向有关的技术支持或服务部门进行咨询
资金物质障碍	缺乏实施清洁生产方案的资金	从企业内部挖潜积累资金，或向政府部门和工业部门宣传清洁生产和清洁生产审核工作，以及预防污染优于末端治理的成功实例，促进银行给予预防污染贷款优惠条件
政策法规障碍	1. 实施清洁生产与现行的环境管理制度中的不匹配； 2. 企业对法律了解不够，不知道实施清洁生产有哪些鼓励措施	1. 用预防污染优于末端治理的成功经验促进公司方尽快地制定相关政策和措施； 2. 充分总结预防污染的经验，促进调整现行的工业管理和环境管理制度中不利于实行清洁生产的某些规定

6.2.2　预评估（审核）

预评估（审核）是清洁生产审核的第二阶段，这个阶段的重点是通过对整个企业的调查和分析，评估企业的产污和排污情况，分析和发现清洁生产的潜力和机会，确定审核的重点，从而制定清洁生产的目标，并针对发现的问题确定对策，免费或低价实施简单的减废方案。

预评估是清洁生产审核发现问题和解决问题的起点，其工作流程见图 6-4。

6.2.2.1　开展现状调查

对企业现状的调查主要是通过收集信息、查阅档案和采访相关人员来完成，主要包含以下内容。

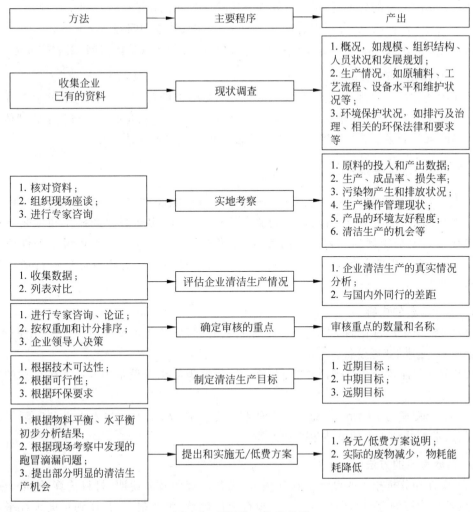

图 6-4　预评估工作流程图

1．企业概况

（1）企业发展概况、规模、产值、利税、组织结构、人员状况、发展规划等方面的简要介绍。

（2）企业所在地的地理、地质、水文、气象、地形和生态环境等的基本情况。

2．企业生产情况

（1）应将企业的主要原辅材料、主要产品、能源和水的消耗量列成表格，包括总消耗量和单位消耗量，以及主要车间或分厂的情况。

（2）应以框架图显示企业的主要工艺流程，并标明主要原辅材料、水、能源和废物的流入、流出及去向。

（3）企业设施的水平和维护状况，如完好率、渗漏率等。

3．企业的环保状况

（1）主要的污染源及其排放，包括现状、数量、毒性等。

（2）主要污染源的处理现状，包括处理方法、影响、问题和单位废物的年处理费用等。

（3）"三废"的回收、综合利用情况，包括方法、影响、效益和问题。

（4）企业的相关环境保护法规和要求，如排放许可证、区域整体控制、工业排放标准等。

4．企业清洁生产管理状况

企业的清洁生产管理状况涵盖了从原材料的购买和储存，到生产和经营，再到产品交付的整个管理水平，尤其是在企业质量管理体系认证（ISO 9000）、职业健康与安全管理体系认证（ISO 18000）、企业生产"5S"管理等制度建设上也是重点预评估内容。

6.2.2.2 进行实地考察

在生产发展过程中，一些工艺流程、设备和管道可能经过多次调整和更新，这些可能没有反映在图纸、说明书、设备清单和相关手册中。此外，实际的生产操作和工艺参数的控制往往偏离原来的规划和协议。因此，实地考察是必要的，以核实和纠正条件研究的结果，并确定生产中的问题。同时，实地考察确定了整个工厂免费或低价进行清洁生产的明显选择。

1．实地考察的内容

（1）对整个生产过程的实际考察。从原材料开始，将依次考察原材料仓库、生产车间、成品仓库和"三废"处理设备。

（2）重点关注各个产污排污环节、水和（或）能源消耗以及设备中容易发生事故的环节或部位。

（3）生产管理的实际情况，如岗位责任制的落实情况，工人的技术水平和实际工作方法，车间技术人员和工人的清洁生产意识等。

2．实地考察的方法

（1）审查和分析相关的设计资料和图纸、工艺流程图及其说明、材料衡算、能量（热量）衡算、设备和管道的选择和设计等。还要检查岗位记录、生产报表（月度和年度统计平均报表）、原材料和成品的库存记录、废物报表、监测报表等。

（2）与工人和工程师面谈，了解并核实实际生产和排放情况，听取意见和建议，确定关键问题和领域，寻找无/低费的清洁生产方案。

6.2.2.3 评估企业的清洁生产情况

在对国内外同类企业的产污排污以及能源和原材料消耗进行比较分析的基础上，对该企业的污染原因进行初步分析，并对环境保护和能源法规的执行情况进行评估。

1．对比企业的清洁生产情况

（1）如果企业所在行业有国家或地方的行业清洁生产标准和行业清洁生产评价指标体系，则根据行业清洁生产标准和行业清洁生产评价指标体系的指标要求，评估企业的清洁生产情况。

（2）如果没有国家或地方行业清洁生产标准和行业清洁生产评价指标体系，则根据资料调研、现场考察和专家咨询情况，对国内外具有同类工艺、同等设备和产品的先进企业的生产、消耗、产污排污和管理水平进行汇总，并与企业的指标进行比较，并列表说明，进而评估企业的清洁生产情况。

2. 初步分析产污排污、原材料消耗高、能源利用效率低的原因

（1）对比国内外同类企业的先进水平，结合企业原料、工艺、产品和设备等的实际情况，确定企业的产污排污、原材料消耗以及能源利用效率的理论水平。

（2）调查并汇总企业的实际产污、原材料消耗以及能源利用的现状。

（3）从与生产过程有关的 8 个方面出发，对产污排污的理论水平与实际情况之间的差异进行初步分析，并评估企业的产污排污、原材料消耗和能源利用效率现状在当前条件下是否合理。

3. 评价企业环保执法情况

评估企业对国家和地方环保法规和工业排放标准的执行情况，包括达标情况、排污费的支付和处罚情况等。

4. 得出评价结论

根据以上对比结果，初步评价企业产污排污状况的真实性、合理性及相关数据资料的可信程度，汇总生产过程中存在的问题及产生原因。

6.2.2.4　确定审核的重点

通过前三个步骤，企业现有的问题和弱点基本确定，从中可以得出本轮审核的重点。在确定审核重点时，应考虑到企业的实际情况。这一部分特别适用于工艺复杂、生产单元多、生产量大的大中型企业。

1. 确定备选审核重点

根据获得的信息，列出企业的主要问题，并选择一些问题或方面作为备选审核重点。一个企业的生产通常由一些单元操作组成。单元操作是一个或多个工序或工艺设备，它们的任务是输入、加工和输出材料以完成一个特定的过程。原则上，所有单元操作都可以考虑作为潜在的审核重点。根据研究结果，考虑到公司的实际财力、物力和人力资源情况，选择一些车间、部门或经营单位作为备选的审核重点。

1）确定原则

要优先考虑下面的内容作为备选审核重点：

（1）污染严重的环节或部位；

（2）原材料和能源消耗量大的环节或部位；

（3）环境及公众压力大的环节或问题；

（4）在清洁生产方面有明显的机会。

2）确定方法

整理、汇总和转换所收集的数据，并将其制成表格，作为后续步骤"确定审核重点"的基础。在填写数据时，要注意：

（1）原材料与能源消耗以及废物量应按月或按年统计每个备选重点的总量；

（2）能源消耗一栏将根据企业的实际情况进行调整，可以采用标准煤、电、油等能源形式。

备选审核重点情况汇总可参考表 6-4。

表 6-4　某厂备选审核重点情况汇总表

项目	废弃物量/(t/a)		主要消耗							环保费用/(万元/a)					
			原料消耗		水耗		能耗		小计/(万元/a)	厂内末端治理费	厂外处理处置费	排污费	罚款	其他	小计
	废水	废渣	总量/(t/a)	费用/(万元/a)	总量/(t/a)	费用/(万元/a)	标准煤总量/(t/a)	费用/(万元/a)							
一车间	1000	6	1000	30	10	20	500	6	56	40	20	60	15	5	140
二车间	600	2	2000	50	25	50	1500	18	118	20	0	40	0	0	60
三车间	400	0	800	40	20	40	750	9	89	5	0	10	0	0	15

2．确定审核重点

采用一定方法对备选的审核重点进行排序，并从中确定本轮审核工作的重点。通过这种方式，还可以为未来的清洁生产审核提供优选列表。本轮审核重点的数量取决于企业的实际情况，一般每次选择一个审核重点。设定审核优先级的方法可以简单概括为下面几种。

1）简单比较法

简单比较法只注重一般性的考察，第一轮的审核重点通常是根据对每个备选重点的废物产生和毒性、材料和能源消耗的比较、分析和讨论，从而确定污染最严重、消耗最大、清洁生产潜力最大的部位。

2）权重加和排序法

权重加和排序法是多因素分析法。它是通过比较各个因素（如废物量、原材料和能源消耗、废物毒性、成本、市场开发潜力、工人主动性）的权重及得分，得到每个因素的加权得分值，然后将这些加权得分值相叠加，以求得到权重加和，再比较各权重的加和值做出选择的方法。对于流程复杂、产品和原材料种类繁多的企业来说，往往很难通过定性的比较来确定审核重点，而且简单的比较通常只能为本轮审核提供重点，很难为未来的清洁生产提供充分的依据。为了提高决策的科学性和客观性，采用了半定量的方法进行分析。这个方法是确定审核重点的常用方法。

确定权重因素需要考虑几项原则：重点突出，主要服务于组织清洁生产和预防污染的目标；避免各因素之间相互交叉；因素含义明了，易于打分；数量合理（约 5 个）。

权重因素的种类包括基本因素和附加因素两种。

（1）基本因素。

① 在环境方面，减少废物、有毒和有害物质的排放，或使其成分改变，更容易降解，更容易处理；减少有害性（如毒性、易燃性、反应性、腐蚀性等），对工人健康和安全的风险及其他负面环境影响较小；遵守环保法规，达到环保标准。

② 在经济方面，减少投资，降低加工成本，降低工艺操作成本，降低环境责任成本（排污费、污染罚款、事故赔偿费用）；可循环回收或使用材料或废物；提高产品质量。

③ 在技术方面，要有成熟的、先进的技术以及有经验的技术人员；在国内同行业中的成功案例；容易运行和维护。

④ 在实施方面，对工厂当前的正常生产和其他生产部门的干扰小；施工简单，周期短，所需空间小；工人容易接受。

（2）附加因素。

① 在前景方面,符合国家经济发展政策,符合行业结构调整和发展政策,符合市场需求。

② 在能源方面,水、电、气和热的消耗减少,或者水、气和热可以循环使用或回收。

根据每个因素的重要性,权重值可简单分为三个等级:高重要性(权重值为 7～10);中等重要性(权重值为 4～6);低重要性(权重值为 1～3)。根据国内清洁生产的实践和专家讨论的结果,在选择审核重点时,通常会考虑以下因素,或者说每个因素的重要性即权重值(W),可以参照以下数值:

废物量　　　　　$W=10$

主要消耗　　　　$W=7～9$

环保费用　　　　$W=7～9$

市场发展潜力　　$W=4～6$

车间积极性　　　$W=1～3$

注:上述权重值只是一个范围,在实际测试中必须为每个因素设定一个值(这个值在整个审核过程中都不能改动);根据企业的实际情况,可增加废物毒性因素等;可根据实际情况增加项目;在计算废物量时,应选择最重要的污染形式,而不是水、气体和废渣的积累。

根据收集到的信息,审核小组或相关专家结合相关的环保要求和企业的发展计划,对各个备选审核重点就上述各因素按照备选审核重点情况汇总表提供的数据或信息进行评分,分值(R)为 1～10 分(满分)。分数乘以权重值(RW),所有乘积的总和($\sum RW$)就是该备选重点的总分,最高分代表审核重点,以此类推,可参考表 6-5 所给示例。

表 6-5　某厂权重加和计分排序法确定审核重点表

因　　素	权重值 W	方案得分 R（1～10）					
		第一车间		第二车间		第三车间	
		R	RW	R	RW	R	RW
废物量	10	9	90	2	20	1	10
原材料和能源消耗	9	6	54	6	54	6	54
环保费用	9	10	90	10	90	10	90
废物毒性	8	1	8	2	16	9	72
清洁生产潜力	6	9	54	9	54	9	54
工人倡议	3	10	30	10	30	10	30
总分（$\sum RW$）		326		264		310	
排序		1		3		2	

6.2.2.5　设定清洁生产目标

设置定量化的硬性指标,才能真正落实清洁生产,并能根据此检验与考核,达到通过清洁生产预防污染的目的。

1. 原则

（1）易于为人所理解、接受和实现。

（2）清洁生产指标是可量化的、可操作的、具有激励作用的指标，涉及审核的重点。它们不仅需要减少污染、降低消耗或节约能源的绝对量，还需要相对量指标，并与当前情况进行对照。

（3）它是有时间限制的，分为近期和远期。近期一般是指本轮审核工作基本完成、审计报告定稿为止（表6-6）。

表6-6　某厂关键审核程序的清洁生产目标

名　称	项　目	现状	近期目标	远期目标
高纯氧化镁	单位产品粉尘排放量/(kg/t)	1.31	1.31	0.31
	单位产品二氧化硫生成量/(kg/t)	9.1	9.1	4.7
	单位产品耗电量/(kW·h/t)	219.85	219	214
电熔氧化镁	单位产品产尘量/(kg/t)	109	30	20
	单位产品粉尘排放量/(kg/t)	5.5	0.84	0.84
	单位产品耗电量/(kW·h/t)	3000	2350	2300
	单位产品综合能耗(标煤)/(kgce/t)	1212	1192	1166
选矿	菱镁矿尾矿的再利用剂量/t	150000	431000	431000
	废水回用率/%	70	100	100

注：kgce为1 kg标准煤，1 kgce=29.31 MJ。

2．依据

基于环境管理的外部要求，如限期治理、达标排放等；基于企业的最高历史水平；参照国内外同行业类似规模、工艺或技术设备的厂家的水平；参照同行业清洁生产标准或行业清洁生产评级体系的指标。

6.2.2.6　提出和实施无/低费方案

预评估阶段的无/低费方案是指通过调研，特别是通过现场考察和访谈就能确定的方案，不需要对生产过程进行深入分析，它是针对整个工厂的；审核阶段的无/低费的方案必须通过对物料平衡结果的深入分析来确定，是针对审核重点的。

1．目的

运用边审核边实施的原则实施清洁生产，及时取得成果，滚动推进审核工作。

2．方法

采用的方法是调查、咨询、现场检查、收集清洁生产的建议、及时改进、及时实施和及时总结，对于无/低费的涉及重大变化的方案，应遵循企业正常的技术管理程序。常见的无/低费方案如下。

1）原辅材料和能源

根据需求调整采购数量；加强对原材料质量的控制（如纯度、水分等）；根据生产过程调整包装尺寸和形状。

2）技术工艺

改进制备方法；增加收集设施的规模，减少材料或成品的损失；改用易于处理和处置的清洁剂。

3）设备

改进并加强设备定期检查和维护，减少跑、冒、滴、漏；及时修补完善输热、输气管线的隔热保温。

4）过程控制

在最佳加药比例下选择生产工艺；增加检测计量仪表；校准检测计量仪表；改进过程控制和在线监控；调整和优化反应参数，如温度、压力等。

5）产品

改进包装及其标识或说明；加强库存管理。

6）废物

循环利用冷凝液；现场分类、收集可回收的物料与废弃物；利用余热；清污分流。

7）管理

清扫地面时改用干扫法或拖地法，以取代水冲洗法；减少物料溅落并及时收集；严格岗位责任制及操作规程。

8）员工

加强员工技术与环保意识的培训；采用各种形式的精神和物质激励措施。

6.2.3　评估（审核）

这一阶段是对组织审核重点的原材料、生产过程和浪费产生进行检查，建立审核重点的物料平衡，进行废物产生原因分析。在摸清企业产污排污状况和同国内外同类型企业比较后，初步分析出产污原因，并对执行环保法律法规和标准的状况进行评价。审核阶段主要针对审核重点展开工作，此阶段工作主要包括物料输入输出的实测、物料平衡、废物产生原因的分析等几项内容。这一阶段的重点是对输入和输出物流的实际测量，建立物料平衡并分析产生废物的原因。审核过程如图 6-5 所示。

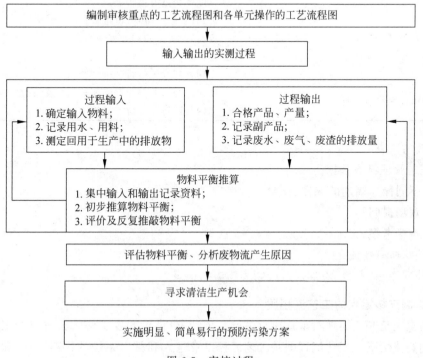

图 6-5　审核过程

6.2.3.1 收集审核重点资料

收集关于审核重点和相关流程或工序的相关资料,并创建工艺流程图。

1. 收集资料

1）收集基础资料

收集基础资料的各项内容见表6-7。

表 6-7 收集基础资料表

资 料 种 类	资 料 内 容
工艺资料	1. 工艺流程图; 2. 工艺设计的物料、热量平衡数据; 3. 工艺操作手册和说明; 4. 设备的技术规范和运行维护记录; 5. 管道系统布局图; 6. 车间内平面布置图
原材料和产品及生产管理资料	1. 产品的组成表及月、年度产量表; 2. 物料消耗统计表; 3. 产品和原材料库存记录; 4. 原料进厂检验记录; 5. 能源费用; 6. 车间成本费用报告; 7. 生产进度表
废物资料	1. 年度废物排放报告; 2. 废物(水、气、渣)分析报告; 3. 废物管理、处理和处置费用; 4. 排污费; 5. 废物处理设施运行和维护费用
国内外同行业资料	1. 国内外同行业单位产品原辅料消耗情况(审核重点); 2. 国内外同行业单位产品排污情况(审核重点)

2）现场调查

补充与验证已有数据。

(1) 不同操作周期的取样、化验。

(2) 现场提问。

(3) 现场考察、记录:

① 追踪所有物流;

② 建立产品、原料、添加剂及废物等物流的记录。

2. 编制审核重点的工艺流程图

为了更完整和全面地对审核重点进行实测和分析,首先要了解审核重点的工艺流程和输入输出物流情况。工艺流程图是工艺流程以及进入和排出系统的物料、能源和废物流的图形表示。审核重点的工艺流程图见图6-6。

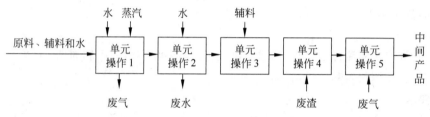

图 6-6　审核重点的工艺流程图

3. 编制单元操作工艺流程图和功能说明表

如果审核重点包含大量的单元操作,而一张审核重点工艺流程图无法反映单个单元操作的具体情况时,应根据审核重点工艺流程图,编制单个单元操作的流程图(标明进出单元操作的输入和输出物流)和功能描述表。图 6-7 是与图 6-6 相对应的单元操作 1 的工艺流程图。表 6-8 是啤酒厂中各单元操作的功能描述表。

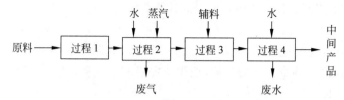

图 6-7　单元操作 1 的工艺流程图

表 6-8　各单元操作的功能描述表

单元操作名称	功 能 简 介
粉碎	将原辅料粉碎成粉、粒状,以利于糖化过程物质分解
糖化	利用麦芽所含的酶,将原料中高分子物质分解制成麦汁
麦汁过滤	将糖化醪中原料溶出物质与麦芽糖分开,得到澄清麦汁
麦汁煮沸	灭菌、灭酶、蒸出多余水分,使麦汁浓缩至要求浓度
旋流澄清	使麦汁静置,分离出热凝固物
冷却	析出冷凝固物,使麦汁吸氧、降到发酵所需温度
麦汁发酵	添加酵母,使麦汁发酵成酒液
过滤	去除残存酵母及杂质,得到清亮透明的酒液

4. 编制工艺设备流程图

工艺设备的流程图主要用于实际测量和分析。与工艺流程图相比,这里的重点是设备和进出设备的物流。在工艺设备的流程图中,重点设备输入、输出物流以及监测点必须根据工艺流程分别标明。

6.2.3.2　实测输入、输出物流

为了后续审核的顺利进行,审核人员需要了解与每项操作相关的功能和工艺变量,并核对单元操作和整个工艺的所有信息,包括原材料、中间产品和产品的物料管理和操作方法。

1．准备和要求

1）准备工作

（1）制订现场实测计划，包括确定监测项目、监测点、实测时间和周期。

（2）校验监测仪器和计量器具。

2）要求

（1）监测项目。

应该对作为审核重点的所有输入和输出物流进行实际测量，包括原材料、辅助材料、水、产品、中间物和废物等。物流中组件的测定取决于实际工艺情况。有些工艺应该被测量，如电镀溶液中的铜、铬等；有些则不一定要测，如炼油中每类烃的具体含量，但原则上监测项目应该与废物流的分析相对应。

（2）监测点。

监测点的设置必须满足物料衡算的要求，即必须监测主要的物流进出口，但一些因工艺条件而无法监测的中间过程可以用理论上的计算数值代替。

（3）实测时间和周期。

对于周期性（不连续）生产的企业，按正常一个生产周期（即一次配料由投入到产品产出为一个生产周期）进行逐个工序的实测，至少要测量三个周期；对于连续生产的企业，应连续（跟班）测量 72 h。

（4）同步性。

输入、输出物流的实测要注意同步性，即在同一生产周期内完成相应的输入和输出物流的实际测量。

（5）实际测量的条件。

正常工况，按正确的检测方法进行实际测量。

（6）现场记录。

一边实测一边记录，同时对原始数据进行记录，并标记测量时的工艺条件（温度、压力等）。

（7）数据单位。

数据收集的单位应统一，并应注意确保与生产报表和年度及月度统计表的可比性。对于间歇性操作的产品，采用单位产品进行统计，如 t/t、t/m³ 等；对于连续生产的产品，采用每单位生产时间的产量进行统计，如 t/a、t/月 等。

2．实测

1）实测输入物流

输入物流指所有投入生产的输入物，包括进入生产过程的原料、辅料、水、气以及中间产品、循环利用物等。

实测的输入物流包括数量、组分（应有利于废物流分析）、实测时的工艺条件。

2）实测输出物流

输出物流指所有排出单元操作或某台设备、某一管线的排出物，包括产品、中间产品、副产品、循环利用物以及废弃物（废气、废渣、废水等）。

实测输出物流同样包括数量、组分（应有利于废物流分析）、实测时的工艺条件。

3）输入和输出的采样和分析结果在单元操作工艺流程图上标明

计算厂外废物流,运输废物到厂外处理前,有时需要在工厂内储存。在储存期间,必须防止渗漏和新的污染物产生;在将废物运往厂外处理时,也必须防止跑、冒、滴、漏,以避免二次污染。

3. 汇总数据

汇总各单元操作数据。将现场实测的数据经过整理、换算并汇总于一张或几张表上,具体可参照表 6-9。

表 6-9　各单元操作数据汇总

单元操作	输　入　物					输　出　物					
	名称	数量	成分			名称	数量	成分			去向
			名称	浓度	数量			名称	浓度	数量	
单元操作 1											
单元操作 2											
单元操作 3											

注：1. 数量按单位产品的量或单位时间的量填写。

2. 成分指输入物和输出物中含有的贵重成分和(或)对环境有毒有害的成分。

3. 汇总审核重点数据。根据单位操作的数据,为使审核重点的输入和输出数据更加清晰明了,需将其汇总在一个表格内,表的形式可参照表 6-10。对于输入、输出物料不能简单加和的,可根据组分的特点自行编制类似表格。

表 6-10　审核重点输入、输出数据汇总表

输　入		输　出	
名　称	数　量	名　称	数　量
原料 1		产　品	
原料 2		副产品	
辅料 1		废　水	
辅料 2		废　气	
水		废　渣	
合计		合计	

6.2.3.3　建立物料平衡

建立物料平衡的目的是确定作为审核重点的废物流,量化废物的数量、成分和去向,确定以前未被组织的排放或未被注意的物料损失,并为创建和发展清洁生产方案提供科学依据。

从理论上讲,物料平衡应满足公式:

$$物质输入＝物质输出$$

1. 进行预平衡测算

根据物料平衡原理和测量结果,对总的输入物流和输出物流以及主要组分的平衡进行

研究。如果输入总量与输出总量之间的偏差在 5% 以内,物料平衡的结果一般可以用于后续的评估和分析,但对于有价值的原材料、有毒成分等,其偏差应更小或符合行业要求;如果偏差不符合这些要求,则必须调查偏差较大的原因。在这种情况下,应重复当前的测量,或进行额外的监测。

2. 编制物料平衡图

物料平衡图是为审核重点而创建的,即用图形显示平衡前的测量结果。在此之前,必须编制一个审核重点的物料流程图,即在审核重点的流程图上标明各个单元操作的输入和输出。图 6-8 和图 6-9 分别为某尿素生产场地的物料流程图和物料平衡图。

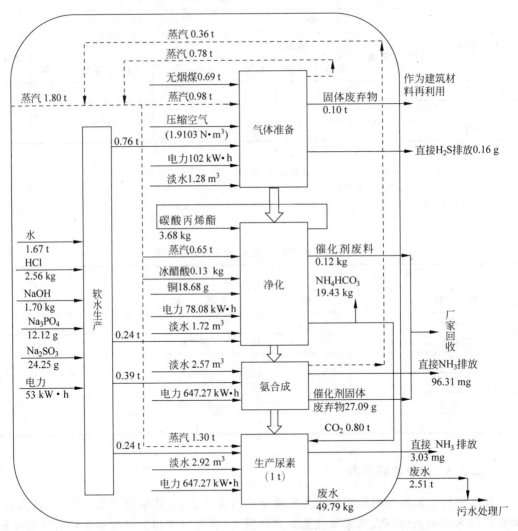

图 6-8　某尿素生产场地的物料流程图

如果审核重点涉及原材料和有毒成分,物料平衡表应说明其组成和数量。或者为每个组分创建一个单独的物料平衡图。

物料流程图以单元操作为基本单位,每个单元操作用方框图表示,左边是输入,主、副产品和中间产品按照流程提示,其他产出在右边。

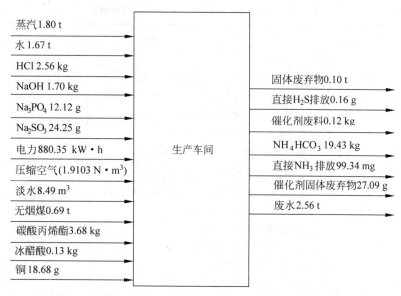

输入（左侧）：
蒸汽 1.80 t
水 1.67 t
HCl 2.56 kg
NaOH 1.70 kg
Na_3PO_4 12.12 g
Na_2SO_3 24.25 g
电力 880.35 kW·h
压缩空气(1.9103 N·m³)
淡水 8.49 m³
无烟煤 0.69 t
碳酸丙烯酯 3.68 kg
冰醋酸 0.13 kg
铜 18.68 g

生产车间

输出（右侧）：
固体废弃物 0.10 t
直接H_2S排放 0.16 g
催化剂废料 0.12 kg
NH_4HCO_3 19.43 kg
直接NH_3排放 99.34 mg
催化剂固体废弃物 27.09 g
废水 2.56 t

图 6-9 某尿素生产场地的物料平衡图

物料平衡图以审核重点的整体为单位，输入画在左边，主要的产品、副产品和中间产品标在右边，若有气体排放物则标在图框的上边，循环和回用物料标在图框的左下角，其他输出则标在图框的下边。

从严格意义上说，水的平衡是物质平衡的一部分。如果水参与了反应，它就是物料的一部分。然而，在许多情况下，水并不直接参与反应，而是用于清洁和冷却。在这种情况下，如果审核重点的耗水量很大，应编制单独的水平衡表图，以了解耗水过程并找到减少耗水的方法。

3. 阐述物料平衡结果

根据测量的输入物流和输出物流以及物料平衡，确定废物及其产生部位，描述物料平衡结果，并对作为审计重点的生产过程进行评估。最重要的内容如下。

(1) 物料平衡的偏差。

(2) 实际原料利用率。

(3) 物料流失部分(无组织排放)及其他废弃物的产生环节和产生部位。

(4) 废弃物(包括流失的物料)的种类、数量和所占比例以及对生产和环境的影响部位。

6.2.3.4 分析废弃物产生及能耗、物耗消耗高的原因

通常如果输入总量与输出总量之间的误差在 5% 以内，物料平衡的结果一般可以用于以后的评估和分析；否则，必须调查造成较大误差的原因，重新进行实际测量和物料平衡。对生产过程中的每个环节的每一种物料和废物都进行分析，以确定材料损失和浪费的原因。可以在影响生产过程的 8 个方面进行分析，见表 6-11。

表 6-11　影响生产过程的 8 个方面原因分析表

方　　面	原　　因
1. 原辅材料和能源	1. 原辅材料不纯和(或)未净化； 2. 原辅材料储存、发放、运输的流失； 3. 不合理的原辅材料投入量和(或)配比； 4. 超定额消耗原辅材料及能源； 5. 使用有毒、有害原辅材料； 6. 未利用清洁能源和二次资源
2. 技术工艺	1. 技术工艺落后，原料转化率低； 2. 设备布置不合理,无效传输线路过长； 3. 反应及转化步骤过长； 4. 连续生产能力差； 5. 工艺条件要求过严； 6. 生产稳定性差； 7. 需使用对环境有害的物料
3. 设备	1. 设备破旧、漏损； 2. 设备自动化控制水平低； 3. 有关设备之间配置不合理； 4. 主体设备和公用设施不匹配； 5. 设备缺乏有效维护和保养； 6. 设备的功能不能满足工艺要求
4. 过程控制	1. 计量检测、分析仪表不齐全或监测精度达不到要求； 2. 某些工艺参数(如温度、压力、流量、浓度等)未能得到有效控制； 3. 过程控制水平不能满足技术工艺要求
5. 产品	1. 产品储存和搬运中的破损、漏失； 2. 产品的转化率低于国内外先进水平； 3. 不利于环境的产品规格和包装
6. 废物	1. 对可利用废弃物未进行再利用和循环使用； 2. 废弃物的物理化学性能不利于后续的处理和处置； 3. 单位产品废弃物产生量高于国内外先进水平
7. 管理	1. 有利于清洁生产的管理条例、岗位操作规程等未能得到有效执行。 2. 现行的管理制度不能满足清洁生产的需要： (1) 岗位操作规程不够严格； (2) 生产记录(包括原料、产品和废弃物)不完整； (3) 信息交换不畅； (4) 缺乏有效的奖惩办法
8. 员工	1. 员工的素质不能满足生产需求： (1) 缺乏优秀管理人员； (2) 缺乏专业技术人员； (3) 缺乏熟练操作人员； (4) 员工的技能不能满足本岗位的要求。 2. 缺乏对员工主动参与清洁生产的激励措施

6.2.4 方案的产生和筛选

本阶段的工作重点是针对废物产生原因,提出相应的清洁生产方案并进行筛选,确定出两个以上中/高费方案供下一阶段(即第五阶段)进行可行性分析;编制企业清洁生产中期审核报告。上一阶段已针对审核重点在物料平衡的基础上分析出了污染物产生的原因,接下来应针对这些原因提出切实可行的清洁生产方案,包括无/低费和中/高费方案。审核重点清洁生产方案既要体现污染预防的思想,又要保证审核的成效性和预定清洁生产目标的完成。

6.2.4.1 产生方案

清洁生产方案的数量、质量和可行性与清洁生产审核的有效性直接相关,这是审核过程的重要一环。

1. 广泛采集,创新思路

通过各种渠道和形式在全厂范围内进行宣传和动员,鼓励所有员工对清洁生产或合理化提出建议。通过实例教育克服障碍,激励创造性的想法和解决方案。

2. 根据物料平衡和针对废弃物产生原因的分析制定方案

分析物料平衡和废物产生的目的是为产生清洁生产方案提供基础。因此,解决方案的创建必须与这些结果密切相关,从而使所产生的解决方案具有针对性。

3. 广泛收集国内外同行业先进技术

类比是寻找解决方案的一种快速而有效的方法。应组织工程技术人员广泛收集国内外同行的先进技术,并以这些技术为基础,结合企业的实际情况,制定清洁生产方案。

4. 组织专家进行技术咨询

如果一个企业发现自身的力量难以实施某些方案,它可以调用外部力量,组织行业专家提供技术咨询,这对启发思路、畅通信息将会很有帮助。

5. 全面系统地产生方案

清洁生产包括企业生产和管理的所有方面,虽然物料平衡和废物产生的原因分析对方案的产生非常有帮助,但在其他方面也可能有清洁生产的机会,因此,可以从影响生产过程的 8 个方面全面系统地产生方案。

(1) 替代原辅材料和能源;

(2) 改造技术工艺;

(3) 维护更新设备;

(4) 控制过程优化;

(5) 产品更换或改进;

(6) 回收、循环使用废物;

(7) 改进管理;

(8) 提高员工素质并激励其积极性。

6.2.4.2 分类汇总方案

所有的清洁生产方案,无论实施与否,无论是否在审核重点范围内,都要在列表中对8个方面(替代原辅材料和能源、改造技术工艺、维护更新设备、控制过程优化、产品更换或改进、回收和循环使用废物、改进管理、提高员工素质并激励其积极性)的原理及实施后的预期效果进行简要说明。

6.2.4.3 筛选方案

有两种方法可以用来筛选方案,一种是用相对简单的方法进行初步筛选,另一种是用权重总和计分排序法进行筛选和排序。

1. 初步筛选

初步筛选是要对所有产生的清洁生产方案进行简单的审查和评估,这些方案主要分为三类:无/低费的可行方案、中/高费的初步可行方案和不可行方案。可行的无/低费方案可以立即实施;中/高费的初步可行方案可用于进一步制定和筛选;不可行的方案则被闲置或放弃。

1)确定初步筛选因素

初步筛选可考虑技术可行性、环境影响、经济效益、实施难度以及对生产和产品的影响等。

(1)技术可行性。

关键的考虑因素是生产方案的成熟度,例如,它是否已经被公司的其他部门或同行业的其他公司采用,以及采用的条件是否普遍一致,等等。

(2)环境效益。

主要考虑该方案是否可以减少废物的数量和毒性,是否能改善工人的操作环境,等等。

(3)经济效益。

主要考虑的是企业的投资和运营成本是否可以承受,工厂在经济上是否可行,以及是否会降低废物处理和处置的成本,等等。

(4)实施的难易程度。

主要考虑是否可以用现有的场地、水电、技术人员等来实施,或稍作改进,实施需要多长时间,等等。

(5)对生产和产品的影响。

重点是方案实施期间对企业正常生产的干扰程度以及方案实施后对生产和质量的影响。

2)进行初步筛选

在初步筛选方案时,可以采用简单的筛选方法,即在公司领导和工程师之间组织讨论来做出决定,基本步骤如下。

(1)根据上述确定筛选因素的方法,并考虑到企业的实际情况,确定筛选因素;

(2)确定每个方案与这些筛选因素之间的关系,如果这种关系有积极影响,就打"√",如果有消极影响,就打"×";

(3)进行综合评价从而得出结论。

具体可参照表 6-12。

表 6-12　方案的简单筛选方法

筛选因素	方案编号					
	F_1	F_2	F_3	F_4	…	F_n
技术可行性	√	√	×	√	…	√
环境效益	×	√	√	×	…	√
经济效果	√	√	×	√	…	√
实施的难易	×	√	√	√	…	×
⋮	⋮	⋮	⋮	⋮	⋮	⋮
结论	×	√	×	×	…	×

2. 权重总和计分排序

方案的权重总和计分排序法与预审核重点的权重总和计分排序法基本相同,只是权重因素和权重值可能略有不同。权重总和计分排序法适合于处理方案数量较多或指标较多、相互比较有困难的情况,一般仅用于中/高费方案的筛选和排序。权重因素和权重值的选择可以参照下述标准执行。

1）环境效果

权重值 W 为 $8\sim10$。主要考虑是否减少对环境有害物质的排放量及其毒性,是否减少了对工人安全和健康的危害,是否能够达到环境标准等。

2）经济可行性

权重值 W 为 $7\sim10$。主要考虑费用效益比是否合理。

3）技术可行性

权重值 W 为 $6\sim8$。主要考虑技术是否成熟、先进;能否找到有经验的技术人员;国内外同行业是否有成功的先例;是否易于操作、维护等。

4）可实施性

权重值 W 为 $4\sim6$。主要考虑方案实施过程中对生产的影响大小;施工难度,施工周期;工人是否易于接受等。

具体方法参考表 6-13。

表 6-13　方案的权重总和计分排序表

权重因素	权重值 W	方案得分								
		方案 1		方案 2		方案 3		…	方案 n	
		R	RW	R	RW	R	RW		R	RW
环境效果										
经济可行性										
技术可行性										
可实施性										
总分 $(\sum RW)$										
排序										

3．汇总筛选结果

按照可行的无/低费方案、初步可行的中/高费方案和不可行方案列表汇总方案的筛选结果。

6.2.4.4　研制方案

初步可行的、经过评估的中/高费的清洁生产方案，由于投资大，一般对生产过程有一定影响，需要进一步研制。主要目的是进行工程化分析，为下一阶段的可行性分析获得两个以上的方案选择。

1．内容

方案研制内容一般包括方案的工艺流程详图、方案的主要设备清单、方案的费用和效益估算、编写方案说明 4 个方面。

对每个初步可行的中/高费的清洁生产方案都需要进行方案说明的编写，主要包括技术原理、主要设备、主要的技术及经济指标、可能的环境影响等。

2．原则

通常来讲，对筛选出来的每一个中/高费方案进行研制和细化时都需要考虑下面 5 个原则。

1）系统性

研究每个单元操作在一个新的生产过程中的水平、位置和作用及其与其他单元操作的关系，以确定新的清洁生产方案对其他生产过程的影响，同时考虑到经济和环境效益。

2）综合性

应考虑一个新工艺流程的经济和环境效益，以及排放物的综合利用和它们的优势和劣势，并在产品的加工和使用过程中促进自然和经济物流的转化。

3）闭合性

闭合性是指一个新的工艺流程在生产过程中物流的闭合性。工艺流程需尽可能地与生产过程的载体（如水、溶剂等）实现闭路循环，以便不需排放或最大可能地少排放废水。

4）无害性

清洁生产工艺应该对生态环境无害（或至少危害较小），即不能污染（或仅轻微污染）空气、水和土壤，不能危害工人和附近居民的身体健康，不能损害景区和休息处的美学价值，必须使用可生物降解的原料和包装材料生产更环保的产品。

5）合理性

其目的是合理使用原材料，优化产品设计和结构，减少能源和物料消耗，减少劳动力投入和强度，等等。

6.2.4.5　继续实施无/低费方案

分类分析方案后，对于一些投资成本较低、见效较快的方案，应继续实行边审核边减少污染物的原则，组织人力、物力，实施通过筛选确定可行的无/低费方案，从而促进清洁生产的发展。

6.2.4.6　核定并总结无/低费方案实施效果

已实施的无/低费方案(包括在预评估和评估阶段实施的无/低费方案)的有效性,应在总结中加以核定和分析。核定和总结包括方案序号、名称、实施时间、投资、运营成本、经济效益和环境影响。

6.2.4.7　编写清洁生产中期审核报告

清洁生产中期审核报告是在方案制定和筛选过程完成后编写的,是对迄今为止所有工作的总结。

6.2.5　方案的确定(可行性分析)

方案的确定是企业进行清洁生产审核工作的第 5 个阶段。这一阶段的目标是分析和评估筛选出的中/高费的清洁生产方案,以选择最佳的清洁生产的可行方案。这一阶段的重点是在市场调查和收集某些信息的基础上,评估各种方案的技术、经济和环境可行性,以确定技术先进、经济合理、环境友好的最佳可行的推荐方案。

6.2.5.1　市场调研

清洁生产方案涉及某些情况时,需首先进行市场调研(否则不需要市场调研),为方案的技术与经济可行性分析奠定基础。这些情况一般是指:拟对产品结构进行调整;有新的产品(或副产品)产生;将得到用于其他生产过程的原材料。

1. 调研市场需求

调研市场需求主要包括:

(1) 国内同类产品的价格、市场总需求量;

(2) 当前同类产品的总供应量;

(3) 产品进入国际市场的能力;

(4) 产品的销售对象(地区或部门);

(5) 市场对产品的改进意见。

2. 预测市场需求

预测市场需求主要包括:

(1) 预测国内市场发展趋势;

(2) 分析国际市场发展趋势;

(3) 产品开发生产销售周期与市场发展的关系。

3. 确定方案的技术途径

在市场调查和市场需求预测的基础上,可以对原来方案的技术途径和生产规模进行相应调整。在进行技术、环境和经济评估之前,要最后确定方案的技术途径。对于每个方案,应该有 2～3 个不同的技术途径可供选择,其内容应包括以下方面:

(1) 方案技术工艺流程详图;

(2) 方案实施途径及要点;

（3）主要设备清单及配套设施要求；

（4）方案所达到的技术经济指标；

（5）可产生的环境、经济效益预测；

（6）方案的投资总费用。

6.2.5.2 技术评估

技术评估（technical evaluation）是为了说明方案中所选择的技术与国内外其他技术相比具有先进性，在企业的生产中具有实用性，在具体的技术变革中具有可行性和可实施性。技术评估应着重评估以下几个方面：

（1）在经济合理的条件下，方案设计中采用的工艺路线、技术设备的先进性和适用性；

（2）技术引进或设备进口要符合我国国情，引进技术后要有消化吸收能力；

（3）与国家有关的技术政策和能源政策的相符性；

（4）技术设备操作的安全、可靠；

（5）技术成熟，国内有无实施的先例；

（6）资源的利用率和技术途径合理。

6.2.5.3 经济评估

本阶段的经济评估（economic evaluation）是指对清洁生产方案进行综合性经济分析，是从企业的角度，按照国内现行市场价格，计算出方案实施后在财务方面的获利能力和清偿能力，它应在方案通过技术评估和环境评估后再进行，若前两者不通过则不必进行方案的经济评估。

经济评估的基本目标是要说明资源利用的优势。它是对投资项目所能获得的收益进行评估，通过计算、分析和比较，以选择成本最低、经济效益最好的方案，为投资决策提供科学依据。

1．清洁生产经济效益的统计方法

清洁生产的经济效益包括直接效益和间接效益，如图 6-10 所示。要完善清洁生产的经济效益的统计方法，独立建账，明细分类。

2．经济评估方法

经济评估主要采用现金流量分析和财务动态获利性分析方法。

主要经济评估指标如图 6-11 所示。

3．经济评估指标及其计算

1）总投资费用（I）

在对项目有政策补贴或其他来源补贴时：

$$总投资费用（I）＝总投资－总补贴$$

其中，总投资包括项目建设投资、建设期利息、项目流动资金。

2）年净现金流量（F）

从企业角度出发，企业的经营成本、工商税和其他税金以及利息支付都是现金流出。销

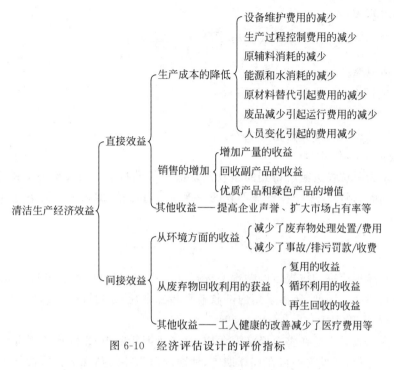

图 6-10　经济评估设计的评价指标

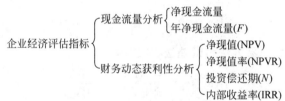

图 6-11　主要经济评估指标

售收入是现金流入,企业从建设总投资中提取的折旧费用可由企业用于偿还贷款,故也是企业现金流入的一部分。

净现金流量是现金流入和现金流出的差额,年净现金流量就是一年内现金流入和现金流出的代数和:

$$年净现金流量(F)＝销售收入－经营成本－各类税＋年折旧费$$
$$＝年净利润＋年折旧费$$

3) 投资偿还期(N)

这个指标是指项目投产后,以项目获得的年净现金流量来回收项目建设总投资所需的年限。可用下列公式计算:

$$N＝I/F$$

式中,I——总投资费用;

F——年净现金流量。

4) 净现值(NPV)

净现值是指在项目经济寿命期内(或折旧年限内)将每年的净现金流量按规定的贴现率折现到计算期初的基年(一般为投资期初)现值之和。

其计算公式为

$$\text{NPV} = \sum_{j=1}^{n} \frac{F}{(1+i)^j} - I$$

式中, i——贴现率;

　　 n——项目寿命周期(或折旧年限);

　　 j——年份。

净现值是动态获利性分析指标之一。

5) 净现值率(NPVR)

净现值率为单位投资额所得到的净收益现值。如果两个项目投资方案的净现值相同,而投资额不同时,则应以单位投资能得到的净现值进行比较,即以净现值率进行选择。其计算公式为

$$\text{NPVR} = \frac{\text{NPV}}{I} \times 100\%$$

净现值和净现值率均按规定的贴现率进行计算确定,它们还不能体现出项目本身内在的实际投资收益率。因此,还需采用内部收益率指标来判断项目的真实收益水平。

6) 内部收益率(IRR)

项目的内部收益率是在整个经济寿命期内(或折旧年限内)累计逐年现金流入的总额等于现金流出的总额,即投资项目在计算期内,使净现值为零的贴现率。可按下式计算:

$$\text{NPV} = \sum_{j=1}^{n} \frac{F}{(1+\text{IRR})^j} - I = 0$$

计算内部收益率的简易方法为试差法,公式为

$$\text{IRR} = i_1 + \frac{\text{NPV}(i_2 - i_1)}{\text{NPV}_1 + |\text{NPV}_2|}$$

式中, i_1——当净现值 NPV_1 为接近于零的正值时的贴现率;

　　 i_2——当净现值 NPV_2 为接近于零的负值时的贴现率;

　　 NPV_1、NPV_2——分别为试算贴现率 i_1 和 i_2 时对应的净现值。

i_1 和 i_2 可从表 6-14 查得, i_1 和 i_2 的差值为 1%～2%。

表 6-14　贴现率表

折旧年限 n	贴现率/%									
	1	2	3	4	5	6	7	8	9	10
1	0.9901	0.9804	0.9709	0.9615	0.9524	0.9434	0.9346	0.9256	0.9174	0.9091
2	1.9704	1.9416	1.9135	1.8861	1.8594	1.8334	1.8080	1.7833	1.7591	1.7355
3	2.9410	2.8839	2.8286	2.7751	2.7232	2.6730	2.6243	2.5771	2.5313	2.4869
4	3.9020	3.8077	3.7171	3.6299	3.5460	3.4651	3.3872	3.3121	3.2397	3.1699
5	4.8534	4.7135	4.5797	4.4518	4.3295	4.2124	4.1002	3.9927	3.8897	3.7908
6	5.7955	5.6014	5.4172	5.2421	5.0757	4.9173	4.7665	4.6229	4.4859	4.3553
7	6.7282	6.4720	6.2303	6.0021	5.7864	5.5824	5.3893	5.2064	5.0330	4.8684
8	7.6517	7.3255	7.0197	6.7327	6.4632	6.2098	5.9713	5.7466	5.5348	5.3349
9	8.5660	8.1622	7.7861	7.4353	7.1078	6.8017	6.5152	6.2469	5.9952	5.7590
10	9.4713	8.9826	8.5302	8.1109	7.7217	7.3601	7.0236	6.7101	6.4177	6.1446

续表

折旧年限 n	贴现率/%									
	1	2	3	4	5	6	7	8	9	10
11	10.3676	9.7868	9.2526	8.7605	8.3064	7.8869	7.4987	7.1390	6.8052	6.4951
12	11.2551	10.5753	9.9540	9.3851	8.8633	8.3838	7.9427	7.5361	7.1607	6.8137
13	12.1337	11.3484	10.6350	9.9856	9.3936	8.8527	8.3577	7.9038	7.4869	7.1034
14	13.0037	12.1062	11.2961	10.5631	9.8986	9.2950	8.7455	8.2442	7.7862	7.3667
15	13.8651	12.8493	11.9379	11.1184	10.3797	9.7122	9.1079	8.5595	8.0607	7.6061
16	14.7179	13.5777	12.5611	11.6523	10.8378	10.1059	9.4466	8.8514	8.3126	7.8237
17	15.5623	14.2919	13.1661	12.1657	11.2741	10.4773	9.7632	9.1216	8.5436	8.0216
18	16.3983	14.9920	13.7535	12.6593	11.6896	10.8276	10.0591	9.3719	8.7556	8.2014
19	17.2260	15.6785	14.3238	13.1339	12.0853	11.1581	10.3356	9.6036	8.9501	8.3649
20	18.0456	16.3514	14.8775	13.5903	12.4622	11.4699	10.5940	9.8181	9.1285	8.5136

折旧年限 n	贴现率/%									
	11	12	13	14	15	16	17	18	19	20
1	0.9009	0.8929	0.8850	0.8772	0.8696	0.8621	0.8547	0.8475	0.8403	0.8333
2	1.7125	1.6901	1.6681	1.6467	1.6257	1.6052	1.5852	1.5656	1.5465	1.5278
3	2.4437	2.4018	2.3612	2.3216	2.2832	2.2459	2.2096	2.1743	2.1399	2.1065
4	3.1024	3.0373	2.9745	2.9137	2.8550	2.7982	2.7432	2.6901	2.6386	2.5887
5	3.6959	3.6048	3.5172	3.4331	3.3522	3.2743	3.1993	3.1272	3.0576	2.9906
6	4.2305	4.1114	3.9975	3.8887	3.7845	3.6847	3.5892	3.4976	3.4098	3.3255
7	4.7122	4.5638	4.4226	4.2883	4.1604	4.0386	3.9224	3.8115	3.7057	3.6046
8	5.1461	4.9676	4.7988	4.6389	4.4873	4.3436	4.2072	4.0776	3.9544	3.8372
9	5.5370	5.3282	5.1317	4.9464	4.7716	4.6065	4.4506	4.3030	4.1633	4.0310
10	5.8892	5.6502	5.4262	5.2161	5.0188	4.8332	4.6586	4.4941	4.3389	4.1925
11	6.2065	5.9377	5.6869	5.4527	5.2337	5.0286	4.8364	4.6560	4.4865	4.3271
12	6.4924	6.1944	5.9176	5.6603	5.4206	5.1971	4.9884	4.7932	4.6105	4.4392
13	6.7499	6.4235	6.1218	5.8424	5.5831	5.3423	5.1183	4.9095	4.7147	4.5327
14	6.9819	6.6282	6.3025	6.0021	5.7245	5.4675	5.2293	5.0081	4.8023	4.6106
15	7.1909	6.8190	6.4264	6.1422	5.8474	5.5755	5.3242	5.0916	4.8759	4.6755
16	7.3792	6.9740	6.6039	6.2651	5.9542	5.6685	5.4053	5.1624	4.9377	4.7296
17	7.5488	7.1196	6.7291	6.3729	6.0472	5.7487	5.4746	5.2223	4.9897	4.7746
18	7.7016	7.2497	6.8399	6.4674	6.1280	5.8178	5.5339	5.2732	5.0333	4.8122
19	7.8393	7.3658	6.9380	6.5504	6.1982	5.8775	5.5845	5.3162	5.0700	4.8435
20	7.9633	7.4694	7.0248	6.6231	6.2593	5.9288	5.6278	5.3527	5.1009	4.8696

折旧年限 n	贴现率/%									
	21	22	23	24	25	26	27	28	29	30
1	0.8264	0.8197	0.8130	0.8065	0.8000	0.7937	0.7874	0.7813	0.7752	0.7692
2	1.5095	1.4915	1.4740	1.4568	1.4400	1.4235	1.4074	1.3916	1.3761	1.3609
3	2.0739	2.0422	2.0114	1.9813	1.9520	1.9234	1.8956	1.8684	1.8420	1.8161
4	2.5404	2.4936	2.4483	2.4043	2.3616	2.3202	2.2800	2.2410	2.2031	2.1662
5	2.9260	2.8636	1.8035	2.7454	2.6893	2.6351	2.5827	2.5320	2.4830	2.4356

续表

折旧年限 n	贴现率/%									
	21	22	23	24	25	26	27	28	29	30
6	3.2446	3.1669	3.0923	3.0205	2.9514	2.850	2.8210	2.7594	2.7000	2.6427
7	3.5079	3.4155	3.3270	3.2423	3.1611	3.0833	3.0087	2.9370	2.8682	2.8021
8	3.7256	3.6193	3.5179	3.4212	3.3289	3.2407	3.1564	3.0758	2.9986	2.9247
9	3.9054	3.7863	3.6731	3.5655	3.4631	3.3657	3.2728	3.1842	3.0997	3.0190
10	4.0541	3.9232	3.7993	3.6819	3.5705	3.4648	3.3644	3.2689	3.1781	3.0915
11	4.1769	4.0354	3.9018	3.7757	3.6564	3.5435	3.4365	3.3351	3.2388	3.1473
12	4.2784	4.1274	3.9852	3.8514	3.7251	3.6059	3.4933	3.3868	3.2859	3.1903
13	4.3624	4.2028	4.503	3.9124	3.7801	3.6555	3.5381	3.4272	3.3224	3.2233
14	4.4317	4.2646	4.1082	3.9616	3.8241	3.6949	3.5733	3.4597	3.3507	3.2487
15	4.4890	4.3152	4.1530	4.0013	3.8593	3.7261	3.6010	3.4834	3.3726	3.2682
16	4.5364	4.3567	4.1894	4.0333	3.8874	3.7509	3.6228	3.5026	3.3896	3.2832
17	4.5755	4.3908	4.2190	4.0591	3.9099	3.7705	3.6400	3.5177	3.4028	3.2948
18	4.6079	4.4187	4.2431	4.0799	3.9279	3.7861	3.6536	3.5294	3.4130	3.3037
19	4.6346	4.4415	4.2627	4.0967	3.9424	3.7985	3.6642	3.5386	3.4210	3.3105
20	4.6567	4.4603	4.2786	4.1103	3.9539	3.8083	3.6726	3.5458	3.4271	3.3158

折旧年限 n	贴现率/%									
	31	32	33	34	35	36	37	38	39	40
1	0.7634	0.7576	0.7519	0.7463	0.7407	0.7353	0.7299	0.7246	0.7194	0.7143
2	1.3461	1.3315	1.3172	1.3032	1.2894	1.2760	1.2627	1.2497	1.2370	1.2245
3	1.7909	1.7663	1.7423	1.7188	1.6959	1.6735	1.6516	1.6302	1.6093	1.5889
4	2.1305	2.0957	2.0618	2.0290	1.9969	1.9658	1.9355	1.9060	1.8772	1.8492
5	2.3897	2.3452	2.3021	2.2604	2.2200	2.1807	2.1427	2.1058	2.0699	2.0352
6	2.5875	2.5342	2.4828	2.4331	2.3852	2.3388	2.2939	2.2506	2.2086	2.1680
7	2.7386	2.6775	2.6187	2.5620	2.5075	2.4550	2.4043	2.3555	2.3083	2.2628
8	2.8539	2.7860	2.7208	2.6582	1.5982	2.5404	2.4849	2.4315	2.3801	2.3306
9	2.9419	2.8681	2.7976	2.7300	2.6653	2.6033	2.5437	2.4866	2.4317	2.3790
10	3.0091	2.9304	2.8553	2.7836	2.7150	2.6459	2.5867	2.5265	2.4689	2.4136
11	3.0604	2.9776	2.8987	2.8236	2.7519	2.6834	2.6180	2.5555	2.4956	2.4383
12	3.0995	3.0133	2.9314	2.8534	2.7792	2.7084	2.6409	2.5764	2.5148	2.4559
13	3.1294	3.0404	2.9559	2.8757	2.7994	2.7268	2.6576	2.5916	2.5286	2.4685
14	3.1522	3.0609	2.9744	2.8923	2.8144	2.7403	2.6698	2.6026	2.5386	2.4775
15	3.1696	3.0764	2.9883	2.9047	2.8255	2.7502	2.6787	2.6106	2.5457	2.4839
16	3.1829	3.0882	2.9987	2.9140	2.8337	2.7575	2.6852	2.6164	2.5509	2.4885
17	3.1931	3.0971	3.0065	2.9209	2.8398	2.7629	2.6899	2.6206	2.5546	2.4918
18	3.2008	3.1039	3.0124	2.9260	2.8443	2.7668	2.6934	2.6236	2.5573	2.4941
19	3.2067	3.1090	3.0169	2.9299	2.8476	2.7697	2.6959	2.6258	2.5592	2.4958
20	3.2112	3.1129	3.0202	2.9327	2.8501	2.7718	2.6977	2.6274	2.5606	2.4970

如果投资偿还期小于定额偿还期,则项目投资方案可接受。

(1) 净现值为正值:NPV≥0。当项目的净现值不小于零时(即为正值),则认为此项目投资可行；如净现值为负值,就说明该项目的投资收益率低于贴现率,则应放弃此项目投资;在对两个以上投资方案进行选择时,则应选择净现值为最大的方案。

(2) 净现值率最大。在比较两个以上投资方案时,不仅要考虑项目的净现值大小,而且要求选择净现值率为最大的方案。

(3) 内部收益率(IRR)应大于基准收益率或银行贷款利率:$IRR \geqslant i_0$。

内部收益率是项目投资的最高盈利率,也是项目投资所能支付贷款的最高临界利率,如果贷款利率高于内部收益率,则项目投资就会造成亏损。因此,内部收益率反映了实际投资效益,可用以确定能接受投资方案的最低条件。

6.2.5.4　环境评估

环境评估(environmental evaluation)是方案可行性分析的核心。清洁生产方案应具有显著的环境效益,但也要防止实施后产生新的环境影响,因此必须对生产设备的改进、生产工艺的变更、产品及原材料的替代等清洁生产方案进行环境评估。

评估方案实施后对资源的利用和对环境的影响可以从以下方面进行:
(1) 生产中废弃物排放量的变化;
(2) 污染物组分的毒性变化,可否降解;
(3) 资源的消耗与资源可永续利用要求的关系;
(4) 污染物的二次污染;
(5) 废弃物的复用、循环利用和再生回收;
(6) 操作环境对人员健康的影响。

环境评估要特别重视下面几个方面:
(1) 固、液、气态废物和排放物的变化;
(2) 能源的污染;
(3) 产品和过程的生命周期分析;
(4) 对人员健康的影响;
(5) 安全性。

6.2.5.5　推荐可实施方案

列表综合比较各投资方案的技术、经济、环境评估结果,从而确定最佳可行的推荐方案。

6.2.6　方案实施

方案实施是实施所提出的可行的推荐方案(经分析可行的中/高费最佳可行方案),其目的是通过推荐方案的实施,实现技术进步,使企业获得显著的经济和环境效益;通过评估已实施的清洁生产方案成果,激励企业推行清洁生产。

本阶段的工作重点是:总结前几个审核阶段已实施的清洁生产方案成果,统筹规划推荐方案的实施。

6.2.6.1　组织方案实施

推荐方案经可行性分析,在具体实施前还需要进行周密的准备工作。

1. 统筹规划

可行性分析完成之后，从统筹方案实施的资金开始，直至正常运行与生产，这是一个非常烦琐的过程，因此需要进行统筹规划，以利于该阶段工作的顺利开展。

需要筹划的内容主要有：筹措资金；设计；征地、现场开发；申请施工许可；兴建厂房；设备选型、调研设计、加工或订货；落实公共设施的服务；设备安装；企业操作、维修、管理班子；制定各项规程；人员培训；原材料准备；应急计划（突发情况或障碍）；施工与企业正常生产之间的协调；试运行与验收；正常运行与生产。

统筹规划时建议采用甘特图形式制定实施进度表。某企业的实施方案进度见表 6-15。

表 6-15 某企业的方案实施进度表

内容	2018 年												负责单位
	1月	2月	3月	4月	5月	6月	7月	8月	9月	10月	11月	12月	
设计	■												专业设计院
设备考察		■	■										环保科
设备选型、订货			■	■									环保科
落实公共设施服务				■	■								电力车间
设备安装					■	■							专业安装队
人员培训						■	■						制成车间
试车								■	■				环保科
正常生产										■	■		制成车间

2. 筹措资金

1）资金的来源

资金的来源渠道有两个：

（1）企业内部自筹资金。

① 现有资金；

② 通过实施清洁生产无/低费方案，逐步积累资金，为实施中/高费方案做好准备。

（2）企业外部资金。

① 国内借贷资金，如国内银行贷款等；

② 国外借贷资金，如世界银行贷款等；

③ 其他资金来源，如国际合作项目赠款、环保资金返回款、政府财政专项拨款、发行股票和债券融资等。

2）合理安排有限的资金

若同时有数个方案需要投资实施，则要考虑如何合理有效地利用有限的资金。如果这些方案可以单独实施且不影响生产，则可以优化实施顺序，先实施一个或多个方案，然后将实施这些方案的收益作为其他方案的种子资金，从而实现方案的滚动实施。

3. 实施方案

推荐方案的立项、设计、施工、验收等，按照国家、地方或部门的有关规定执行。无/低费方案的实施过程还要符合企业的管理要求和项目的组织、实施程序。

6.2.6.2　汇总已实施的无/低费方案的成果

已实施的无/低费方案的成果有两个主要方面：环境效益和经济效益。

通过调研、实测和计算，对比方案实施前后的各项环境指标，包括物耗、水耗、电耗等资源消耗指标，以及废水、废气和固废量等废物产生指标，以确定无/低费方案实施后的环境效益。通过对比方案实施前后的产值、原材料费用、能源费用、公共设施费用、水费用、污染控制费用、维修费用、税金和净利润等经济指标的变化，确定实施无/低费方案后的经济效益，最后对本轮清洁生产审核中无/低费方案的实施进行阶段性总结。

6.2.6.3　评价已实施的中/高费方案的成果

为了积累经验，进一步完善已实施的方案，除了在方案实施前进行必要的充分准备，在方案实施过程中进行严格的监督和管理，还应及时对已实施的中/高费方案实施的效果进行技术、经济、环境和综合评价。

1. 技术评价

技术评价主要评价生产流程、生产程序和操作规程、设备容量、仪表管线布置等各项技术指标是否达到原设计要求，若没有达到要求，如何改进等。

2. 经济评价

经济评价是评价中/高费清洁生产方案实施效果最有力的手段。分别对比产值、原材料费用、能源费用、公共设施费用、水费用、污染控制费用、维修费用、税金和净利润等经济指标在方案实施前后的变化以及实际值与设计值的差距，从而获得中/高费方案实施后所产生的经济效益的情况。

可按表 6-16 进行粗略的经济效益评价。

表 6-16　经济效益对比表

对比项目	方案实施前（A）	设计的方案（B）	方案实施后（C）	方案实施前后的差值（A−C）	方案理论值与实际值的差值（B−C）
产值					
原材料费用					
能源费用					
公共设施费用					
水费用					
污染控制费用					
维修费用					
税金					
其他支出					
净利润					

3. 环境评价

环境评价主要对中/高费方案实施前后各项环境指标进行追踪并与方案设计值进行对比，考察方案的环境效益以及企业环境形象的改善。通过方案实施前后的差值，可以获得方案的环境效益,又对比方案的设计值与方案实施后的实际值,即对比方案理论值与实际值,可以分析两者差距,从而可对方案进行相应完善。

可按表 6-17 的格式列表对比进行环境效益评价。

表 6-17　环境效益对比表

对 比 项 目	方案实施前	设计的方案	方案实施后
废水量			
水污染量			
废气量			
大气污染物量			
固废量			
能耗			
物耗			
水耗			
⋮			

4．综合评价

通过分别评价每个中/高费清洁生产方案的技术、经济和环境方面,可以对每个已经实施方案的成功与否进行全面和整体的评价。

6.2.6.4　分析总结已实施方案对企业的影响

在无/低费清洁生产和中/高费清洁生产的方案制定、设计和实施后,为巩固清洁生产成果,有必要进行阶段总结。

1．汇总环境效益和经济效益

列表汇总并分析已实施的无/低费和中/高费清洁生产方案的结果,包括实施时间、投资运营成本、经济效益和环境效益。

2．对比各项单位产品指标

通过定性和定量分析,企业可以了解到清洁生产的优势,总结经验,促进清洁生产在企业的推行。此外也要利用上述方法,与国内外同类企业的先进水平进行定性和定量比较,找出差距,分析原因并改进,从而在更深层次上寻找清洁生产的机会。

3．宣传清洁生产成果

根据已实施的无/低费和中/高费方案的结果,应编制宣传材料并在企业中广泛传播,为继续开展清洁生产奠定基础。

6.2.7　持续的清洁生产

持续的清洁生产是使清洁生产工作在企业内长期、持续地推行下去。

本阶段的重点是建立推行和管理清洁生产的组织结构,建立促进实施清洁生产的管理体系,制订持续清洁生产的计划,并编写清洁生产审核报告。

6.2.7.1　建立和完善清洁生产组织机构

清洁生产是一个动态的、相对的概念,也是一个持续的过程,需要一个固定机构、稳定工作人员来组织和协调这方面的工作,以巩固所取得的成果,使清洁生产工作继续开展下去。

1. 明确任务

企业清洁生产组织机构的任务主要有以下 4 个方面:

(1) 组织协调并监督实施本次审核提出的清洁生产方案;

(2) 经常性地组织对企业职工的清洁生产教育与培训;

(3) 选择下一轮清洁生产审核重点,并启动新的清洁生产审核;

(4) 负责清洁生产活动的日常管理。

2. 落实归属

为使清洁生产机构发挥其作用并及时完成任务,必须落实其归属问题。企业的规模、类型和现有机构差异很大,因此,清洁生产机构的归属有许多不同形式,可以根据有关企业的实际情况进行调整。

可以考虑下面几种形式:

(1) 单独设立清洁生产办公室,直接归属厂长领导;

(2) 在环保部门中设立清洁生产机构;

(3) 在管理部门或技术部门中设立清洁生产机构。

无论清洁生产组织的形式如何,企业高层必须有一个人直接负责该机构的工作,因为清洁生产涉及生产、环保、技术和管理等不同部门,必须由最高管理层领导协调,才能有效开展工作。

3. 确定专人负责

为避免清洁生产机构流于形式,确定专人负责是很有必要的。该职员须熟练掌握清洁生产审核知识、熟悉企业的环保情况、了解企业的生产和技术情况、有较强的工作协调能力、有较强的工作责任心和敬业精神。

6.2.7.2　建立和完善清洁生产管理制度

清洁生产的管理制度包括将审核结果纳入企业的日常管理,建立激励制度,保证清洁生产的稳定资金来源。

1. 把审核成果纳入企业的日常管理

将清洁生产审核的结果及时纳入企业的日常管理,是巩固清洁生产成效、防止走过场的重要手段。

(1) 将清洁生产审核提出的加强管理的措施文件化,形成制度。

(2) 将清洁生产审核提出的岗位操作改进措施写入岗位的操作规程,并要求严格遵照执行。

(3) 将清洁生产审核提出的工艺过程控制的改进措施,写入企业的技术规范。

2. 建立和完善清洁生产激励机制

通过将奖金、工资分配、提升、降级、上岗、下岗、表彰、批评等诸多方面充分结合起来,建立清洁生产的激励机制,激励全体员工参与清洁生产。

3. 保证稳定的清洁生产资金来源

清洁生产的资金来源可以有多种渠道,如贷款、集资等,然而清洁生产管理系统的一个重要作用是确保实施清洁生产所产生的全部或部分经济效益用于清洁生产和清洁生产审核,以不断推进清洁生产。建议企业财务将清洁生产的投资和收益分开记账。

6.2.7.3　制订持续清洁生产计划

清洁生产不可能在一朝一夕就实现,因此,必须制订一个持续清洁生产计划,以便在企业内部有计划地组织和开展清洁生产。

持续清洁生产计划应包括 4 项内容。

1. 下一轮的清洁生产审核

没有必要等到本轮的所有方案都实施完成后再开始新一轮的清洁生产审核,只要大多数可行的无/低费方案得到实施,取得了初步的清洁生产成果,并总结了清洁生产经验,就可以启动新一轮的审核。

2. 清洁生产方案的实施计划

这是指经本轮审核提出的可行的无/低费方案和通过可行性分析的中/高费方案。

3. 清洁生产新技术的研究与开发计划

根据本轮审核发现的问题,研究与开发新的清洁生产技术。

4. 企业职工的清洁生产培训计划

6.2.7.4　编写清洁生产审核报告

以下为清洁生产审核报告的内容框架。

前言

编写清洁生产审核报告的目的是总结本轮企业清洁生产审核成果,汇总分析各项调查、实测结果,寻找废物产生原因和清洁生产机会,实施并评估清洁生产方案,建立和完善持续清洁生产机制。

以下是对编写清洁生产审核报告的要求。项目的基本情况,包括名称、成立背景、产品等,以及企业被审核之前在该行业的清洁生产审核现状。

第 1 章　审核准备

基本同"中期审核报告",只需根据实际工作进展加以补充、改进和深化。

第 2 章　预审核

基本同"中期审核报告",只需根据实际工作进展加以补充、改进和深化。

第 3 章　审核

基本同"中期审核报告",只需根据实际工作进展加以补充、改进和深化。

第 4 章　方案产生和筛选

基本同"中期审核报告",只需根据实际工作进展加以补充、改进和深化,但"4.4　无/低费方案的实施效果分析"中的内容归到第 6 章编写。

第 5 章　可行性分析

5.1　市场调查和分析

仅当清洁生产方案涉及产品结构调整、产生新的产品和副产品以及得到用于其他生产过程的原材料时才需编写本节,否则不用编写。

5.2　环境评估

5.3　技术评估

5.4　经济评估

5.5　确定推荐方案

本章要求有如下图表:

(1) 方案经济评估指标汇总表;

(2) 方案简述及可行性分析结果表。

第 6 章　方案实施

6.1　方案实施情况简述

6.2　已实施的无/低费方案的成果汇总

6.3　已实施的中/高费方案的成果验证

6.4　已实施方案对企业的影响分析

本章要求有如下图表:

(1) 已实施的无/低费方案环境效果对比一览表;

(2) 已实施的中/高费方案环境效果对比一览表;

(3) 已实施的清洁生产方案实施效果的核定与汇总表;

(4) 审核前后企业各项单位产品指标对比表。

第 7 章　持续清洁生产

7.1　清洁生产的组织

7.2　清洁生产的管理制度

7.3　持续清洁生产计划

结论包括以下内容:

(1) 企业产污、排污现状(审核结束时)所处水平及其真实性、合理性评价;

(2) 是否达到所设置的清洁生产目标;

(3) 已实施的清洁生产方案的成果总结;

(4) 拟实施的清洁生产方案的效果预测。

6.3　能源审计

6.3.1　能源审计概述

根据国家市场监督管理总局于 2020 年 5 月 1 日实施的《能源审计技术通则》(GB/T

17166—2019),可将能源审计(energy audit)界定为:根据国家有关节能法律、法规、标准,对用能单位能源利用的物理过程和财务过程进行调查、测试和分析评价的活动。

能源审计的对象是用能单位,如企业,也可以是企业核算单位的分厂、车间、工段、工序以及生产线等。能源审计者是指实施能源审计的个人、团体或机构。

能源审计是国家能源管理的重要组成部分,是迫使用能单位节能减排的重要手段,也是促进"双碳"目标实现的重要手段。开展能源审计可以优化用能单位的能源管理方法,提高用能单位的能源利用效率,从而为加强能源管理、实施节能减排、促进经济增长方式转变提供决策依据。

6.3.2　能源审计原则

能源审计工作应遵循以下原则:

(1)审计的内容应与确定的目标、范围和边界相一致;

(2)审计的过程应符合相关法律、法规、标准等的要求;

(3)审计所用到的数据及相关材料应真实、准确;

(4)数据的收集、验证和分析过程具有可追溯性:

(5)节能措施建议应基于合理的技术和经济分析;

(6)结果的独立性和合理性。

6.3.3　能源审计内容

能源审计工作应包括以下 6 项内容。

(1)用能单位能源管理状况。

(2)用能单位能耗状况及用能过程。

(3)能源计量及统计状况。

(4)能源绩效参数计算分析,包括:

① 计算能源消费量,节能量,能源消耗指标主要用能过程,设施、设备的能源效率指标等;

② 分析能源绩效参数的历史变化趋势及主要影响因素等。

(5)能源费用指标计算分析。

(6)节能机会及节能措施的技术经济分析。

6.3.4　能源审计的依据及方法

能源审计主要依据国家标准《能源审计技术通则》(GB/T 17166—2019)以及有关能源审计的国家标准和办法。

能源审计的基本方法是基于能源平衡和物料平衡的原理,对企业的能源利用状况进行统计分析。需要对企业的基本情况、生产与管理进行现场调查,进行数据搜集、整理,并经审核后进行汇总,同时要对典型系统与设备的运行状况进行调查,对重点耗能设备进行重点调查,对能源与物料的盘存查账,必要时需要进行现场检测。

6.3.5　能源审计流程

能源审计流程包括前期沟通、制订工作计划、启动、收集数据和资料、制定测试方案、现场调查和测试、分析评估、编制报告以及总结等 9 个环节。

1．前期沟通

在开始审计之前,能源审计者和用能单位应在充分沟通的基础上明确各自的责任和权利。

用能单位应与审计者需共同确定审计目标、范围、边界,并对其提供的技术资料和数据的真实性负责。

能源审计者应充分了解能源审计工作的目标、范围和边界,客观、公正地进行能源审计。能源审计者应选择正确的审计方法,并对审计结论的合理性负责。能源审计者应对其测试所得的数据的真实性负责。

能源审计者和用能单位应明确双方沟通的联系人、时间安排以及审计方式。

当团体或机构开展能源审计时,其中一名成员应被任命为能源审计负责人。

2．制订工作计划

能源审计者和用能单位应明确能源审计目标和范围,制订能源审计工作计划的具体要求见表 6-18。

表 6-18　制订能源审计工作计划的具体要求

要　　求	具 体 内 容
工作计划	1．能源审计的目标、范围和边界; 2．完成能源审计工作所需的时间及进度安排; 3．能源审计期; 4．能源审计依据; 5．能源绩效提升机会的评价标准; 6．用能单位应提供的资源和工作条件; 7．能源审计开始之前用能单位应提供的相关数据和资料; 8．预期交付的成果形式和要求; 9．用能单位和能源审计者双方的联系人和负责人; 10．能源审计相关修改的批准程序
能源审计者可要求用能单位提供信息	1．能源审计有关内部规章制度及其他不确定因素; 2．影响能源审计的法规制度或约束条件; 3．影响用能单位能源绩效的战略和规划; 4．已建立的管理体系; 5．可能对能源审计范围、过程和结果造成影响的因素或特殊考虑; 6．拟采取的节能措施
在制订工作计划过程中,能源审计者应告知用能单位某些信息	1．开展能源审计工作所需的条件、设备和协助; 2．可能影响审计结论或建议的商业利益或其他利益; 3．其他利益冲突

3．启动

能源审计者向用能单位介绍能源审计工作计划，重点说明能源审计的目标、范围、边界和方法以及能源审计工作进度安排。

能源审计者应与用能单位在以下方面达成一致：

（1）为能源审计提供协助的人员。相关人员应具有必要的资质和权限，以对相关的过程、设备、设施进行操作。

（2）相关人员在能源审计中的角色、责任及合作要求。

（3）依据能源审计范围，能源审计者拟接触的部门及人员。

（4）工作安排。

（5）数据来源。

（6）如有需要，安装测试设备的程序。

（7）可能影响能源审计或能源绩效的特殊情况。

（8）健康、安全、安保、应急预案与程序。

（9）保密协议。

4．收集数据和资料

能源审计者应收集、整理并记录与审计相关的数据和资料。

（1）用能单位概况。

（2）用能系统、过程、设施和设备清单。

（3）能源利用特点。

（4）当前和历史能源绩效参数，包括：

① 能源消费量；

② 能源消耗指标数据；

③ 影响能源消耗的运行数据和事件；

④ 能源效率指标数据；

⑤ 能源效率指标的历史变化趋势及节能量。

（5）能耗监控设备、配置和分析信息。

（6）影响能源绩效的工作计划。

（7）设计、运行操作和维护文件。

（8）以往能源审计、能源评审报告及研究成果等。

（9）能源成本、价格、税率及其他相关经济性指标数据。

（10）能源采购、输送、分配、利用、消耗的管理制度。

（11）其他必要的数据和资料。

5．制定测试方案

如果需要开展现场数据的测试和收集，能源审计者和用能单位应共同制定书面的测试方案。方案应包含的主要内容如下。

（1）测量点、测试过程及测量设备列表；

（2）测量点、测试过程以及安装测量设备的可行性；

（3）测量的准确度和可重复性要求，以及测量不确定度；

（4）测量的持续时长和频率；

（5）单次测量的采样频率；

（6）用能单位典型运行工况；

（7）影响测试分析结果的相关变量；

（8）测量工作的各方职责；

（9）测量设备的校准和可溯源性。

6. 现场调查和测试

1）基本要求

现场调查和测试应在具有代表性的工况（典型工况）下进行。

注1：随着时间变化，用能单位会有不同形式的代表性工况，如日间工况、夜间工况或季节工况。

注2：用能单位在正常上班时间的工况和下班或维修时间的工况也可视为具有代表性的工况。

现场调查和测试所用到的历史数据应能够代表正常的运行工况。

用能单位应指定相关人员陪同能源审计者开展现场调查和测试，并根据工作计划和测试方案为能源审计者提供相关技术文件和数据。

现场调查和测试过程中遇到任何突发性的问题（如难以接触到相关数据或档案记录等）时应及时通知用能单位。

2）现场调查

现场调查过程中，能源审计者应：

（1）调查用能单位内部能源利用过程并与第4环节收集到的信息进行比对；

（2）根据能源审计的目标、范围、边界和认可方法对能源利用过程和能源消耗进行评估；

（3）了解操作规程和用户行为对能源绩效的影响；

（4）明确需要进一步详细调查数据的区域和用能过程；

（5）确保获得的相关数据和材料能够代表实际的典型运行工况；

（6）及时发现并通知用能单位可能影响能源审计顺利开展的现场问题。

3）现场测试

现场测试过程中，应由能源审计者或用能单位指派相关人员负责安装能源计价和测试设备。

现场测试过程中，用能单位相关人员应按照测试方案的要求配合安装能源计量和测试设备。

如用能单位不能满足现场测试要求，应对能源审计工作计划和测试方案进行修改。

7. 分析评估

1）基本要求

能源审计者应评估用能单位提供数据的可靠性和有效性，指出影响审计结果的数据问题。必要时应对测试方案进行修改，补充开展现场数据的测试和收集。当数据不完整时，能源审计者应在报告中声明无法达到审计目标。

能源审计者应：

(1) 使用公开透明且技术上合理的计算方法；

(2) 记录所采用方法以及相关假设和估计；

(3) 确保充分考虑测量不确定度的影响；

(4) 充分考虑影响实现节能机会的法律、法规、强制性标准、合同协议及其他限制。

2) 评估能源绩效

能源审计者应评估审计范围内用能单位的能源绩效，包括：

(1) 能源消耗明细表，包括能源来源和用途；

(2) 与能源绩效相关的重点用能环节；

(3) 能源绩效现状；

(4) 能源绩效的提升可能性；

(5) 依据《用能单位节能量计算方法》(GB/T 13234—2018)(国家市场监督管理总局 2019 年 4 月 1 日实施)对用能单位的节能效果评估能源绩效参数的历史变化趋势；

(6) 能源绩效和相关变量间的关系；

(7) 与法律法规、产业政策、强制性标准等对比，明确用能单位能源绩效参数的水平，如有必要可建议增加新的能源绩效参数；

(8) 对能源费用指标的计算分析。

3) 识别节能机会

能源审计者应对节能机会进行识别，提出节能措施建议。节能机会的识别应基于评估能源绩效的分析结果和以下条件：

(1) 节能设计和选型评估；

(2) 相关系统、过程、设施和设备的运行年限、条件、操作和维护水平；

(3) 现有技术和市场上最先进节能技术的比较；

(4) 节能技术和管理措施的最佳案例；

(5) 未来能源利用和生产运行等方面可能的变化。

4) 评估节能措施

能源审计者应基于以下条件对识别能源机会环节所建议节能措施的效果进行评估：

(1) 一定时间期限内的节能量及预期运行寿命；

(2) 节能措施所需的投资及可节省的财务费用、投资回收期；

(3) 可能的非节能收益(如生产率提高、减少维护费用等)；

(4) 不同节能措施的排序；

(5) 不同节能措施间的相互影响。

8. 编制报告

1) 原则

(1) 能源审计报告应全面、概括地反映能源审计全部工作，相关支撑性资料要清楚完善、论点及建议明确且有针对性，便于审查。

(2) 原始数据、全部计算过程可列入附录。

(3) 审计内容较多的报告，其重点审计项目可编写分析报告，主要技术问题可编写专题技术报告。

2）主要内容

能源审计报告的主要内容如下。

（1）基本情况。

① 用能单位概况；

② 能源审计者以及能源审计方法的基本信息；

③ 适用于能源审计的法律、法规、标准和其他要求；

④ 保密和无利益冲突的声明；

⑤ 能源审计范围、边界、目标、时间进度等。

（2）能源审计内容。

① 数据收集的相关信息；

② 能源管理制度及实施情况；

③ 用能状况分析；

④ 能源绩效分析；

⑤ 主要节能机会。

（3）节能措施建议。

（4）结论和建议。

9. 总结

能源审计者应向用能单位提交能源审计报告并解释能源审计结果。双方可组织相关总结讨论，共同推动所需的后续行动。

6.4 清洁生产审核案例

6.4.1 某废铝料回收利用公司基本情况介绍

某废铝料回收利用公司是一家专门从事废旧铝资源循环再生利用的企业，主要使用的原材料为废铝料。

6.4.2 清洁生产审核程序及内容

1. 审核准备

1）获得企业高层的支持和参与

企业上下高度重视，召开了清洁生产动员大会，针对不同层次的人员，组织了多次的清洁生产培训班。对全企业班长以上的管理人员进行了新一轮清洁生产审核的全方位培训和宣贯，进一步统一了认识。通过对清洁生产审核骨干的宣传和培训工作，让来自企业各部门的工作骨干对清洁生产审核程序和工作方法有全面深入的了解，为今后工作顺利开展，在组织和人员上奠定了基础。

2）组建企业清洁生产审核小组

以总经理担任此次清洁生产审核领导小组和清洁生产审核工作小组的组长，并聘请了专家指导清洁生产审核工作。领导小组在本轮清洁生产审核中的主要职责是确定企业当前清洁生产审核重点；组建并检查审核工作小组的工作情况；对清洁生产实际工作做出必要的决策;对所需费用做出裁决。清洁生产审核办公室的职责是全面确保清洁生产审核工作能顺利开展。清洁生产审核工作小组的职责是根据领导小组确定的审核重点,制订清洁生产审核工作计划,根据计划组织相关部门进行工作。

3)审核工作计划

根据《清洁生产审核办法》以及《企业清洁生产审核手册》的规定,成立的清洁生产领导小组制订了清洁生产审核工作计划(表6-19)。

表6-19 清洁生产审核工作计划表

阶 段	工 作 内 容	完成时间	产 出
1. 调查与诊断	1. 确认诊断计划; 2. 配合咨询人员进行调查和观察现场	2022年5月16日	诊断计划
2. 审核机构的建立与宣传	1. 建立清洁生产审核工作机构; 2. 实施教育培训、宣传发动、克服障碍、转变观念	2022年5月28日	1. 清洁生产审核领导小组; 2. 清洁生产审核工作小组; 3. 清洁生产审核办公室; 4. 统一认识,克服障碍
3. 制订审核计划	1. 确定全过程审核计划; 2. 组织和动员全员参与清洁生产审核	2022年5月30日	1. 清洁生产审核计划; 2. 全员参与清洁生产
4. 培训	1. 中层以上管理人员和清洁生产工作小组,清洁生产办公室人员参加培训; 2. 参加考试	2022年6月4日	1. 提高认识,了解推行清洁生产的意义; 2. 掌握清洁生产审核程序和技术
5. 预审核	1. 生产现状调查; 2. 生产过程污染源及污染物调查; 3. 确定审核重点及需监测污染物种类; 4. 设置清洁生产目标权重打分,编写预审核报告; 5. 提出和实施无/低费方案	2022年6月	1. 现状调查报告; 2. 污染源及污染物分布情况; 3. 审核重点; 4. 清洁生产目标; 5. 实施无/低费方案成果
6. 审核	1. 对审核重点进行监测分析; 2. 实测输入输出物并完成物料平衡核算; 3. 分析废弃物产生原因; 4. 发动群众开展合理化建议活动,提出节能、降耗、减污方案; 5. 提出和实施无/低费方案	2022年7月	1. 物料平衡; 2. 水平衡; 3. 能量平衡; 4. 污染物产生原因; 5. 无/低费方案的实施成果
7. 方案产生和筛选	1. 总结和讨论前阶段实施方案状况,提出可行性污染消减方案; 2. 分类汇总方案; 3. 权重总和计分筛选方案; 4. 继续实施无/低费方案	2022年8—9月	1. 清洁生产方案的产生与汇总; 2. 推荐供可行性分析的清洁生产方案; 3. 无/低费方案的实施成果
8. 可行性分析	1. 进行市场调查; 2. 进行经济评估和技术评价; 3. 进行环境评估; 4. 对重大削减方案进行可行性分析	2022年11月	可行性分析报告

续表

阶 段	工 作 内 容	完成时间	产 出
9. 评估评审	1. 评估文件及资料的整理; 2. 评估或评审前的准备工作; 3. 负责评估或评审会务	2022 年 12 月	评估结论
10. 方案实施	1. 筹措资金、组织方案实施; 2. 已实施方案的成果汇总及效果分析总结; 3. 纠正方案实施过程中的问题	2022 年 6 月 — 2023 年 5 月	1. 推荐方案的实施; 2. 方案实施成果分析
11. 持续清洁生产	1. 建立和完善清洁生产组织; 2. 建立和完善清洁生产管理制度; 3. 制订持续清洁生产计划; 4. 编制清洁生产审核报告	2023 年 5 月	1. 清洁生产组织; 2. 清洁生产管理制度; 3. 持续清洁生产计划; 4. 清洁生产审核报告
12. 验收评审	1. 验收文件及资料的整理; 2. 验收或评审前的准备工作; 3. 负责验收或评审会务	2023 年 6 月	验收结论

4)宣传与培训

企业高层领导在获悉清洁生产审核的重要性和必要性后,对企业各个部门下达开展清洁生产的正式文件。此外审核小组组织了清洁生产培训大会和群众性提合理化建议活动,使企业领导层和管理层的相关人员对清洁生产基本知识有了良好的掌握,对清洁生产有了全面的了解,充分调动职工尤其是第一生产线的职工参与清洁生产的热情。这为清洁生产提供了可靠的方案,使得清洁生产审核顺利进行。

5)克服障碍

经过专家和企业审核领导小组共同讨论,得出很多不利于清洁生产的障碍,并提出相对应的解决办法。

2.预评估

1)企业现状调查

主要生产工艺包括精炼,装炉熔炼、合金化,浇铸成型,检验计量、包装入库。具体工艺流程及产污节点如图 6-12 所示。

企业的原辅料有废铝料、废五金电器、废电机、废电线、纯铝锭、废铜、工业硅、精炼剂、除气剂、覆盖剂、变质剂等,原辅料基本上都是国产,且长期与本公司合作,市场供应充足。企业在生产过程中的主要物料消耗量(2021 年)为:废铝(37705 t)、纯铝锭(1312 t)、工业硅(2486 t)、废铜(170 t)、精炼剂(187 t)、除气剂(115 t)、覆盖剂(734 t)等。

企业自建厂以来,主要生产用能为电和天然气,企业 2021 年能源消耗情况见表 6-20。

表 6-20　企业 2021 年能源消耗情况表

名称	水耗/m³	天然气/m³	天然气折标煤/tce	电耗/度	电折标煤/tce	综合能耗/(kgce/t)
消耗量	15935	2557760	3105.89	2364973	290.655	—
单位产品消耗(每吨)	2.48	84.8	0.0922	4.557	0.0086	101

注:电折标煤系数为 1.229 tce/(万度);天然气折标煤系数为 12.1430 tce/(万 m³)。1tce=29.3MJ。

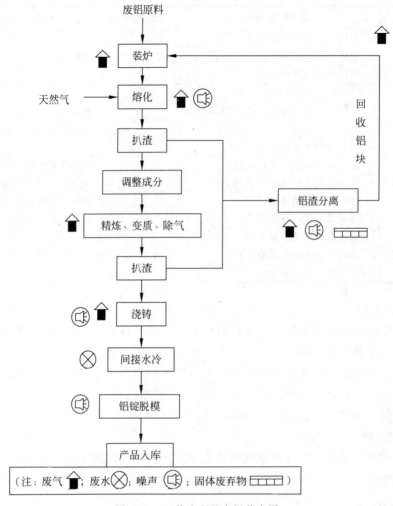

图 6-12　工艺流程及产污节点图

"三废"排放情况如下。

（1）废气排放情况。

产生的废气主要包括熔炼烟气、铝灰分离机（炒灰炉）废气。

① 熔炼烟气包括熔铝炉烟气、保温精炼炉烟气、炉门加料口烟气、浇铸烟气。共有 3 座熔铝炉和 2 座精炼炉，熔铝炉和精炼炉炉门烟气分别通过各自的集气罩收集，然后采用公司设计制造的 HLSS 系列进行处理，HLSS 系列低压脉冲袋式除尘，采用离线清灰。

② 灰分离机废气属环境集气罩收集的泄漏点烟气，铝灰分离机废气经 HLSS 系列低压脉冲袋式除尘系统处理后达标排放，达到《再生铜、铝、铅、锌工业污染物排放标准》（GB 31574—2015）表 3 中大气污染物排放限值要求，经 15 m 排气筒排放。

（2）铝废水排放情况。

用水包括铸造机冷却用水、设备地面清洗用水、生活用水和绿化用水。废水污染物浓度经处理后满足污水处理厂接管标准，经处理后排入园区污水处理厂。

（3）固体废弃物排放现状。

生产过程产生的固体废弃物主要为铝灰、废耐火砖、除尘灰和生活垃圾。具体见表 6-21。

表 6-21　本项目固体废弃物排放情况

废弃物名称	分类编号	年产量/(t/a)	处 理 方 式
铝灰	危险废弃物	250	交有资质单位处置
废耐火砖	一般固体废弃物	25	及时送垃圾填埋场
除尘灰	一般固体废弃物	220	统一收集外售
生活垃圾	一般废物	31	送卫生垃圾管理部门清理
	合计	526	

（4）噪声。

本项目的噪声源主要是生产设备。

2）企业清洁生产水平评估

（1）清洁生产潜力分析。

在本次清洁生产水平评估中，发现企业在环保、节能节水和管理方面还存在一些问题，主要在原辅材料和能源、设备、过程控制、废弃物、管理、员工等 6 个方面。

（2）清洁生产现状评估。

通过与同类型再生铝企业横向比较发现，相比于国内同行业，公司的水循环利用率和铝回收率处于国内先进水平，天然气耗、水耗、电耗等单耗与同行业相差不大。这主要得益于企业良好的管理和先进的生产技术。

3）确定审核重点

根据清洁生产的实践，并结合公司的具体情况，清洁生产审核小组及专家选择了以下因素：废物量、主要能耗、环保费用、废物毒性、清洁生产潜力等 5 个因素，并对各因素的重要程度（权重值）进行了确定。

废物量　　　　　$W=10$

主要能耗　　　　$W=9$

环保费用　　　　$W=8$

废物毒性　　　　$W=7$

清洁生产潜力　　$W=6$

通过预审核分析可知熔炼车间、分拣车间主要有原材料、能源消耗和废物产生的废气含烟尘及氮氧化合物等；固体废弃物具备较大的清洁生产潜力，为废铝料，利用潜力巨大；针对以上分析，本次清洁生产审核选择熔炼车间、分拣车间作为备选重点，并从废物量、主要消耗、环保费用、废物毒性、清洁生产潜力等方面对备选重点进行计分，根据分数排序，最后确定本次审核重点，具体见表 6-22。

表 6-22　权重法确定审核重点表

因　素	权重值	方案得分 R（1～10）					
		原料车间		分拣车间		熔炼车间	
	W	R	RW	R	RW	R	RW
废物量	10	6	60	9	90	9	90

因　　素	权重值	方案得分 R（1～10）					
		原料车间		分拣车间		熔炼车间	
	W	R	RW	R	RW	R	RW
主要能耗	9	8	72	9	81	9	81
环保费用	8	7	56	8	64	9	72
废物毒性	7	5	35	6	42	8	56
清洁生产潜力	6	4	24	6	36	8	48
总分 $\sum RW$			247		313		347
排序			3		2		1

4）设定清洁生产目标

本次清洁生产的目标,主要在现有的水平上,参照国内其他同行业,再根据企业自身清洁生产潜力而合理制定,其中包括近期及远期清洁生产目标。具体见表 6-23。

表 6-23　清洁生产目标表

类别	序号	项　　目	审核前状况（2022 年）	近期目标（2023 年 6 月）		远期目标（2026 年中）	
				绝对量	消减（增）	绝对量	消减（增）
资源利用	1	单位产品电耗/(kW·h/t)	4.966	4.500	9.38%	4.41	2.00%
	2	单位产品天然气耗/(m³/t)	84.8	81.45	3.95%	79.19	2.78%
	3	单位产品水耗/(t/t)	2.55	2.44	4.31%	2.3	3.25%
	4	废水循环利用率	98.9%	99.0%	增 0.101%	99.5%	增 0.5%
	5	铝回收率	95.51%	95.83%	增 0.34%	96.80%	增 1.01%
	6	单位产品综合能耗(标煤)/(kgce/t)	101	98	2.804%	93	5.10%
污染物	1	化学需氧量/(kg/t 再生铝锭)	0.0050	0.00488	2.41%	0.00464	4.91%
	2	氨氮/(kg/t 再生铝锭)	0.0007	0.00065	7.57%	0.00058	11.95%
	3	二氧化硫/(kg/t 再生铝锭)	0.0047	0.00463	3.45%	0.00426	10.0%
	4	氮氧化物/(kg/t 再生铝锭)	0.0149	0.01479	3.74%	0.01401	8.24%
	5	颗粒物/(kg/t 再生铝锭)	0.01021	0.01039	2.24%	0.00982	9.51%

5）提出并实施清洁生产无/低费方案

针对在预审核过程中,在工艺过程、环保现状和原辅材料及能耗等环节所出现的问题,汇总至表 6-24 并提出了相应的 10 项无/低费方案,并督促企业实施,使企业达到边审核边实施的效果。

表 6-24　提出的可行无/低费方案汇总表

项　目	具体情况分析	产　生　方　案
原辅材料	企业所购部分废铝原料应该分类摆放,否则会造成占地面积过大,仓库储存压力大,且不适合企业内部物料输送	加强原辅材料质量控制,合理采购原辅材料;对原辅材料的堆放和使用加强管理

续表

项　目	具体情况分析	产生方案
环保现状	1. 企业在废铝料分拣时易产生扬尘； 2. 生产车间原材料堆放不一，环境卫生乱	1. 给工作人员分配口罩； 2. 规范堆放原材料，环境卫生整改
能耗	1. 废水循环系统漏水； 2. 熔炼炉内余温很高，可对余热加以利用； 3. 炉内残渣及时清理干净，提高产品质量	1. 废水循环系统进行改造； 2. 充分利用熔炼炉余热； 3. 及时清理熔炼炉内残渣
管理	1. 企业排污口标志不齐全，应按规定设置规范的污染物排放口，并设立标志牌； 2. 企业利用强酸强碱等物料，还有电解车间电压高，电流大，危险性高，应当规范各类危险标识； 3. 公司生产区、生活区植被较少，可种植一片绿化带，利用树木吸噪降噪，还可吸收和挡住微量的生产废气	1. 规范各类排污口； 2. 规范各类危险标识； 3. 厂区绿化
人员	企业应当定期对员工进行安全生产及清洁生产的培训，提高员工安全意识和清洁生产意识，提高员工对企业的归属感。利用宣传栏宣传安全生产知识和清洁生产内容	定期对员工进行培训

3. 评估

1）审核重点概况

本次审核从全厂角度来评估审核重点，评估内容主要包括四个方面：项目物料平衡表、铝元素平衡表、物料平衡图、铝元素平衡图。发现物料流失环节，找出废弃物产生原因，查找物料储运、生产运行、管理及废弃物排放等方面的问题；建立全厂水平衡，分析企业车间、工段等的水输入及排出，查找水严重流失环节及节水潜力明显的环节；建立全厂能量平衡，分析能量损耗原因，找出能量再利用可能环节。为了准确地确定审核重点的物料、水及能量流向情况，本次评估对有关的数据和相关资料进行了收集和核实，在此基础上进行全厂平衡计算，绘制平衡图。

2）实测输入输出物流

生产线中输入的物料：废铝料、纯铝锭、工业硅、精炼剂、除气剂、覆盖剂、变质剂、废铜。产出的物料：产品、铝灰渣、废气粉尘。实测时间：2022年1月1日—2022年1月31日。

3）建立物料平衡

根据物料消耗与产品的产出情况对生产车间的物料平衡进行分析，2022年1月审核工作小组对生产车间的各种原料消耗进行了统计，在此基础上建立了2022年1月生产车间的物料平衡图，见表6-25和图6-13，全厂水平衡图见图6-14。

表 6-25　生产车间物料平衡表　　　　　　　　　　单位：t/月

总　输　入		总　输　出		备　注
名称	数量	名称	数量	
废铝料	3142	产品	3071.8	计量
纯铝锭	71	铝灰渣	212	计量

续表

总 输 入		总 输 出		备 注
名称	数量	名称	数量	
工业硅	207	废气粉尘	47.3	计量
精炼剂	3.3	损耗	85.7	计量
除气剂	9.6			计量
覆盖剂	60.6			计量
变质剂	6.6			计量
废铜	14.2			计量
合计	3514.3	合计	3416.8	误差计算 （总输入－总输出）/总输入＝2.77%

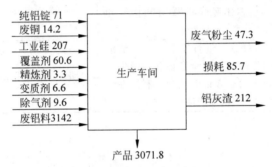

图 6-13　生产车间的物料平衡图（单位：t/月）

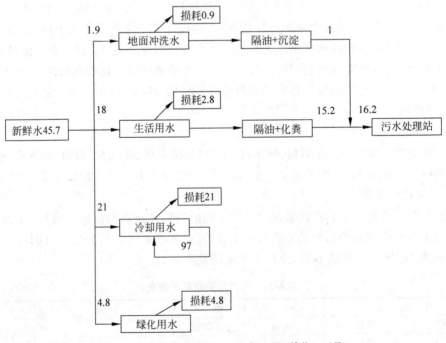

图 6-14　全厂水平衡图（2022 年 1 月，单位：t/月）

4）物耗、能耗、效率和废弃物产生原因的分析

从影响生产过程的 8 个方面进行分析，对企业出现的物耗高、水耗高、效率低和污染重等问题进行具体分析，如表 6-26 所示。

表 6-26　物耗、能耗、水耗和废弃物产生原因分析表

种　类		具体情况分析	推　荐　方　案
物耗分析		1. 企业所购买的原材料为含铜废料，露天堆放，造成原料的流失和环境污染； 2. 企业生产线中元素损失较大，造成浪费	1. 原料仓库改扩建； 2. 优化生产工艺
能耗分析		企业生产天然气用量较大，建议对运输管道及相应设备进行维护和检修，以达到减少蒸汽损耗的目的及防止蒸汽泄漏产生爆炸	天然气管道维修
水耗分析		生产的部分设备和电机存在跑冒滴漏现象	定期对用水设备进行维护、维修
废弃物	废气	1. 熔炼炉效率低，空气消耗量大，耗能较多，污染物的排放量大； 2. 危险废物管理混乱	1. 熔炼炉燃烧系统改造； 2. 将产生的固体杂质与污泥分开处理
	固体废弃物	危险废弃物仓库顶棚有部分破损，且四周没有适当密封，导致危险废弃物存在安全隐患	加高危险废弃物仓库围堰，对危险废弃物场所进行修缮顶棚和维修四周围堰等处理

4. 方案的产生和筛选

1）方案的产生

根据物料平衡和影响生产过程的 8 个方面以及专家的帮助和指导，分别产生部分方案。

2）方案的筛选

利用简易筛选法从经济可行性、技术可行性、实施难易程度以及环境效果等方面确定其可行性程度，经过评审，初步筛选出可行方案 16 项，其中 14 项无/低费方案，2 项中/高费方案（方案 1-3、方案 3-3）。方案筛选结果汇总表见表 6-27。

表 6-27　方案筛选结果汇总表

方案编号	方案名称	方案简介
1-1	收集散落的废铜回炉利用	散落的铝屑、铝渣收集后回熔炼炉
1-2	原料堆放区改造	废铜、废铝等的堆放车间，灰尘大，影响工人健康，造成粉尘污染，修建仓库，分类堆放，减少扬尘产生
1-3	危险废弃物仓库改造	对原有危险废弃物仓库进行翻新，做到防漏防渗，并且及时清理仓库废旧原料桶，规范危险废弃物暂存
2-1	熔炼炉余热回用	熔炼炉内余热很高，可以对余热加以利用，用于助燃空气预热及铜材料的预热等，提高热能利用率
2-2	定期检修天然气管道	定期的检查和更换天然气输送管道
3-1	减少跑冒滴漏	需要对反应罐和相应的电机进行定期检修和维护
3-2	对部分设备进行变频改造	对部分大型耗电设备安装变频和节电器等设备，增加有效功率，减少无功功率，存在着较大的节能潜力
3-3	蓄热式燃烧系统改造	原有熔炼炉存在老化、工作效率低、满足不了客户要求等问题，建议对熔炼炉炉膛改造

方案编号	方 案 名 称	方 案 简 介
4-1	采用节能灯具	淘汰非节能型灯具,采用栅格灯具、卤素灯及其镇流器、发光二极管(LED)灯、磁感应无极灯等绿色照明设备,积极采用太阳能照明设备等
4-2	完善危险固体废弃物仓库管理	危险固体废弃物管理不规范,造成资源浪费和环境污染,仓库地面应当做防渗漏处理,减少环境污染
5-1	车间现场6S管理	车间地面定期清理,对于成型不好或不规范的废品定期清理,不要长期堆积,实现车间6S管理
5-2	规范各类危险标识	企业利用强酸强碱等物料,还有电解车间电压高,电流大,危险性高,应当规范各类危险标识
5-3	提高完善操作规程	制定并完善相应的操作规程,提高职工的操作技能,提高工作效率
5-4	完善进出库登记制度	完善进出库登记制度,建立合理高效的物流管理体系
5-5	规范整厂管理	专人负责公司厂规、厂纪、厂貌的执行情况,负责清扫地面、组织职工学习,提高效率
6-1	定期对员工进行培训	企业应当定期对员工进行安全生产及清洁生产的培训,提高员工安全生产意识和清洁生产意识,提高员工对企业的归属感。利用宣传栏宣传安全生产知识和清洁生产内容

5. 可行性分析

除 2 项中/高费方案之外的 14 个方案均为无/低费方案,技术上成熟、简单易行、可获得良好环境和经济效益,无须进入重点筛选,只需直接并持续实施即可,本节主要对产生与筛选出来的 2 个中/高费方案进行简易可行性分析。下面对蓄热式燃烧系统改造(方案 3-3)进行可行性分析。

1) 技术评估

蓄热式燃烧系统的高效燃烧来自一对烧嘴的周期性交替燃烧,用烟气加热空气,获得高温助燃空气,单位能耗低。整套燃烧控制系统还将包括:用于换向控制的换向阀及其气动执行装置;高效预混点火枪;用于火焰安全监测的紫外线火焰监测器;燃气流量控制阀组等功能。此外这套系统具有燃烧效率高、箱体壁薄但隔热性能极好、体积小、维护简单方便等特点。因此本方案从技术上考虑是可行的。

2) 环境评估

原有熔炼炉燃烧系统的工作效率不高,天然气的消耗量大。而蓄热式燃烧系统的周期性交替燃烧,用烟气加热空气,获得高温助燃空气,使其单位能耗降低。此方案实施后预计每年能节约天然气 6.0 万 m^3,从而减少了二氧化硫与氮氧化物的产生与排放,提高了工作效率,提高产品质量。

因此,该方案在环境上是可行的。

3) 经济评估

该项目预计投资 56 万元。按照天然气每立方米 3.0 元计算,每年可节省(6.0×3.0)万元=18.0 万元,具体经济效益见表 6-28。

表 6-28 熔铝炉废气处理除尘方案经济效益指标测算

指 标 名 称	计 算 公 式	结 果
项目总投资费用（I）	$I=$总投资－补贴	56 万元
年运行费用总节省金额（P）	$P=$收入增加额＋总运行费用减少额	18.0 万元
新增设备年折旧费（D）	$D=I/10$	5.6 万元
年净现金流量（F）	$F=P-0.30\times(P-D)$	14.28 万元
投资偿还期（N）	$N=I/F$	3.92 年
净现值（NPV）	$\sum_{j=1}^{n}\dfrac{F}{(1+\mathrm{IRR})^{j}}-I$	17.1 万元
内部收益率（IRR）	$i_1+\dfrac{\mathrm{NPV}(i_2-i_1)}{\mathrm{NPV}_1+|\mathrm{NPV}_2|}$	19.43%

注：折旧年限 10 年；税率 30%；贴现率 10%；银行贷款利率 5.4%；全年按照 330 天工作日计算。

因为从年贴现值系数表中查到（P/A,18.8%）＝3.6，所以可推测内部收益率为 19.43%，此值大于银行贷款利率 5.4%；也大于行业基准收益率 10%。

从以上分析可知，本方案是可行的。另经分析方案 1-3 也是可行的。

6.方案的实施

1）方案实施计划和进度

公司根据推荐的可行方案制定了方案实施计划和进度表。目前 14 项无/低费方案全部实施，完成率 100%；1 项中/高费方案（方案 3-3）已实施完成，完成率 50%。

2）已实施的方案成果汇总

到清洁生产审核现场工作结束为止，共实施 16 个清洁生产方案，其中 14 项无/低费方案全部完成实施，完成率 100%；2 项中/高费方案本轮清洁生产已实施一项方案，完成率 50%。公司共投入资金 75.6 万元用于方案实施。

（1）技术效益。

通过实施清洁生产方案，公司的技术得到一定的更新。

（2）经济效益。

通过实施清洁生产方案，企业共获得年经济效益达到 40.9 万元。

（3）环境效益。

通过清洁生产的实施，废水、废气、废渣量均减少，减少了对环境的污染，具体情况为：减排化学需氧量（COD）169.3 kg/a；减排氨氮 24.6 kg/a；减排二氧化硫 159.9 kg/a；减排氮氧化物 500.6 kg/a；颗粒物 344.0 kg/a；节电 5957.094 kW·h/a；节水 1666.32 t/a；节天然气 13.9 万 m³/a；节综合能耗 83316.0 kgce/a。

（4）清洁生产目标完成情况。

对照预审核所确定的清洁生产目标，对本次清洁生产目标完成情况进行汇总，见表 6-29。

表 6-29　清洁生产目标完成情况

类别	序号	项目	审核前状况	审核后（2022 年 12 月）		目标完成情况
				绝对量	消减（增）	
资源利用	1	单位产品电耗/(kW·h/t)	4.966	4.557	8.24%	完成
	2	单位产品天然气耗/(m³/t)	84.8	81.45	3.95%	完成
	3	单位产品水耗/(t/t)	2.55	2.48	2.75%	完成
	4	废水循环利用率	98.9%	98.9%	—	完成
	5	铝回收率	95.51%	95.66%	增 0.16%	完成
	6	单位产品综合能耗(标煤)/(kgce/t)	101	98	1.98%	完成
污染物	1	化学需氧量/(kg/t 再生铝锭)	0.0050	0.00490	2.00%	完成
	2	氨氮/(kg/t 再生铝锭)	0.0007	0.00065	7.14%	完成
	3	二氧化硫/(kg/t 再生铝锭)	0.0047	0.00457	2.77%	完成
	4	氮氧化物/(kg/t 再生铝锭)	0.0149	0.01441	3.29%	完成
	5	颗粒物/(kg/t 再生铝锭)	0.01021	0.01001	1.96%	完成

7. 持续的清洁生产

1）建立和完善清洁生产组织机构

企业成立了清洁生产领导小组，总经理任领导小组组长，负责全面领导与组织协调工作。副总经理任副组长，其他各部门经理任组员，负责清洁生产的日常领导和组织开展工作。

本次清洁生产审核工作结束后，清洁生产审核领导小组和清洁生产审核小组继续保留，由总经理任组长的清洁生产审核领导小组负责主抓企业清洁生产的推行和管理工作。

2）建立和完善清洁生产管理制度

把清洁生产的审核成果及时纳入企业的日常管理轨道。建立"目标明确，责任清晰，措施到位，一级抓一级，一级考核一级"的节能目标责任和评价考核制度。对积极参与清洁生产并多次提出合理化建议的员工，各部门在员工绩效考核中体现，直接挂钩于其工资分配、提级、福利等方面。专门建立清洁生产的投资和效益的专项账户，为持续推进和开展清洁生产工作提供资金的保障。

3）制订持续清洁生产计划

清洁生产是一个动态的过程，清洁生产并非一朝一夕就可完成，因而应制订持续清洁生产计划，使清洁生产有组织、有计划地在企业开展下去。

结合企业在能耗、物耗、水耗、污染物排放等方面存在的问题，继续制订持续清洁生产计划表（表 6-30）。

表 6-30　持续清洁生产计划表

主要计划	主要内容	开始时间	结束时间	负责部门
下一轮清洁生产审核工作计划	1. 继续征集清洁生产无/低费、中/高费方案。 2. 继续实施无/低费方案。 3. 建立清洁生产工作方针目标，清洁生产岗位责任制，清洁生产奖罚制度，保证清洁生产工作持续有效开展	2023 年 7 月	长期	行政部

续表

主要计划	主要内容	开始时间	结束时间	负责部门
本轮审核方案的实施计划	1. 继续实施确定可行的无/低费方案,并将方案的一些措施制度化。 2. 中/高费方案按表 6-27 中的方案 1-3、方案 3-3 持续进行。	2022 年 12 月	持续	各方案实施责任部门
	3. 分期分批对已实施方案成果进行公示宣传。 4. 持续进行方案,保证企业清洁生产的延续性。继续加强全员清洁生产的宣传与培训	2022 年 12 月	持续	行政部
企业职工的清洁生产培训计划	1. 采用开办清洁生产知识培训班、印制清洁生产培训教材等形式进行宣传和发动	每季度 1 次	持续	清洁生产审核工作小组
	2. 清洁生产技术培训,定期组织职工学习行业推荐的清洁生产技术,培养职工科技创新能力	半年 1 次	持续	清洁生产审核工作小组
下一轮审核重点和目标	从清洁生产审核前后企业能源消耗指标对比可知,企业在资源、能源消耗和废物排放方面,已经达到了同行业的较高水平。而在原辅材料处理与回收和车间粉尘、异味方面,与同行业的先进标准还有一定距离,具体在废铝分炼时的处理效率、废铝加工后的回收率、车间地面上粉尘、环氧树脂去除车间异味等方面需要进一步改进。所以下一轮审核重点是原辅材料处理与回收水平和车间环境质量改善	2025 年 7 月	2025 年 12 月	各部门

6.5　清洁生产审核验收

根据《清洁生产审核评估与验收指南》,清洁生产审核验收是指按照一定程序,在企业实施完成清洁生产中/高费方案后,对已实施清洁生产方案的绩效、清洁生产目标的实现情况及企业清洁生产水平进行综合性评定,并做出结论性意见的过程。

1. 申请清洁生产审核验收的企业必须具备的条件

(1) 通过清洁生产审核评估后按照评估意见所规定的验收时间,综合考虑当地政府、环保部门时限要求提出验收申请(一般不超过两年)。

(2) 通过清洁生产审核评估之后,继续实施清洁生产中/高费方案,建设项目竣工环保验收合格 3 个月后,稳定达到国家或地方的污染物排放标准、核定的主要污染物总量控制指标、污染物减排指标。

2. 企业清洁生产审核验收过程

审阅申请验收企业《清洁生产审核验收申请表》、清洁生产审核报告、环境监测报告、清洁生产审核评估意见、清洁生产审核验收工作报告等有关文件资料。

资料查询及现场考察,查验、对比企业相关历史统计报表(企业台账、物料使用、能源消耗等基本生产信息)等,对清洁生产方案的实施效果进行评估并验证,提出最终验收意见。

3. 清洁生产审核验收内容

清洁生产审核验收内容包括但不限于以下内容。

(1)核实清洁生产绩效:企业实施清洁生产方案后,对是否实现清洁生产审核时设定的预期污染物减排目标和节能目标,是否落实有毒有害物质减量、减排指标进行评估;查证清洁生产中/高费方案的实际运行效果及对企业实施清洁生产方案前后的环境、经济效益进行评估。

(2)确定清洁生产水平:已经发布清洁生产评价指标体系的行业,利用评价指标体系评定企业在行业内的清洁生产水平;未发布清洁生产评价指标体系的行业,可以参照行业统计数据评定企业在行业内的清洁生产水平定位或根据企业近三年历史数据进行纵向对比,说明企业清洁生产水平改进情况。

4. 清洁生产审核验收结果

清洁生产审核验收结果分为"合格"和"不合格"两种。依据《清洁生产审核验收评分表》,综合得分达到 60 分及以上的企业,其验收结果为"合格"。存在但不限于下列情况之一的,清洁生产审核验收不合格:

(1)企业在方案实施过程中存在弄虚作假行为;

(2)企业污染物排放未达标或污染物排放总量、单位产品能耗超过规定限额的;

(3)企业不符合国家或地方制定的生产工艺、设备以及产品的产业政策要求;

(4)达不到相关行业清洁生产评价指标体系三级水平(国内清洁生产一般水平)或同行业基本水平;

(5)企业在清洁生产审核开始至验收期间,发生节能环保违法违规行为或未完成限期整改任务;

(6)其他地方规定的相关否定内容。

课外阅读材料

1. 坚持绿色低碳,建设一个清洁美丽的世界

"我们要像保护自己的眼睛一样保护生态环境,像对待生命一样对待生态环境,同筑生态文明之基,同走绿色发展之路!"

2022 年,神舟十三号太空"出差"三人组拍摄的中国空间站 8K 超高清短片《窗外是蓝星》一度刷屏。茫茫宇宙,蓝色星球,山河灿烂,壮美如画。人类赖以生存的地球家园,需要共同呵护。

人类进入工业文明时代以来,在创造巨大物质财富的同时,也打破了地球生态系统平衡,人与自然深层次矛盾日益显现。近年来,气候变化、生物多样性丧失、荒漠化加剧、极端气候事件频发,给人类生存和发展带来严峻挑战。如何实现人与自然和谐共生,实现可持续

发展,是各国的共同责任。

2013年9月,习近平主席在哈萨克斯坦纳扎尔巴耶夫大学回答学生们关于环境保护的问题时指出,中国明确把生态环境保护摆在更加突出的位置。我们既要绿水青山,也要金山银山。宁要绿水青山,不要金山银山,而且绿水青山就是金山银山。

习近平主席向世界阐释"两山理念",让世界读懂了"美丽中国"的缘起。党的十八大以来,生态环境保护发生了历史性、转折性、全局性的变化,"绿水青山就是金山银山"理念深入人心,建设美丽中国成为中国人民心向往之的奋斗目标,天更蓝、山更绿、水更清成为中国人民的"幸福体验"。

2000—2017年,全球新增绿化面积中约1/4来自中国,贡献比例居世界首位;联合国环境规划署专门发布《绿水青山就是金山银山:中国生态文明战略与行动》报告,积极评价"中国生态文明理念走向世界";"划定生态保护红线,减缓和适应气候变化"行动倡议,入选联合国"基于自然的解决方案"全球精品案例……最早提出"绿色GDP"概念的学者之一、美国国家人文科学院院士小约翰·柯布指出,"中国给全球生态文明建设带来了希望之光"。

2021年4月,习近平主席在领导人气候峰会上发表重要讲话,提出"人与自然生命共同体"理念,强调坚持人与自然和谐共生,坚持绿色发展,坚持系统治理,坚持以人为本,坚持多边主义,坚持共同但有区别的责任原则,指明了各国携手应对挑战、打造清洁美丽世界的合作之道。

1) 积极应对气候变化,彰显负责任大国担当

2015年,第21届联合国气候变化大会,是全球气候治理进程的关键节点。习近平主席出席大会开幕式,阐明中国主张,宣布中国举措,积极开展穿梭外交。当大会主席敲下绿色小锤,长达数年艰苦卓绝的谈判收获丰硕成果,会场内外一片沸腾,人们长时间欢呼、鼓掌、拥抱之时,也永远铭记中国为达成《巴黎协定》"发挥了关键性作用"。

《巴黎协定》不是终点,而是新的起点。作为全球生态文明建设的参与者、贡献者、引领者,中国一直以最大的决心、最高的智慧应对气候变化。

2020年9月,习近平主席在第七十五届联合国大会一般性辩论上郑重宣布:"中国将提高国家自主贡献力度,采取更加有力的政策和措施,二氧化碳排放力争于2030年前达到峰值,努力争取2060年前实现碳中和。"这意味着,世界上最大的发展中国家,将完成全球最高碳排放强度降幅,用全球历史上最短的时间实现从碳达峰到碳中和。

目前,全国碳排放权交易市场启动上线交易,中国已建成世界最大清洁发电体系,宣布不再新建境外煤电项目,碳达峰碳中和"1+N"政策体系已基本建立。

2) 保护生物多样性,开启人类高质量发展新征程

2021年,云南大象北上南归吸引全球目光,让世界看到中国保护野生动物的努力和成果。

同年10月,也是在云南,中国承办的联合国《生物多样性公约》第十五次缔约方大会第一阶段会议发表"昆明宣言",促进全球朝着人与自然和谐共生的2050年愿景迈进。中国宣布将率先出资15亿元人民币,成立昆明生物多样性基金,支持发展中国家生物多样性保护事业,中国加快构建以国家公园为主体的自然保护地体系等举措,推动全球生物多样性治理迈上新台阶。

3) 共建绿色丝绸之路，助力全球低碳转型

2022 年是蒙内铁路运营 5 周年。全长约 480 km 的蒙内铁路线上，建有大型野生动物通道 14 个、桥梁 79 座，所有桥梁式动物通道净高均在 6.5 m 以上，方便大象和长颈鹿等大型动物无障碍通行。蒙内铁路已成为将"一带一路"建成"绿色之路"的生动写照。

如今，中国已与 31 个合作伙伴发起"一带一路"绿色发展伙伴关系倡议。绿色基建、绿色能源、绿色交通、绿色金融……绿色，正成为高质量共建"一带一路"的鲜明底色。

中国将与各国继往开来，并肩前行，共同构建人与自然生命共同体，把一个清洁美丽的世界留给子孙后代。

2. 让自然生态美景永驻人间

良好生态环境是最普惠的民生福祉，绿水青山是人民幸福生活的重要内容。习近平总书记强调，要像保护眼睛一样保护生态环境，像对待生命一样对待生态环境，多谋打基础、利长远的善事，多干保护自然、修复生态的实事，多做治山理水、显山露水的好事，让群众望得见山、看得见水、记得住乡愁，让自然生态美景永驻人间，还自然以宁静、和谐、美丽。

进入新时代，以习近平同志为核心的党中央以前所未有的力度抓生态文明建设，坚持绿水青山就是金山银山的理念，坚持山水林田湖草沙一体化保护和系统治理，开展了一系列根本性、开创性、长远性工作，我国生态环境保护发生历史性、转折性、全局性变化，创造了举世瞩目的生态奇迹和绿色发展奇迹，祖国大地天更蓝、山更绿、水更清。

望得见山、看得见水、记得住乡愁，环境监测数据印证着人们的切身感受。2021 年，全国地级及以上城市细颗粒物（$PM_{2.5}$）平均浓度下降到 30 $\mu g/m^3$，历史性地达到了世界卫生组织第一阶段过渡值，空气质量优良天数比率达到 87.5%。我国成为全球空气质量改善速度最快的国家。全国地表水 Ⅰ～Ⅲ 类断面比例上升至 84.9%，已接近发达国家水平。人民群众的生态环境获得感、幸福感、安全感显著增强。

"中国式现代化是人与自然和谐共生的现代化。""尊重自然、顺应自然、保护自然，是全面建设社会主义现代化国家的内在要求。"党的二十大报告深刻阐述了人与自然和谐共生是中国式现代化的重要特征，做出推动绿色发展、促进人与自然和谐共生的重大部署，明确到 2035 年我国发展的总体目标之一是"广泛形成绿色生产生活方式，碳排放达峰后稳中有降，生态环境根本好转，美丽中国目标基本实现"，将"城乡人居环境明显改善，美丽中国建设成效显著"列入未来五年的主要目标任务。

全面贯彻落实党的二十大精神，我们必须坚持以习近平生态文明思想为科学指引，不断提高生态文明建设的能力和水平，推动经济社会发展绿色化低碳化，更好统筹经济社会发展和生态环境保护，突出精准、科学、依法治污，统筹减污降碳协同增效，持续深入打好蓝天、碧水、净土保卫战，以更大力度解决好老百姓身边的突出生态环境问题。

人不负青山，青山定不负人。生态文明建设是一个系统工程，需要付出长期艰苦的努力。努力建设人与自然和谐共生的现代化，广泛形成绿色生产生活方式，把绿水青山建得更美，把金山银山做得更大，以高水平保护促进高质量发展、创造高品质生活，我们的幸福指数将持续提升。

思考题

1. 简述清洁生产审核的定义。
2. 清洁生产审核的目标是什么？
3. 清洁生产审核有哪些特点？
4. 简述清洁生产审核的步骤。
5. 简述企业清洁生产审核报告的内容框架。
6. 能源审计的流程有几个环节？分别是什么？

清洁生产指标体系与评价

7.1 清洁生产指标体系

7.1.1 清洁生产指标与指标体系

清洁生产指标(cleaner production index)是指国家、地区、部门和企业,在一定时期内,根据一定的科学、技术、经济条件,规定的清洁生产必须达到的具体目标和水平。评价指标既是管理科学水平的标志,也是进行定量比较的尺度。

清洁生产指标体系(cleaner production indicators system)是由相互联系、相对独立、互相补充的系列清洁生产评价指标所组成的,用于衡量清洁生产状态的指标集合。一个健全的清洁生产体系可以有效地促进企业清洁生产活动的开展和整个社会的可持续发展。因此,清洁生产指标体系具有标杆作用,能为清洁生产绩效评价和比较提供标准,也能为筛选清洁生产技术方案提供客观依据。

制定和实施一套具有科学性、针对性、激励性、政府约束性和可操作性的清洁生产指标体系,有助于实现指标化的清洁生产管理,为评估清洁生产的效果提供定量评价尺度,从而为筛选清洁生产技术和管理措施以及评估其实施效果提供有效工具。目前,随着我国清洁生产指标体系的不断完善,国家发展改革委针对不同行业特点,颁布了一系列行业清洁生产评价指标体系。

7.1.2 清洁生产指标体系的确定原则

1. 客观准确评价原则

清洁生产指标体系所选用的评价指标、评价模式应客观地、全面地反映行业及其生产过程的情况,真实、客观、完整、科学地评价生产过程的优劣,以确保清洁生产最终评价结果的准确性、公正性和应用指导性。

2. 全生命周期评价原则

在确定清洁生产指标时,不但要考虑原材料、能源及工艺生产过程,还要关注产品本身的状况和产品使用后的环境影响,即对产品设计、生产、储存、运输、消费和处理处置整个过程中原材料、能源消耗和污染物产生及其毒性的分析都建立相对应的评价指标。

3. 时空性原则

确定的评价指标可以是长期规划目标,也可以是短期规划目标,且应规定指标执行的具体地区、行业、企业和车间等。

4. 简明易操作原则

清洁生产指标体系要突出重点、意义明确、结构清晰、实施成本低、可操作性强。既要考虑指标体系构架的整体性,又要考虑指标体系使用时的数据支持。既要求指标体系综合性强,能充分表达清洁生产的含义,避免烦琐庞杂,又能反映项目的主要情况,简便易操作。

5. 定量与定性相结合原则

为了确保评价结果的准确性、可比性和科学性,必须建立定量(数学)评价模式,选取可定量化的指标进行分析。此外评价指标复杂且涉及面广,对于不能定量化的指标也可以选取定性指标(力求科学、合理、实用、可行)进行分析。

6. 污染预防原则

选取的清洁生产指标的范围可不涵盖所有的社会、经济、环境等指标,主要应突出污染预防的概念。为了实现保护自然资源的目的,应分析生产过程中的资源消耗量与废物产生量,包括使用能源、水或其他资源的消耗情况,从而反映出生产过程中的资源和能源使用情况以及节省的可能性。

7. 持续性改进原则

清洁生产是一个持续改进的过程,需要企业在达到现有指标的基础上向更高的目标迈进,因此,指标体系也应该体现持续改进的原则,引导企业根据现有情况,选择不同的清洁生产目标,以实现持续改进。

7.1.3　清洁生产指标体系的内容

行业清洁生产评价指标体系由一级指标和二级指标组成。一级指标是指标体系中具有普适性、概括性的指标。一级指标包括资源能源消耗指标、资源综合利用指标、生产工艺及装备指标、污染物产生指标、清洁生产管理指标和产品特征指标等 6 类指标,每类指标又由若干个二级指标组成。二级指标是一级指标之下,可代表行业清洁生产特点的、具体的、可操作的、可验证的指标。

7.1.3.1　资源能源消耗指标

资源能源消耗指标是指在生产过程中,生产单位产品所需的资源与能源量等反映资源与能源利用效率的指标。

在选取指标时应从有利于减少资源能源消耗、提高资源能源利用效率方面提出资源能源消耗指标及要求。具体的指标可包括单位产品综合能耗、单位产品取水量、单位产品原/辅料消耗、一次能源消耗比例等。下面是一些二级指标的解释和计算公式。

1. 单位产品综合能耗

单位产品综合能耗反映企业生产的产品(或因创造产值)消耗各种能源总水平的指标,它用单位产品产量或产值平均消耗的各种能源数量表示。能源消耗总量指的是企业厂区内用于生产和生活的电、油、煤等能源的消耗总量(包括生产取暖、降温用能)。各种能源以总能量计,或者按照国家统计局规定的折合系数折算为标准煤进行计算,计算公式为式(7-1):

$$单位产品(产值)综合能耗\left(\frac{kJ/tce}{t}\right)=\frac{能源消耗总量(kJ/tce)}{产品总量(t)} \tag{7-1}$$

2．单位产品新鲜水消耗量

单位产品新鲜水消耗量指在一定计量时间内，单位产品所耗的新鲜水量，包括循环水补充水量、供热用水量、工艺用水量、冲洗设备管道用水量、生活用水量、消防用水量，计算公式为式(7-2)：

$$单位产品新鲜水用量(m^3/t) = \frac{新鲜水消耗总量(m^3)}{产品产量(t)} \qquad (7-2)$$

3．单位产品原/辅料消耗

单位产品原/辅料消耗指在一定计量时间内，单位产品主要原料和关键辅料的消耗量。原/辅材料消耗总量指的是企业厂区内用于生产的主要原料或起决定性作用的辅料的消耗总量，计算公式为式(7-3)：

$$单位产品原/辅料消耗(t/t) = \frac{原/辅料消耗总量(t)}{产品总量(t)} \qquad (7-3)$$

7.1.3.2　资源综合利用指标

资源综合利用指标是指生产过程中所产生废物可回收利用特征及废物回收利用情况的指标。

在选取指标时应从有利于废物或副产品再利用、资源化利用和高值化利用等方面提出资源综合利用指标及要求。具体的指标可包括余热余压利用率、工业用水重复利用率、工业固体废物综合利用率等。下面是一些二级指标的解释和计算公式。

1．余热余压利用率

余热余压利用率是指在一定计量时间内，单位产品生产过程中重复利用的能源（如余热、余压和蒸汽等）占能源消耗总量的比例，计算公式为式(7-4)：

$$余热余压利用率(100\%) = \frac{利用的余热余压(kJ/tce)}{余热余压消耗总量(kJ/tce)} \times 100\% \qquad (7-4)$$

2．工业用水重复利用率

工业用水重复利用率是指在一定计量时间内，单位产品生产过程中工业重复用水量占工业总用水量的百分比。重复利用的水资源包括循环利用水、工艺回用水和回用中水。工业总用水量是新鲜水消耗总量与重复利用水消耗总量之和，计算公式为式(7-5)：

$$工业用水重复利用率(100\%) = \frac{工业重复用水量(m^3)}{工业总用水量(m^3)} \times 100\% \qquad (7-5)$$

3．工业固体废物综合利用率

工业固体废物综合利用率是指在一定计量时间内，单位产品生产过程中，重复利用的固体废物占固体废物产生总量的比例。重复利用的固体废物包括可直接作为资源、能源、原辅材料回用的固体废物和经处理后可回用的固体废物，计算公式为式(7-6)：

$$工业固体废物重复利用率(100\%) = \frac{重复利用固体废物量(t)}{固体废物产生总量(t)} \times 100\% \qquad (7-6)$$

7.1.3.3　生产工艺及装备指标

生产工艺及装备指标是指产品生产中采用的生产工艺和装备的种类、自动化水平、生产规模等方面的指标。

在选取指标时应从有利于引导采用先进适用技术装备、促进技术改造和升级等方面提出生产工艺及装备指标和要求。具体的指标可包括装备要求、生产规模、工艺方案、主要设备参数、自动化控制水平等。

7.1.3.4　污染物产生指标

污染物产生指标是指单位产品生产(或加工)过程中,产生污染物的量(末端处理前)。

在选取指标时应从有利于从源头上减少污染物产生、有毒有害物质替代等方面提出污染物产生指标及要求。具体的指标包括单位产品废水产生量、单位产品化学需氧量(CDD)产生量、单位产品二氧化硫产生量、单位产品氨氮产生量、单位产品氮氧化物产生量和单位产品粉尘产生量,以及行业特征污染物等。下面是一些二级指标的解释和计算公式。

1. 单位产品废水产生量

单位产品废水产生量指在一定计量时间内,单位产品生产过程中产生的废水量,包括经处理后回用的废水,但不包括直接循环利用的废水和单独排放的生活污水,计算公式为式(7-7):

$$单位产品废水产生量(m^3/t) = \frac{废水产生总量(m^3)}{产品产量(t)} \tag{7-7}$$

2. 单位产品 COD 产生量

单位产品 COD 产生量指在一定计量时间内,单位产品生产过程中产生的 COD 量,计算公式为式(7-8):

$$单位产品 COD 产生量(m^3/t) = \frac{COD 产生总量(m^3)}{产品产量(t)} \tag{7-8}$$

3. 单位产品二氧化硫产生量

单位产品二氧化硫产生量指在一定计量时间内,单位产品生产过程中产生的二氧化硫量,计算公式为式(7-9):

$$单位产品二氧化硫产生量(t/t) = \frac{二氧化硫产生总量(t)}{产品产量(t)} \tag{7-9}$$

4. 单位产品氨氮产生量

单位产品氨氮产生量是指在一定计量时间内,每生产单位标准产品的氨氮产生量,计算公式为式(7-10):

$$单位产品氨氮产生量(kg/t) = \frac{氨氮生成浓度平均值(g/L) \times 废水产生量(m^3)}{产品产量(t)} \tag{7-10}$$

7.1.3.5　清洁生产管理指标

清洁生产管理指标是指对企业所制定和实施的各类清洁生产管理相关规章、制度和措施的要求,包括执行环保法规情况、企业生产过程管理、环境管理、清洁生产审核、相关环境管理等方面。

在选取指标时应从有利于提高资源能源利用效率,减少污染物产生与排放方面提出管理指标及要求。具体的指标可包括清洁生产审核制度执行、清洁生产部门设置和人员配备、清洁生产管理制度、强制性清洁生产审核政策执行情况、环境管理体系认证、建设项目环保

"三同时"执行情况、合同能源管理、能源管理体系实施等。

7.1.3.6 产品特征指标

产品特征指标是指影响污染物种类和数量的产品性能、种类和包装,以及反映产品储存、运输、使用和废弃后可能造成的环境影响等的指标。

在选取指标时应从有利于包装材料再利用或资源化利用、产品易拆解、易回收、易降解、环境友好等方面提出产品指标及要求。具体的指标可包括有毒有害物质限量、易于回收和拆解的产品设计、产品合格率等。

上述指标包含的具体指标均因行业性质不同可根据具体情况做适当调整,其中对节能减排有重大影响的指标,或者法律法规明确规定严格执行的指标为限定性指标。原则上,限定性指标主要包括但不限于单位产品能耗限额、单位产品取水定额,有毒有害物质限量,行业特征污染物,行业准入性指标,以及二氧化硫、氮氧化物、化学需氧量、氨氮、放射性、噪声等污染物的产生量,也可因行业性质不同,根据具体情况作适当调整。

根据清洁生产的一般要求,上述清洁生产指标体系中的资源能源消耗指标、产品特征指标、污染物产生指标、资源综合利用指标等一般为定量指标,生产工艺及装备指标、清洁生产管理指标等常为定性指标。

行业清洁生产评价指标体系框架见表 7-1。

表 7-1　行业清洁生产评价指标体系框架

一级指标	一级指标权重	二级指标	单位	二级指标权重	Ⅰ级基准值	Ⅱ级基准值	Ⅲ级基准值
生产工艺及装备指标		工艺类型					
		装备设备					
		⋮					
资源能源消耗指标		*单位产品综合能耗	tce				
		*单位产品新鲜水消耗量	t				
		单位产品原/辅料消耗	kg				
		⋮					
资源综合利用指标		余热余压利用率	%				
		工业用水重复利用率	%				
		工业固体废物重复利用率	%				
		⋮					
污染物产生指标		*单位产品废水产生量	m³/t				
		*单位产品化学需氧量产生量	m³/t				
		*单位产品二氧化硫产生量	t/t				
		*单位产品氨氮产生量	kg/t				
		*单位产品氮氧化物产生量	kg/t				
		⋮					

续表

一级指标	一级指标权重	二级指标	单位	二级指标权重	Ⅰ级基准值	Ⅱ级基准值	Ⅲ级基准值
产品特征指标		* 有毒有害物质限量					
		易于回收、拆解的产品设计					
		⋮					
清洁生产管理指标		清洁生产审核制度执行					
		清洁生产部门和人员配备					
		⋮					

注：带 * 的指标为限定性指标。

7.2　清洁生产评价

科学客观评价企业的清洁生产水平，了解企业的清洁生产潜力，有利于企业把握发展方向，实现持续发展。对环境影响评价项目进行清洁生产分析，必须针对清洁生产指标确定出既能反映主体情况，又简便易行的评价方法。

清洁生产评价是基于企业生产全过程，依据企业（或各生产车间、工段）的各项生产指标，判定企业生产过程、产品、服务的相关指标在国内外同行业中所处的清洁生产水平，发现清洁生产机会，提高企业生产过程对资源和能源的利用效率，减少污染物产生和排放的过程。

考虑到清洁生产指标涉及面较广，又有定性指标和定量指标之分，相应地清洁生产评价方法也可采用定量条件下的评价和定量与定性相结合条件下的评价。针对不同的评价指标，确定不同的评价等级，对于易量化的指标评价等级可分细一些，不易量化的指标评价等级则分粗一些，最后通过权重法将所有指标综合起来，从而判定建设项目的清洁生产程度。

7.2.1　清洁生产评价指数与评价等级

7.2.1.1　评价指数

1. 单项评价指数

单项评价指数是以类比项目相应的单项指标参考值作为评价标准计算得出。

对消极指标（指标数值越小越符合清洁生产要求的指标），如能耗、水耗，计算公式为式（7-11）：

$$I_i = D_i/S_i, \quad i = 1,2,\cdots,n \tag{7-11}$$

对积极指标（指数值越大越符合清洁生产要求的指标），如水重复利用率、资源利用率，计算公式为式（7-12）：

$$I_i = S_i/D_i, \quad i = 1,2,\cdots,n \tag{7-12}$$

式中，I_i——单项评价指数；

D_i——目标项目某单项评价指标对象值（实际值或设计值）；

S_i——类比项目某单项评价指标参考值(或评价基准值)。

评价指标基准值是衡量各定量评价指标是否符合清洁生产基本要求的评价基准,其取值可根据评价工作的需要取环境排放标准、质量标准或相关清洁生产技术标准要求的数值。根据当前各行业清洁生产技术、装备和管理水平,宜将二级指标的基准值分为三个等级:Ⅰ级为国际清洁生产领先水平;Ⅱ级为国内清洁生产先进水平;Ⅲ级为国内清洁生产一般水平。

2. 类别评价指数

类别评价指数是根据所属各单项指数的算术平均计算而得,是反映该类别评价指标的重要参数,计算公式为式(7-13):

$$Q_j = \sum I_i / n \tag{7-13}$$

式中,Q_j——j 类别指标各分指标等标评价指数总和的平均值;

i——分指标的序号,$i = 1, 2, \cdots, n$;

j——类别指标的序号,$j = 1, 2, \cdots, m$,m 为评价指标体系下设的类别指标数;

n——第 j 类别指标中分指标的项目总数。

一般情况下,Q_j 越小,表明 j 类别指标的清洁生产水平越高。

3. 综合评价指数

为了全面评价企业清洁生产水平,同时克服个别评价指标指数对评价结果准确性的掩盖,避免确定加权系数的主观影响,采用一种计权型综合评价指数,以考虑到极端值或突出最大值,其计算公式为式(7-14):

$$P = \left[(I_{i,m} + Q_{j,a}) / 2 \right]^{\frac{1}{2}} \tag{7-14}$$

式中,P——清洁生产综合评价指数;

$I_{i,m}$——各项评价指数中的最大值,m 为评价指标体系下设的类别指标数;

$Q_{j,a} = \sum Q_j / m$——类别评价指数的平均值,$j = 1, 2, \cdots, n$。

7.2.1.2 评价等级

依据清洁生产理论和行业特点,将清洁生产评价分为定性评价和定量评价两大类。生产工艺与装备要求指标、产品特征指标和清洁生产管理指标一般量化难度大,属于定性评价,可分为三个等级;资源能源消耗指标、污染物产生指标和资源综合利用指标易于量化,属于定量评价,可分为 5 个等级。为了方便统计和计算,定性评价和定量评价的等级分值范围均定为 0~1.0(确定分值时取两位有效数字)。

1. 定性评价等级

高(等级分值为(0.70,1.00]):表示所使用的原材料和产品对环境的有害影响比较小。

中(等级分值为(0.30,0.70]):表示所使用的原材料和产品对环境的有害影响中等。

低(等级分值为[0.00,0.30]):表示所使用的原材料和产品对环境的有害影响比较大。

2. 定量评价等级

清洁(等级分值为(0.80,1.00]):有关指标达到本行业国际先进水平。

较清洁(等级分值为(0.60,0.80]):有关指标达到本行业国内先进水平。

一般(等级分值为(0.40,0.60]):有关指标达到本行业国内平均水平。

较差(等级分值为(0.20,0.40]):有关指标达到本行业国内中下水平。

很差(等级分值为[0.00,0.20]):有关指标达到本行业国内较差水平。

对定性评价三个等级,按照基本等量、就近取整的原则来划分各等级的分值范围;对定量指标依据同样原则来划分各等级的分值范围。

7.2.2　清洁生产评价方法与程序

7.2.2.1　评价方法

1. 指标对比法

此方法主要是对评价指标的原始数据进行"标准化处理",使评价指标转换成在同一尺度上可以相互比较的量,因此采用指数方法,一般分为单项评价指数、类别指标评价指数和综合评价指数,具体计算方式参考 7.2.1 节中的评价指数部分。

2. 百分制评价法

首先,应确定清洁生产的指标,并为不同的评价指标确定不同的评价等级,再根据等级的评分标准对每项指标进行打分,如果有分指标则按分指标打分,然后分别乘以各自的权重值,最后累计加和得到总分值。通过比较总分值及各分指标的值,基本可以判定建设项目整体所达到的清洁生产程度以及该项目目前需要改进的地方。

1) 权重值的确定

一级指标的权重之和应为1,每个一级指标下的二级指标权重之和也应为1。不同的计算方法具有各自的特点和适用条件,应依据行业特点,单独使用某种计算方法或综合使用多种计算方法。权重确定方法有如下两种。

(1) 层次分析法。

层次分析法(AHP 法)是一种将定性分析和定量分析相结合的多目标决策方法。AHP的基本思想是先按问题要求建立起一个描述系统功能或特征的内部独立的递阶层次结构,通过两两比较因素(或目标、准则、方案)的相对重要性,给出相应的比例标度,构造上层某要素对下层相关元素的判断矩阵,以给出相关元素对上层某要素的相对重要序列。

(2) 专家咨询法

专家咨询法(Delphi 法)是就各评价指标的权重,分发调查表向专家函询意见,由组织者汇总整理,作为参考意见再次分发给每位专家,供他们分析判断并提出新的意见,反复多次,使意见趋于一致,最后得出结论。

权重值的确定中,清洁生产评价的等级分值为 0~1,采用百分制评价方法一般设定指标权重值为 1~10,权重值总和为 100。为了保证评价方法的准确性和适用性,在各项指标(包括分指标)的权重确定过程中,国家环境保护总局(现为生态环境部)于 1998 年组织清洁生产方法学专家、清洁生产行业专家、环评专家和环保政府管理官员,采用专家调查打分法,对"环境影响评价制度中的清洁生产内容和要求"项目研究设计的权重值进行调查打分。

调查统计结果见表 7-2。

表 7-2　清洁生产指标权重值专家调查打分统计结果

评价指标	原材料指标					产品指标				资源指标			污染物产生指标	权重值总和
	毒性	能源强度	生态影响	可再生性	可回收利用性	销售	使用	寿命优化	报废	水耗	能耗	其他		
权重值	7	4	6	4	4	3	4	5	5	10	11	8	29	100
合计	25					17				29				

专家在对清洁生产指标权重值进行打分时,比较关注资源指标和污染物产生指标,都给出了最高权重值 29,原材料指标权重值次之为 25,最低是产品指标,权重值为 17。此类指标可根据实际情况包括几项大指标,如废气、固体废弃物等,且每项大指标可分为几项分指标。但不同企业的污染物实际产生情况差别很大,所以没有对污染物产生指标中的各项分指标权重值加以具体规定,可根据实际情况灵活处理。

2）总体评价清洁生产水平等级

采用百分制评价法应按照公式(7-15)计算清洁生产水平总分:

$$S = \sum Z_i W_i \tag{7-15}$$

式中,S——评价对象清洁生产水平总分;

$\quad Z_i$——评价对象第 i 种指标的清洁生产等级得分;

$\quad W_i$——评价对象第 i 种指标的权重值。

各指标权重值代表各指标在整个指标体系中所占的比重,一定程度上反映该指标在产品生产、销售、使用的全生命周期中对环境影响的重要性。根据获得的总分,可进行项目清洁生产水平的等级划分,具体见表 7-3。需要说明的是,由于清洁生产是一个相对的概念,因此清洁生产指标的评价结果也是相对的。

表 7-3　总体评价清洁生产水平等级划分

项目等级	指标总分	简 要 说 明
清洁生产	＞80	企业原材料的选取对环境的影响、产品对环境的影响、生产过程中资源的消耗程度以及污染物的排放量均处于同行业国际先进水平
较先进	(70,80]	总体达到国内或省先进水平,某些指标处于国际先进水平
一般	(55,70]	企业总体清洁生产水平处于省内中等水平
落后	(40,55]	企业的总体清洁生产水平低于国内一般水平,其中某些指标的水平在国内可能属于"较差"或"很差"之列
淘汰	≤40	总体水平处于国内"较差"或"很差"水平,不仅消耗了过多的资源、产生了过量的污染物,而且在原材料的利用以及产品的使用及报废后的处置等方面均有可能对环境造成超出常规的不利影响

3. 清洁生产综合评价指数计算方法

采用限定性指标评价和指标分级加权评价相结合的方法。在限定性指标全部达到Ⅲ级水平的基础上,采用指标分级加权评价方法,计算行业清洁生产综合评价指数。根据综合评价指数,确定清洁生产等级。

1) 指标无量纲化

不同清洁生产指标由于量纲不同,不能直接比较,需要建立原始指标的隶属函数,见式(7-16)。

$$Y_{g_k}(x_{ij}) = \begin{cases} 100, & x_{ij} \text{ 属于 } g_k \\ 0, & x_{ij} \text{ 不属于 } g_k \end{cases} \tag{7-16}$$

式中,x_{ij}——第 i 个一级指标下的第 j 个二级指标;

$\quad g_k$——二级指标基准值,其中 g_1 为Ⅰ级水平,g_2 为Ⅱ级水平,g_3 为Ⅲ级水平;

$\quad Y_{g_k}(x_{ij})$——二级指标 x_{ij} 对于级别 g_k 的隶属函数。

如式(7-16)所示,若指标 x_{ij} 属于级别 g_k,则隶属函数的值为 100,否则为 0。

2) 综合评价指数计算

通过加权平均、逐层收敛可得到评价对象在不同级别 g_k 的得分 Y_{g_k},如式(7-17)所示。

$$Y_{g_k}(x_{ij}) = \sum_{i=1}^{m} \left(w_i \sum_{j=1}^{n_i} \omega_{ij} Y_{g_k}(x_{ij}) \right) \tag{7-17}$$

式中,w_i——第 i 个一级指标的权重,ω_{ij} 为第 i 个一级指标下的第 j 个二级指标的权重,其

$\quad$ 中 $\sum_{i=1}^{m} w_i = 1$,$\sum_{j=1}^{n_i} \omega_{ij} = 1$;

$\quad m$——一级指标的个数;

$\quad n_i$——第 i 个一级指标下二级指标的个数。另外,Y_{g_1} 等同于 $Y_Ⅰ$,Y_{g_2} 等同于 $Y_Ⅱ$,Y_{g_3}

$\quad\quad$ 等同于 $Y_Ⅲ$。

3) 等级条件

Ⅰ级清洁生产水平(国际清洁生产领先水平)应同时满足条件:$Y_Ⅰ \geqslant 85$;限定性指标全部满足Ⅰ级基准值要求。

Ⅱ级清洁生产水平(国内清洁生产先进水平)应同时满足条件:$Y_Ⅱ \geqslant 85$;限定性指标全部满足Ⅱ级基准值要求及以上。

Ⅲ级清洁生产水平(国内清洁生产一般水平)应满足条件:$Y_Ⅲ = 100$。

4. 指标计算与数据采集

应给出各二级指标的解释和计算公式,同时给出指标数据的采集方法。

7.2.2.2　清洁生产评价程序

企业清洁生产评价必须按照一定的程序有计划、分步骤地进行,清洁生产的定量评价基本程序见图 7-1。

程序中选取(确定)的评价指标所涉及的原始数据主要来源于预估计、估计阶段得到的能源、资源、生产工艺、装备、产品、污染物及管理等方面的分析数据。类比项目的参考指标主要来自国家产业、产品政策和标准文件以及对类比项目的考察、实测等调研资料。

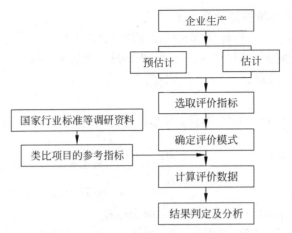

图 7-1   清洁生产的定量评价基本程序

7.2.3   清洁生产评价报告书的编写

7.2.3.1   编写原则

（1）清洁生产指标基准值的选取要遵循取值原则，且有充分的理由。

（2）在确定清洁生产指标及其权重时，应充分考虑到行业的特点。

（3）报告书应包括关于清洁生产水平的结论。

7.2.3.2   内容

1）选取清洁生产指标

根据项目的实际情况，按照清洁生产指标选取方法来确定项目的清洁生产指标。基本指标包括原材料与资源能源指标、污染物产生指标、产品指标和环境经济效益指标等。每一类指标所包括的各项指标要根据项目的实际需要慎重选择。

2）收集并确定清洁生产指标数据

根据清洁生产审核中的预审核和审核阶段的结果，确定出项目相应的各类清洁生产指标数值。

3）进行清洁生产指标评价

通过与行业典型工艺基准数据的对比，评价项目的清洁生产水平。

4）给出项目清洁生产状况的评价并提出建议

对主要原材料消耗、资源消耗和污染物产生情况做出评价，对存在的问题提出建议。

课外阅读材料

1. 在发展中保护，在保护中发展

习近平总书记强调，经济发展不应是对资源和生态环境的竭泽而渔，生态环境保护也不应是舍弃经济发展的缘木求鱼，而是要坚持在发展中保护、在保护中发展，实现经济社会发展与人口、资源、环境相协调。

中央生态环境保护督察统筹经济发展与生态环境保护,在长江经济带相关省份,围绕"共抓大保护、不搞大开发"的要求开展督察,在黄河流域相关省份,围绕水资源短缺突出问题开展督察,推动各地坚定不移地走生态优先、绿色发展之路,努力实现经济效益、环境效益、社会效益多赢。

1) 打造绿色生态滨江岸线

2016 年以前,江苏省南京市浦口区桥林街道"滨江不见江,近水不亲水"。长江岸线浦口段桥林一带岸线平缓,从 2003 年开始,逐渐聚集起近 50 家大小船厂,成为远近闻名的"十里造船带",江边被船厂和吊机占据,机器轰鸣。附近居民出行时常常是晴天一身灰、雨天一身泥。

经过整治,桥林段长江岸线复绿面积达 170 万 m^3。

在南京,退出历史舞台的不只有"十里造船带"。沿江而下,长江江宁段建成绿色亲水滨江公园,鱼嘴湿地公园成为网红打卡地,雨花台区梅山 9 号路片区重现江畔明珠胜景……

2016 年以来,全市累计退出生产岸线 37.6 km,完成 226 个干流岸线清理项目,中心城区生产岸线全部退出。

新济洲原本是一座江中荒岛。2018 年以来,南京推进长江岸线整治和水岸生态修复,在新济洲及对岸 19 km 江堤累计建成近 1 万亩"滨江秀林"。目前,洲岛水体质量稳定在 II 类以上。

2) 12 条入海河流全部消除 V 类水质

天津因河而立,因海而兴。但过去很长一段时间,由于污染严重,加之岸线以泥滩为主,天津只有"临海"之名,却无"亲海"之实。在渤海综合治理攻坚战中,天津压力很大。2017 年,中央生态环境保护督察直指症结,指出"天津市河道生态流量严重不足,活水少、污水多""水环境形势不容乐观"等问题。

天津市委、市政府高度重视,把不折不扣做好督察整改、打好碧水保卫战、实现入海河流消劣作为重大政治任务,持续压茬推进,深化"控源、治污、扩容、严管"四大措施,累计完成工程项目 6700 余个。天津市用三年时间对全市污水处理厂实施提标改造,每年约 10 亿 t 城镇污水由劣 V 类转变为 IV 类或 V 类。

12 条入海河流中,治理难度最大的就是独流减河。在督查推动下,天津市为独流减河量身定制治理方案,包括治理城镇污水、改造工业集聚区污水处理设施、实施沿岸生态修复工程等。

经过大力治理,独流减河水环境持续改善,万家码头国控断面达到 IV 类标准。2017 年天津市 12 条入海河流水质全部为劣 V 类,到 2021 年已总体达到 IV 类标准,全市水环境质量发生质的转变。2021 年,天津海河(河北区段)入选生态环境部第一批美丽河湖提名案例。

3) 确保鸟类繁衍栖息不受人为活动干扰

黄河三角洲国家级自然保护区于 1992 年经国务院批准建立,是以黄河口新生湿地生态系统和珍稀濒危鸟类为主要保护对象的自然保护区,呵护着我国暖温带最广阔、最完整、最年轻的湿地生态系统。

2017 年,中央生态环境保护督察指出,黄河三角洲自然保护区存在保护区被侵占、游客违规进入缓冲区等问题。保护区管委会直面问题、立行立改,推进生态环境综合整治。

在黄河三角洲生态监测中心,保护区管委会高级工程师赵亚杰通过大屏幕实时观察着鸟类。监控画面中,东方白鹳等鸟类的一举一动都一目了然。为了减少人类活动对鸟类的干扰,保护区加强智慧监管,运用互联网、大数据、物联网等信息技术手段,借助"天空地一体化"监测网络,打造全方位监管体系。

近年来,保护区退耕还湿、退养还滩 7.25 万亩,修复盐地碱蓬、海草床 4.7 万亩,生态补水 4.52 亿 m^3,取得了"一次修复、自然演替、长期稳定"的良好湿地修复效果。2017 年以来,保护区湿地面积增长了 188 km^2,原先的光板地、盐碱滩变成了水草丰茂、生物多样性丰富的大美湿地。

据统计,在黄河三角洲,鸟类已由保护区建立之初的 187 种,增至现在的 371 种。这里已经成为东方白鹳全球最大繁殖地、黑嘴鸥全球第二大繁殖地,每年经这里迁徙过往的鸟类超 600 万只。

2. 白鹤滩水电站全部机组投产发电——我国建成世界最大清洁能源走廊

2022 年 12 月 20 日,世界综合技术难度最大、单机容量最大、装机规模全球第二大水电站——白鹤滩水电站最后一台机组顺利完成 72 h 试运行,并正式投产发电。至此,白鹤滩水电站 16 台百万千瓦水轮发电机组全部投产发电,标志着我国在长江上建成世界最大清洁能源走廊。

目前,长江干流的乌东德、白鹤滩、溪洛渡、向家坝、三峡、葛洲坝 6 座巨型梯级水电站共安装 110 台水电机组,总装机容量达 7169.5 万 kW,形成世界最大清洁能源走廊。这条走廊跨越 1800 km,形成总库容 919 亿 m^3 的梯级水库群和战略性淡水资源库,其中防洪库容 376 亿 m^3,对保障长江流域防洪、发电、航运、水资源利用和生态安全具有重要意义。

思考题

1. 简述清洁生产指标体系的定义。
2. 清洁生产指标体系的选取原则有哪些?
3. 我国常用的清洁生产指标有哪些?
4. 阐述清洁生产评价方法有哪些?程序有哪些?

循 环 经 济

8.1 循环经济的产生与发展过程

8.1.1 循环经济的产生

循环经济(circular economy)的思想萌芽于 20 世纪 60 年代,美国经济学家博尔丁的论文《即将到来的地球宇宙飞船经济学》,提出"地球是一艘孤独的太空船,没有无限物质的储备库,既没有开采也不能被污染,人类必须要回到自己在生态系统循环中的位置,进行物质再生产",此概念经常被引用为"循环经济"一词的起源。几乎同时,美国生物学家蕾切尔·卡逊出版《寂静的春天》一书,对"杀虫剂"等化学农药破坏食物链和生物链的恶果进行了起诉。1972 年罗马俱乐部在《增长的极限》报告中倡导"零增长"。1992 年联合国环境与发展大会发表《里约环境与发展宣言》和《21 世纪议程》,可持续发展观深入人心。2002 年联合国环境与发展大会决定在世界范围内推行清洁生产,并制订行动计划。

在上述背景下,循环经济理念应运而生。工业革命以来,人们一直采用线性的生产消费模式:从自然环境开采原物料后,加工制造成商品,商品被购买使用后就直接丢弃。工业制造和人们的生活方式不断地消耗着有限的资源创造产品,最后再直接掩埋或焚烧。与线性经济造成的资源衰竭不同,循环经济被认为是建立在物质的不断循环、利用上的经济发展模式,形成"资源、产品、再生资源"的循环,使整个系统产生极少的废弃物,甚至达成零废弃的终极目标。循环经济所涵盖的范围包括有形及无形的产品、理念、模式及行为,强调经济系统与自然生态系统和谐共生,是集经济、技术和社会于一体的系统工程,包括大中小三个层面,即企业、区域和社会。

循环经济的核心是资源充分利用。当今资源、能源缺乏,人口密集的城市、地区、国家实施循环经济尤为迫切。

从热力学的理论分析,一个封闭系统其最终将趋于平衡。系统与外界的物质、能量交换在什么条件下,可以使系统保持一种稳定而活跃的状态?自然规律与人类社会规律、经济规律之间的关系如何?这一系列问题都需要深入探讨,但可以肯定,实施循环经济战略将使地球这艘"宇宙飞船"避免灾难,延长其"青春期"。

8.1.2 循环经济的发展过程

8.1.2.1 国外循环经济的发展过程

从 20 世纪 50 年代开始,快速发展的重工业给人们带来便捷的同时也给人类的生存环境带来了隐患。从 1970 年开始,就有国外团队开始研究持续全球经济增长的影响,预测人类经济未来的可能。研究中包含 5 个基本因素:人口增长、农业生产、不可再生资源枯竭、工业产出和污染产生等。团队将五大要素的数据进行模拟推论,以了解人类经济未来的可能。罗马俱乐部于 1972 年发表《增长的极限》,揭示:人类生活的地球自然系统在长期消耗下,即使先进技术也可能无法支撑 2100 年以后的经济和人口增长率。在 20 世纪 70 年代后期,沃尔特·R. 斯塔赫尔(Walter R. Stahel)创造了"从摇篮到摇篮"一词,意在与"从摇篮到坟墓"形成鲜明对比,致力于开发一种"闭环"的生产过程方法。循环经济的概念是由两位英国环境经济学家大卫·皮尔斯和 R. 克里·特纳于 1989 年提出的。在《自然资源与环境经济学》中,他们指出传统的开放式经济是在没有内在循环倾向的情况下发展起来的,这种开放式经济将环境视作一个垃圾桶。在 20 世纪 90 年代早期,蒂姆·杰克逊(Tim Jackson)在他编写的《清洁生产战略》(*Clean Production Strategies*)中开始为这种新的工业生产方法创造科学基础,他的后续著作《物质关注:污染、利润和生活质量》将这些发现综合成变革宣言,将工业生产从采掘式线性系统转向更循环的经济。

20 世纪末,循环经济在发达国家逐步发展为大规模的社会实践活动,并形成相应的法律和制度。德国是发展循环经济的先行者,先后颁布了《垃圾处理法》《避免废弃物产生及废弃物处理法》《关于容器包装废弃物的政令》等法律;20 世纪 80 年代的《废弃物处理法》提出了避免废弃物、减少废弃物、实现废弃物利用的要求;1996 年提出的《循环经济与废弃物管理法》自实施以来,废弃物不断减少,循环利用率不断上升,废弃物处理行业已经成为德国重要的经济和就业发展动力。日本从 1994 年开始制订环境基本计划,为确保社会的物质循环、抑制天然资源的消耗、降低环境负荷,1995—2002 年制定了包括《容器包装资源循环利用法》《建设资源循环利用法》在内的诸多法律法规,从法制上确定了日本 21 世纪经济和社会发展的方向,提出了建立循环型经济社会的根本原则。

自 2006 年以来,欧盟一直关注环境转型问题,将其转化为指令和法规;2012 年 12 月 17 日,欧盟委员会发布了一份题为《资源节约型欧洲宣言》的文件;欧盟还修订了生态设计工作计划,增加了循环标准,并颁布了生态设计法规,其中包含 7 种产品类型(冰箱、洗碗机、电子显示器、洗衣机、焊接设备和服务器以及数据存储产品)的循环经济组件。这些生态设计法规旨在通过提高备件和手册的可用性来提高产品的可维修性。与此同时,与循环经济相关的欧洲研究预算在过去几年中大幅增加:2018—2020 年已达到 9.64 亿欧元。2016—2019 年,欧盟在循环经济项目上总共投资了 100 亿欧元;欧洲环境研究和创新政策旨在支持欧洲向循环经济的过渡,定义和推动实施变革性议程,以绿色经济和社会整体,实现真正的可持续发展。循环经济在欧洲国家的经济增长中发挥着重要作用,突出了可持续性、创新和投资在无废物倡议中促进财富的关键作用。

8.1.2.2　国内循环经济的发展过程

中国从 20 世纪 90 年代引入了关于循环经济的思想,此后对于循环经济的理论研究和实践不断深入:1998 年引入循环经济概念,确立 3R 原理的中心地位;1999 年从可持续生产的角度对循环经济发展模式进行整合;2002 年从新型工业化的角度认识循环经济的发展意义;2003 年将循环经济纳入科学发展观,确立物质减量化的发展战略;2004 年,提出从不同的空间规模——城市、区域、国家层面大力发展循环经济。

循环经济概念的最初传播得益于三大事件：2000—2010 年原材料价格的暴涨，中国对稀土材料的控制以及 2008 年的经济危机。从 2006 年开始，促进循环经济被确定为中国"十一五"规划的国家政策。以可持续发展理论为依据，以技术创新和制度创新为动力，以结构调整为抓手，以"减量化、再利用、资源化"为技术路径，把节约放在首位，突出重点，转变经济发展方式，提高资源利用效率，减少废弃物排放，节约自然资源和保护生态环境，推动经济发展走上科技含量高、经济效益好、资源消耗低、环境污染少和人与自然和谐相处的发展道路，提高经济社会的发展质量，促进经济全面协调可持续发展。

碳一直是能源系统的主要组成部分，能源则是驱动经济繁荣的重要动力。随着世界各国纷纷寻求方案应对碳排放挑战，碳循环经济的概念变得更加瞩目。

30 年来，国际社会为应对气候变化作出了持续不断的努力，中国作为"地球村"的一员，也以实际行动为全球应对气候变化作出应有贡献。2020 年 9 月 22 日，中国在第七十五届联合国大会一般性辩论上庄严承诺：中国将提高国家自主贡献力度，采取更加有力的政策和措施，二氧化碳排放力争于 2030 年前达到峰值，努力争取 2060 年前实现碳中和。中国成为全球主要排放国里首个设定碳中和目标期限的发展中国家。

2021 年 7 月 7 日，《"十四五"循环经济发展规划》正式出炉。大力发展循环经济，推进资源节约集约利用，构建资源循环型产业体系和废旧物资循环利用体系，对保障国家资源安全，推动实现碳达峰、碳中和，促进生态文明建设具有重大意义。

据国家规划，到 2025 年，我国循环经济发展各项指标将有所提升，资源循环利用产业产值达到 5 万亿元。"十四五"期间，我国将通过三大重点任务、五大重点工程和六大重点行动大力发展循环经济，构建资源循环型产业体系和废旧物资循环利用体系，推动实现碳达峰、碳中和。

8.2　循环经济的基本原则

8.2.1　实施循环经济的基本原则

在 21 世纪第二个十年，出现了几种循环经济模型，这些模型采用一组步骤或循环级别，通常使用以字母 r 开头的英文动词或名词。第一个这样的模型，被称为三 R 原则。循环经济的基本原则是"减量化（reduce）、再利用（reuse）、再循环（recycle）"，它们反映了循环经济的基本要求和运行方式，是一种生产和消费模式，尽可能长时间地共享、租赁、再利用、维修、翻新和回收现有的材料和产品。

8.2.1.1　减量化原则

减量化原则是针对输入端而言的，指减少进入生产和消费过程的物质量，从源头节约资源使用和减少污染物的排放。这一原则重点放在预防废弃物产生而不是产生后治理。在生产过程中，企业通过减少单位产品的原料使用量，重新设计制造工艺来节约资源、能源和减少排放，如光纤技术能大幅减少电话传输线中对铜线的使用。产品的包装是保护产品在运输、储存、使用中不被损坏，也是美观甚至艺术的表现。由不正当的竞争行为和不适当的消费行为导致目前过度包装严重，不良后果就是浪费资源和产生大量废弃物，因此过度包装或一次性的物品是不符合减量化原则的。如果消费者养成合理的消费行为和绿色消费理念、减少对物品的过度需求,那么就会减少对自然资源的压力,减少对废弃物处理的压力。

8.2.1.2　再利用原则

再利用原则是针对过程而言的,以提高产品和服务的利用效率为目的,要求产品或包装以初始形式多次使用,减少一次污染。在生产中,对许多零配件制定统一标准,或生产方以便捷的方式提供零配件,使产品个别零配件损坏时不需要整体抛弃,只需更换个别零配件即可正常使用,这在汽车、电视机、计算机等许多领域正在实施,但仍有很大潜力。例如,复印机、计算机、手机等可以设计成"装配式",不管是改变外形、色彩还是升级换代或者维修保养,只需更换组件即可,这种设计理念,既满足消费者不断更新、升级的需求,同时可以充分利用各种元件的使用价值。任何一种物品在抛弃之前,应该检查和评价一下它在家中或单位里被再利用的可能性。确保再利用的简易方法是对物品进行修理、部分零件更换,而不是频繁地整体更换。也可以将合用的但自己已不喜欢或可维修的物品返回二手货市场体系供别人使用,或无偿捐献自己不需要的物品。

8.2.1.3　再循环原则

再循环原则是针对输出端而言的,是要求生产出来的物品在完成其使用功能后能重新变成可以利用的资源。再循环能够减少人们对垃圾填埋场和焚烧场的压力,制成使用原生材料较少的新产品。有两种再循环方式:原级再循环方式和次级再循环方式。原级再循环是将消费者遗弃的废弃物经循环后制成与原来相同的新产品,如废报纸再生报纸、易拉罐再生易拉罐等;次级再循环是将废物资源转化成其他产品的原料,如废金属、废木材、废玻璃作为添加物生产其他产品。一般原级再循环在形成产品中可以减少20%～90%的原生材料使用量,而次级再循环减少的原生材料使用量通常只有25%左右。与再循环过程相适应,消费者和生产者均应增强意识,通过生产和购买用最大比例再生资源制成的产品,使循环经济的整个过程实现闭合。

图 8-1　国际回收标志

图 8-1 是国际回收标志,它的三个箭头上有时会附有Reduce、Reuse、Recycle 的文字标识。

8.2.2　实施 3R 原则的顺序

实施 3R 原则并不是单纯地为了物质的循环利用,3R 原则标识着循环经济的基本规则,但是在对其具体分析时需要注意:3R 原则中三个原则的重要性并不是并行的。循环经济的根本目标是发展经济,废物的循环与利用是发展经济过程中的措施和手段,其核心在于经济活动中需要的物质以及对废弃物的减量化。在对其进行排序时,3R 原则的优先顺序是:减量化→再使用→再循环利用,可以从中明显看出,减量化原则优于再使用原则,再使用原则优于再循环利用原则,减量化原则是这三个原则中的核心,其余两个原则都是为它服务的。

减量化原则是循环经济的核心,其主张从生产源头开始节约资源,从而提高后续生产中单位产品的资源利用率,减量化的目的是减少生产环节和消费过程的物质和废弃物。

日本经济产业省 1991 年制定的《资源有效利用促进法》,强化资源循环利用的措施中,企业实施产品回收,进行资源循环利用等。同时在产品生产时节省资源,采用提高产品使用寿命的方法抑制废弃物的产生,促进回收物品的再利用等。此法案就体现了减量化原则。在生产和消费中首先要避免产生废物,尽量减少经济活动中的废物产生量;不可避免产生的废物,有回收利用价值的尽可能加以回收利用;当避免产生和回收利用都不能实现时,才可以对最终排放的废物进行环境无害化处置。因此,减量化是一种预防性措施,在 3R 原则中具有优先权,是节约资源和减少废弃物产生的最有效方法。

提高产品的使用寿命就属于再使用原则,再使用原则之所以优于再循环原则,就在于为防止物品过早地成为废物,在生产和消费过程中应尽可能多次使用或以多种方式使用所投入的原材料或购买的产品。以锂电池和碱性电池为例,锂电池因为可以重复充电,使用寿命大大增加。而碱性电池因为不可充电导致的低使用时长,导致其被大量丢弃。在同一使用周期中低寿命的产品往往需要消耗更多的物质,即使在遵守再循环原则的状况下,废弃物的回收和物质材料的二次投入也不符合减量化原则。再使用原则是避免产生废物的方法之一,是一种过程性措施。依据再使用原则,生产企业在生产中,应使用标准尺寸进行设计和加工,以便于设备的维修和升级换代,从而延长其使用寿命;在消费中应鼓励消费者购买可重复使用的物品,或将淘汰的旧物品返回二手市场供他人使用。

循环原则本质上是一种末端治理方式。相对于无害化处理而言,废物的再生利用是更值得推崇的一种末端治理方式。但是也要意识到,废物的再生利用虽然可以减少废弃物的最终处理量,却不一定能够减少经济活动中物质和能量的流动速度和强度。按照再生利用的方法,需要对废弃物进行筛选并选出有价值废弃物,统一运送到工厂后进行再加工。在其重新进入货物市场前,确实减少了资源的投入量,但是循环利用是针对所产生废物采取的措施,仅是减少废物最终处理量的方法之一,它不属于预防措施而是事后解决问题的一种手段。在减量化和再使用均无法避免废物产生时,才采取废物再生利用措施。再利用过程中也需要消耗其他物质材料,并不仅是废弃物的单独处理过程。

8.3 实施循环经济的方式与类型

8.3.1 实施循环经济的方式

8.3.1.1 企业层次方式

在企业层次上实施生态经济效益(eco-efficiency)思想。

1992 年联合国可持续发展工商理事会向第二次联合国环境与发展大会(巴西里约热内卢会议)提交的报告《变革中的历程》提出生态经济效益的新概念。它要求组织企业在生产层次上进行物料和能源的循环,从而达到污染排放的最小量化。联合国可持续发展工商理事会于 1995 年与世界工业环境理事会合并成立世界可持续发展工商理事会(WBCSD),它是一个由 200 多家国际著名企业组成的联盟,共同致力于加快推进联合国全球可持续发展目标的实现。在共同的生态经济效益理念下,它们有力地推动了循环经济在企业层次上的实践。20世纪80年代末,当时世界500强的杜邦公司开始了循环经济理念的应用试点。公司的研究人员把循环经济3R原则发展成为与化工生产相结合的"3R制造法",即资源投入减量化(reduce)、资源利用循环化(recycle)和废物资源化(reuse),以少排放甚至"零排放"废物。他们通过放弃使用某些环境有害型的化学物质,减少某些化学物质的使用量,以及发明回收本公司副产品的新工艺等,到1994年已经使生产造成的塑料废物减少了25%,空气污染物排放量减少了70%。同时,他们在废塑料如废弃的牛奶盒和一次性塑料容器中回收化学物质,开发出了耐用的乙烯材料等新产品。

我国在推动企业遵循循环经济实践上逐渐深入,按照《清洁生产促进法》的要求,评价和审核产业园内的建设项目。根据生态效率的理念,要求企业减少产品和服务的物料使用量、能源使用量、减排有毒物质、加强企业内部的物质循环、最大限度地利用可再生资源、提高资源、产品的使用年限和使用周期,从生产优先转变为服务优先,强化产品的使用价值,使产品与服务的质量达到最优,从而推动工业社会向服务社会的过渡。

8.3.1.2　区域层次方式

在区域层次上建立生态工业园区式的工业生态(industrial ecology)系统、生态农业和生态园区(生活小区)。在区域内,根据各企业最终进入社会废弃物的特点,实施废弃物的无害化、减量化和资源化,如废水资源化、固体废物资源化、废气资源化等,使所有的废弃物经过资源化处理后,最终进入社会的废弃物达到微量化和无害化。

一个企业内部的循环会有局限,鼓励企业间物质循环,组成"共生企业"。1989年提出了"工业生态系统"的思想,提出这一思想的是通用汽车公司研究部任职的福罗什和加劳布劳斯。他们在《科学美国人》杂志上发表题为《可持续发展工业发展战略》的文章,提出了生态工业园区的新概念,要求在企业与企业之间形成废弃物的输出输入关系,其实质是运用循环经济思想组织企业共生层次上的物质和能源的循环。1993年起,生态工业园区建设逐渐在各国推开。为了推动这一工作,美国总统可持续发展委员会(PCSD)专门组建了生态工业园区特别工作组,目前已经有20个左右的生态工业园区建设规划,分布在全美各地。此外,除了早期的丹麦卡伦堡,在加拿大的哈利法克、荷兰的鹿特丹、奥地利的格拉兹等地也出现了类似的计划。此外,奥地利、法国、英国、意大利、瑞典、荷兰、爱尔兰、日本、印度尼西亚、菲律宾、印度等国都在开展生态工业园区的建设。中国于1999年开始启动广西贵港国家生态工业(制糖)示范园区的规划建设,在建和规划的生态工业园区有十余个,除广西贵港之外,主要有南海国家生态工业示范园区、包头国家生态工业示范园区、石河子国家生态工业示范园区、长沙黄兴国家生态工业示范园区、鲁北国家生态工业示范园区以及辽宁省在鞍山、本溪、大连、抚顺、阜新、葫芦岛、盘锦、沈阳8市实施循环经济试点。

丹麦的卡伦堡生态工业园区是目前世界上最典型、最成功的。卡伦堡是一个仅有两万居民的工业小城市,位于哥本哈根以西大约100 km的北海之滨,在北半球这个纬度上是冬季少数不冻港之一。该园区以发电厂、炼油厂、生物工程公司、石膏材料公司和供热公司5个公司为核心,通过贸易的方式把其他企业的废弃物或副产品作为本企业的生产原料,建立工业共生和代谢生态链关系,最终实现园区的污染"零排放"。通过卡伦堡共生系统可知:①共生系统的形成是一个自发的过程,是在商业基础上逐步形成的,所有企业都从中得到了好处。每一种"废料"供货都是伙伴之间独立、私下达成的交易。交换服从于市场规律,运用了许多种方式,有直接销售,以货易货,甚至友好的协作交换。②共生体系的成功广泛地建立在不同伙伴之间已有信任关系的基础上,卡伦堡是个小城市,大家都相互认识。这种亲近关系使有关企业间的各个层次的日常接触都非常容易。③卡伦堡共生体系的特征是几个既不同又能互补的大企业相邻。要在其他地方复制这样一个共生系统,需要鼓励某些"企业混合",使之有利于废料和资源的交换。

8.3.1.3　社会层次方式

在全社会兴起将废弃物反复利用和再生循环利用。20 世纪 90 年代起,以德国为代表,发达国家将生活垃圾处理的工作重点从无害化转向减量化和资源化,这实际上是在全社会范围内、在消费过程中和消费过程后的广阔层次上组织物质和能源的循环。1991 年,德国首次按照循环经济思路制定了《包装条例》,要求德国生产商和零售商对于用过的包装,首先要避免其产生,其次要对其回收利用,以大幅减少包装废物填埋与焚烧的数量。1996 年德国公布更为系统的《循环经济与废物管理法》,把物质闭路循环的思想从包装问题推广到所有的生活废弃物。20 世纪 90 年代以来,德国的生活垃圾处理思想在世界上产生了很大的影响。欧盟各国、美国、日本、澳大利亚、加拿大等国家都已经先后按照避免废物产生的原则制定了新的废物管理法规。更有人提出 21 世纪应该建立以再利用和再循环为基础、以再生资源为主导的世界经济。

其典型模式是德国的双轨制回收系统(DSD),针对消费后排放的废弃物,通过一个非政府组织,它接受企业的委托,对其包装废物进行回收和分类,分别送到相应的资源再利用厂,或直接返回到原制造厂进行循环利用,DSD 系统在德国十分成功地实现了包装废弃物在整个社会层次上的回收利用。从 1991 年德国的包装物双元回收体系运转以来,3000 万 t 的包装材料得到了回收利用,仅 1998 年一年,回收量就达 560 万 t。人均包装材料消耗量由 97.4 kg 降到 82 kg,降低了 13.4%。

8.3.2　实施循环经济的类型

实施循环经济的类型有产业型和技术型两种类型。

产业型循环经济需要具备以下特征:①在开发新产品时,不仅要注意产品的质量、成本,而且要尽可能地减少原材料的消耗和选用能够回收再利用的材料和结构;②对商品不要过分包装,应尽可能使用可以回收再利用的包装材料和容器;③生产过程中要尽可能减少废弃物的排出,同时,对最终所排废物要尽可能予以回收利用,而有毒有害的废弃物必须及时进行无害化处理;④提倡在产品消费后尽可能进行资源化回收再利用,使得最终对废弃物的填埋和焚烧处理量降到最小;⑤要尽可能使用可再生资源和能源,如太阳能和风力、潮汐、地热等绿色能源,减少使用污染环境的能源、不可再生资源和能源。

目前已实施的循环经济的产业体系有三种:①单个企业内的循环经济模式,以生态经济效益为目标的企业必然重视企业内部的物料循环,厂内物料循环是循环经济微观层次形式;②若干企业组成生态工业园区,生态工业园区内不同的企业连接起来形成共享资源和互换副产品的产业共生组织,使得某一企业的无用废料如废水、废气、废渣、废热成为另一企业的原料或能源,如丹麦卡伦堡生态工业园;③在全社会建立物资循环,从社会整体循环的角度考虑,发展旧物资调剂和资源回收产业能在整个社会范围内形成"自然资源-产品-再生资源"的循环经济环路,如德国的双轨制回收系统。

技术型循环经济的目的是对资源和能源进行高回收、低污染,循环经济的技术载体是环境无害化技术(environmentally sound technology)或环境友好技术。环境无害化技术的特征是合理利用资源和能源,实施清洁生产,减少污染排放,尽可能回收废物和产品,同时用一定的技术减少残余废物对环境的危害。目前的循环经济技术类型包括:①清洁生产技术;②废物利用技术;③污染治理技术。

8.4　循环经济的重点环节与企业化

循环经济的重点工作:一是大力推进节约降耗,在生产、建设、流通和消费各领域节约资源,减少自然资源的消耗;二是全面推行清洁生产,从源头减少废物的产生,实现由末端治理向污染预防和生产全过程控制转变;三是大力开展资源综合利用,最大限度地实现废物资源化和再生资源回收利用;四是大力发展环保产业,注重开发减量化、再利用和资源化技术与装备,为资源高效利用、循环利用和减少废物排放提供技术保障。

8.4.1　循环经济的重点环节

循环经济的重点环节:一是资源开采环节要统筹规划矿产资源开发,推广先进适用的开采技术、工艺和设备,提高采矿回采率、选矿和冶炼回收率,大力推进尾矿、废石综合利用,大力提高资源综合回收利用率;二是资源消耗环节要加强对冶金、有色、电力、煤炭、石化、化工、建材(筑)、轻工、纺织、农业等重点行业能源、原材料、水等资源消耗管理,努力降低消耗,提高资源利用率;三是废物产生环节要强化污染预防和全过程控制,推动不同行业合理延长产业链,加强对各类废物的循环利用,推进企业废物"零排放",加快再生水利用设施建设以及城市垃圾、污泥减量化和资源化利用,降低废物最终处置量;四是再生资源产生环节要大力回收和循环利用各种废旧资源,支持废旧机电产品再制造;建立垃圾分类收集和分选系统,不断完善再生资源回收利用体系;五是消费环节要大力倡导有利于节约资源和保护环境的消费方式,鼓励使用能效标志产品、节能节水认证产品和环境标志产品、绿色标志食品和有机标志食品,减少过度包装和一次性用品的使用。

8.4.2　循环经济的技术方法

生命周期分析是循环经济的技术方法,是一种用于评价产品在其整个生命周期中,即从原材料的获取、产品的生产过程直至产品使用后的处置过程中,对环境产生影响的技术和方法。这种方法被认为是一种"从摇篮到坟墓"的方法。按国际标准化组织的定义,"生命周期分析是对一个产品系统的生命周期中的输入、输出及潜在环境影响的综合评价"。

8.4.3　循环经济建设的政策框架

从长远来看,循环经济是人类生存和发展的唯一选择。然而,由于循环经济思想的前瞻性和长远性,并不是每个企业和消费者都具有能够理解并主动地实施它的理念。因此国家和政府在建立循环经济战略的任务上负有不可推卸的责任,政府应该制定一系列有效的政策来引导和促进企业和消费者实施这项战略。

（1）发展战略：大力发展知识经济。

（2）经济政策：明晰环境产权，调整资源价格体系，建立绿色国民账户。

（3）产业政策："绿化"现有产业，发展环保产业。

（4）技术政策：发展高新技术和环境无害化技术。

（5）消费政策：引导绿色消费。

（6）教育政策：开展绿色教育。

（7）法律保障：完善环保法律体系。

8.4.4　循环经济的产业化

（1）绿色能源：尽管化石能源和核能对今天的生产仍然是必不可少的，但从长远的利益出发，要尽可能地从这些污染环境的能源转移到可再利用的太阳能、风能、潮汐能和地热能等绿色能源上来。

（2）绿色设计与工艺：在注重新产品的开发和提高产品质量的同时，要尽可能地减少原材料的消耗，选用能够回收再利用的材料和工艺结构，对产品最大限度地进行绿色设计。

（3）绿色包装：要抵制为倾销商品而进行的过分包装，在简化包装材料和容器的同时，使用可以回收再利用的包装材料和容器，实现产品的绿色包装。

（4）无害化处理：要在减少被排出的产业废弃物的同时，对其进行尽可能彻底的回收再利用，对于有害的产业废弃物进行环境无害化的及时处理。

（5）资源化利用：要努力培育把消费后的产品资源化的回收再利用产业，使得对生活废弃物的填埋和焚烧处理量降到最小。

8.4.5　循环经济发展的关键要素

（1）循环经济发展的主线——生态工业链。

（2）循环经济发展的载体——生态工业园。

（3）循环经济发展的重要手段——清洁生产。

（4）循环经济发展的内在要求——资源减量化。

（5）循环经济的根本目标——经济与生态的协同发展。

8.4.6　加强对循环经济发展的宏观指导

（1）把发展循环经济作为编制有关规划的重要指导原则。各级政府要用循环经济理念指导编制五年规划和各类区域规划、城市总体规划，以及矿产资源可持续利用、节能、节水、资源综合利用等专项规划。对资源消耗、节约、循环利用、废物排放和环境状况做出分析，明确目标、重点和政策措施。

（2）建立循环经济评价指标体系和统计核算制度。加快研究建立循环经济评价指标体系，逐步纳入国民经济和社会发展计划，并建立循环经济的统计核算制度。要积极开展循环经济的统计核算，加强对循环经济主要指标的分析。

（3）制订和实施循环经济推进计划。各级政府要组织发展改革（经贸）、环境保护等有关部门，根据本地区实际，制订和实施循环经济发展的推进计划。要研究制订矿产资源集约利用、能源和水资源节约利用、清洁生产，以及重点行业、重点领域发展循环经济的推进计划。

（4）加快经济结构调整和优化区域布局。加强宏观调控,遏制盲目投资、低水平重复建设,限制高耗能、高耗水、高污染产业的发展。大力发展高技术产业,加快用高新技术和先进适用技术改造传统产业,淘汰落后工艺、技术和设备,实现传统产业升级;推进企业重组,提高产业集中度和规模效益;大力发展集约化农业。要抓紧制定《产业结构调整暂行规定》《产业结构调整指导目录》以及加快服务业发展的指导意见,推进产业结构优化升级。同时,要根据资源环境条件和区域特点,用循环经济的发展理念指导区域发展、产业转型和老工业基地改造。开发区和重化工业集中地区,要按照循环经济要求进行规划、建设和改造,对进入的企业要提出土地、能源、水资源利用及废物排放综合控制要求,围绕核心资源发展相关产业,发挥产业集聚和工业生态效应,形成资源高效循环利用的产业链,提高资源产出效率。

8.5　发展循环经济的意义和支持体系

8.5.1　发展循环经济的意义

8.5.1.1　发展循环经济是缓解我国资源约束矛盾的根本出路

中国资源禀赋较差,虽然总量较大,但人均占有量小。国内资源供给不足,重要资源对外依存度不断上升。一些主要矿产资源的开采难度越来越大,开采成本增加,供给形势相当严峻。

加快全面建成小康社会进程,保持经济持续快速增长,资源消费的增加是难以避免的。但如果继续沿袭传统的发展模式,以资源的大量消耗实现工业化和现代化,是难以为继的。为了减轻经济增长对资源供给的压力,必须大力发展循环经济,促进资源的高效利用和循环利用。

8.5.1.2　发展循环经济是从根本上减轻环境污染的有效途径

当前,我国生态环境总体恶化的趋势尚未得到根本扭转,环境污染状况日益严重。水环境每况愈下,大气环境不容乐观,固体废物污染日益突出,城市生活垃圾无害化处理率低、农村环境问题严重。据测算,我国能源利用率若能达到世界先进水平,每年可减少二氧化硫排放 400 万 t 左右;固体废弃物综合利用率若提高 1%,每年就可减少约 1000 万 t 废弃物的排放;粉煤灰综合利用率若能提高 20%,就可以减少排放近 4000 万 t,这将使环境质量得到极大改善。大力发展循环经济,推行清洁生产,可将经济社会活动对自然资源的需求和生态环境的影响降到最低程度,从根本上解决经济发展与环境保护之间的矛盾。

8.5.1.3　发展循环经济是提高经济效益的重要措施

通过大力调整经济结构,加快企业技术改造和加强管理,我国资源利用效率有了较大提高。但从总体上看,我国资源利用效率与国际先进水平相比仍然较低,成为企业成本高、经济效益差的一个重要原因,突出表现在:资源产出率低、资源利用效率低、资源综合利用水平低、再生资源回收和循环利用率低。发展循环经济加快了产业废物综合利用的发展,深化了产业循环链接,建立完善的再生资源回收体系,开辟出一片更为宽广的生产领域,提升了资源产出效率,优化了产业结构,为经济健康、稳定发展奠定了坚实的基础,打造了新的经济增长点。当前国外发展循环经济、清洁生产以及提升资源利用率,实现了有效成果,特别是资源再生产业取得了良好的物质利润。

8.5.1.4　发展循环经济是应对新贸易保护主义的迫切需要

在经济全球化的发展过程中,关税壁垒作用日趋削弱,包括“绿色壁垒”在内的非关税壁垒日益凸显。近几年,一些发达国家为了保护本国利益,在资源、环境等方面,设置了不少自己容易达到而发展中国家目前还难以达到的技术标准,不仅要求末端产品符合环保要求,而且规定从产品的研制、开发、生产到包装、运输、使用、循环利用等各环节都要符合环保要求。例如,随着国际社会对生态环境和气候变化的重视程度不断提高,以节能为主要目的的能效标准、标识已成为新的非关税壁垒。

这些非关税壁垒,对我国发展对外贸易特别是扩大出口产生了日益严重的影响。目前,我国已成为“绿色壁垒”等非关税壁垒最大的受害者之一。面对日益严峻的非关税壁垒,我们要高度重视,积极应对,尤其是要全面推进清洁生产,大力发展循环经济,逐步使我国产品符合资源、环保等方面的国际标准。

8.5.1.5　发展循环经济是以人为本、实现可持续发展的本质要求

大量事实表明,传统的高消耗的增长方式,向自然过度索取,导致生态退化和自然灾害增多,给人类的健康带来了极大的损害。据有关部门测算,受大气污染影响,我国有 1 亿多人每天呼吸不到新鲜空气,因空气污染导致每年约有 1500 万人患上支气管炎。水污染使饮用水安全受到威胁,恶化了生存条件。固体废弃物的堆积不仅产生大量寄生生物,而且废弃物产生的渗漏液还会污染地表水和地下水。这些都成为一些地方疑难怪病和职业病产生的重要原因,给广大人民群众的身体健康带来了严重威胁。

人是最宝贵的资源。我们要加快发展、实现全面建成小康社会的目标,根本出发点和落脚点就是要坚持以人为本,不断提高人民群众的生活水平和生活质量。这就要求我们在发展过程中不仅要追求经济效益,还要讲求生态效益;不仅要促进经济增长,更要不断改善人们的生活条件,让“人民喝上干净的水、呼吸清洁的空气、吃上放心的食物,在良好的环境中生产生活”。要真正做到这一点,必须大力发展循环经济,搞好资源节约和综合利用,加强生态建设和环境保护,走出一条科技含量高、经济效益好、资源消耗低、环境污染少、人力资源优势得到充分发挥的新型工业化道路,以最少的资源消耗、最小的环境代价实现经济社会的可持续增长。

总之,发展循环经济有利于形成节约资源、保护环境的生产方式和消费模式,有利于提高经济增长的质量和效益,有利于建设资源节约型社会,有利于促进人与自然的和谐,充分体现了以人为本,全面协调可持续发展观的本质要求,是实现全面建成小康社会宏伟目标的必然选择,也是关系中华民族长远发展的根本大计。我们要从战略的高度去认识、用全局的视野去把握发展循环经济的重要性和紧迫性,进一步增强自觉性和责任感。

从总体上看,我国在发展循环经济方面已具有一定的基础。改革开放以来,我国颁布了《节约能源法》《清洁生产促进法》等法律法规,制定了一系列促进企业节能、节材、节水和资源综合利用的政策、标准和管理制度。特别是从中央提出加快两个根本性转变、实施可持续

发展战略以来,我国在推动资源节约和综合利用、推行清洁生产、探索循环经济发展模式等方面取得了明显成效,为加快发展循环经济奠定了基础。但是我们也应清醒地认识到,与发达国家相比,我国在发展循环经济方面还存在很大的差距。与此同时,在推进循环经济发展的工作中,也存在着一些实际困难和障碍。

8.5.2 发展循环经济的支持体系

8.5.2.1 技术支撑体系

循环经济是一种新的经济发展模式,对它的认识有一个发展和逐步深化的过程。循环经济技术支撑体系的构建正是在对循环经济的认识不断深化的过程中逐步建立起来的。构建循环经济技术支撑体系需要充分发挥政府、企业、社会公众等不同行为主体的不同作用,同时依据科学的、合理的构建原则才能最终得以建成。构建循环经济技术支撑体系的基本原则有三个:①与中国实际相结合的原则;②多层次支撑原则;③动态性原则。

构建循环经济的技术支撑体系,是一项复杂的系统工程,涉及政府、企业、社会公众等主体。不同的主体应当各司其职,相互协调,充分发挥各自的职能作用,共同构建好促进循环经济发展的技术支撑体系。其中,政府是构建循环经济技术支撑体系的主导力量;企业是构建循环经济技术支撑体系的关键主体;社会公众是构建循环经济技术支撑体系的重要动力。

科学技术是发展循环经济的重要支撑。循环经济的目的是要达到资源的可持续利用,使有限的地球资源可以生产出更多的产品,因此,必须以信息技术、生物技术等高新技术为支撑。循环经济的技术支撑体系由5类构成:替代技术、减量技术、再利用技术、资源化技术、系统化技术。

8.5.2.2 法律法规保障体系

法律是在一定的社会历史时期下,为了社会的整体利益,对人们的行为进行规范的一种措施,也是社会稳定和发展的基本保证。法律由人们制定,它必然有一个逐步认识和完善的过程,法律的力度和经济的实力应该保持动态平衡,因为没有经济实力作为基础,严格的法律难以实施;同样,没有严格的法律制约,环境和经济协调发展无法成功。

自20世纪90年代国际社会确立可持续发展战略以来,德国、日本、美国等国家把发展循环型经济、建立循环型社会看作深化可持续发展战略的重要途径。循环经济已经成为整个国际社会经济发展的一股不可阻挡的潮流和趋势。以立法推动循环经济发展是西方国家的重要举措,能为我国以立法推动循环经济发展提供相关启示和借鉴。

德国是循环经济立法最早的国家,早在20世纪70年代就出台了一系列和环境保护相关的法律法规。1978年,德国在推出了"蓝色天使"计划后先后制定了《电子产品的回收制度》和《废弃物处理法》,但在当时这些法律仅强调生产过程后废弃物排放的末端处理。1986年德国制定《废物管理法》,强调应通过节省资源的清洁生产和可循环的包装系统,把减少废物产生作为废物管理的首要目标,即由末端治理慢慢向事前预防转变。德国于1994年又推出了对世界有深远意义的《循环经济和废弃物管理法》,提出将资源闭路循环的循环经济理念从包装推广到所有的生产环节,把思想高度从仅对废弃物做出处理提高到发展循环经济,并且规定处理废弃物的优先顺序是"避免产生—循环使用—最终处置"。此后,德国相继出台了一系列相关的法律法规,如 1999 年颁布了《垃圾处理法》和《联邦国家水土保持和旧废弃物法令》,2001 年制定并发布《符合环保标准社区垃圾处理及处理场令》,2002 年通过了《持续推动生态税改革法》和《森林繁殖材料法》,2003 年又修订了《再生能源法》。以上法律制度的设计,开创了德国环保立法的新局面。

日本是发达国家中循环经济立法最全面并提出建立"循环型社会"的国家。1991 年制定了《资源有效利用促进法》,规定了强化资源循环利用政策的措施,由企业实施产品回收,进行资源循环利用等,提高产品使用寿命来抑制废弃物的产生。其目的是减少废弃物,促进再生利用以及确保废弃物适当处理。1995 年制定颁布了《容器包装资源循环利用法》,据此逐渐建立起了相互呼应的循环经济法规体系。2000 年是日本建设循环型经济关键的一年。该年召开了"环保国会",通过和修改了多项环保法规,包括《推进形成循环型社会基本法》《特定家庭用机械再商品化法》《促进资源有效利用法》《食品循环资源再生利用促进法》《建筑工程资材再资源化法》《容器包装循环法》《绿色采购法》《废弃物处理法》《化学物质排出管理促进法》。

美国虽然于 1976 年通过了《资源保护回收法》,1990 年通过了《1990 年污染预防法》,提出用污染预防政策取代以末端治理为主的污染控制政策。美国循环经济立法模式被称为混合立法模式,因为在美国没有一部全国性的循环经济法律,有关循环经济或再生利用资源的内容都是在一些相关法律法规中所体现的。20 世纪 80 年代中后期俄勒冈、新泽西、罗德岛等州先后根据各州的具体情况,制定了不同形式的循环经济法规。截至目前,已有半数以上的州制定了循环经济法规。这种立法模式中,美国将循环经济仅作为环境污染防治的一种方法,也就是从法律上确立环保优先序列,并实行多种经济政策。

在经济政策方面,美国主要采用四种生态税收、保证金政策、新鲜材料税、填埋和焚烧税、垃圾收费和一些税收优惠政策等手段。这些政策有力地促进了废旧资源的减量化和再生利用。

8.5.2.3　政策支持体系

循环经济政策支持体系是指政府机构为推进资源合理化利用、实现经济社会可持续发展,依法制定的激励与约束政府、企业和居民行为的一系列行为准则。我国循环经济政策体系可以划分为三个层次:第一个层次是全国性的宏观指导政策;第二个层次是园区、产业集群、城市社区的发展政策;第三个层次是企业开展相关活动的具体性政策。三个层次相互关联、相互协调、相互促进,共同推动着我国循环经济活动的良性开展。

建立我国发展循环经济的政策支持体系是十分必要的。第一,我国面临严峻的资源环境形势。经济发展"高投入、高消耗、高排放、低效率"的问题依然突出,资源人均占有量不足、环境污染形势严峻、生态建设任务日益繁重、节能环保压力越来越大等问题已严重影响到我国经济社会的可持续发展。因此,建立健全循环经济政策体系,不断提高资源利用效率,切实减少环境污染,是解决我国经济发展困境,实现经济社会全面、协调和可持续发展的必由之路。第二,循环经济发展的实践活动需要政策的引导和扶持。随着全国循环经济试点及各省循环经济试点工作的陆续开展,循环经济在我国如火如荼地开展起来。但部分地区和企业对发展循环经济的意义认识不足,使得循环经济的具体实践无法产生应有的效果,突出表现在：对循环经济理念认识不清，以为循环经济就是资源综合利用，过分注重循环而忽略资源节约与再利用，出现了"循环"而不"经济"的现象，单纯为了"循环"而"循环"。因此，需要各级政府部门以区域循环经济发展实践为基础，建立统一的循环经济政策体系，为循环经济发展创造良好的政策环境，以促进循环经济实践活动的健康发展。第三，贯彻落实《循环经济促进法》精神，是促进循环经济持续发展的迫切需要。我国《循环经济促进法》已于 2009 年 1 月 1 日正式实施，是我国开展循环经济活动的政策依据，是建立和完善循环经济政策体系的指导性文献。为了深入贯彻《循环经济促进法》的相关规定与要求，必须在梳理相关法律法规的基础上，制定一系列相配套的循环经济政策框架体系，进而通过实践不断进行调整和修正，以此推动我国循环经济的持续发展。

循环经济政策体系的设计原则有 5 个：①针对性；②可执行性；③可持续性；④涉及内容的广泛性；⑤政策目标的层次性。

8.5.2.4   公众参与

社会公众参与环境保护和循环经济活动的程度既标志该社会的文明和成熟程度，也是环境保护、循环经济成功的必要保证。环境保护发展的第一阶段主要由政府通过法律、行政方法来控制环境污染；第二阶段是企业逐渐由被动转向主动，并通过市场经济将环境保护提高到新的阶段，但只有全社会民众全部发动起来，尽量减少废物排放，节约并合理使用资源，反复利用资源，环境保护和循环经济才能真正达到完满的第三阶段，例如一些国家居民主动参与各种环境保护政策、法规、措施的听证会，监督和保证法律、法规的实施，在休息日自动地将自己过剩的物品放在家门口让其他人选用，其价格低廉且自由交易，这也是一种很好的循环利用资源的方法。

8.6   循环经济模式

8.6.1   生态工业园

8.6.1.1   生态工业园的形成

生态工业园（eco-industrial park）是指一个企业相互合作的工业园区，在当地社区、政府的帮助下，减少资源浪费和污染，有效共享资源（如信息、材料、水、能源、基础设施和自然资源），为实现可持续发展而努力，旨在增加经济效益的同时改善环境质量。

20 世纪 70 年代，丹麦卡伦堡（Kalundborg）工业区的几个重要企业试图在减少费用、废料管理和更有效利用资源等方面寻求合作，建立了企业间的相互合作关系。特别是 20 世纪 80 年代以来，当地管理与发展部门意识到这些企业自发地创造了一种新的体系，将其称为"工业共生体"（industrial symbiosis），并从各方面给予了支持。在这个工业小城市，已经形成了蒸汽、热水、石膏、硫酸和生物技术污泥等的相互依存、共同利用的格局，这就是生态工业园的雏形。

中国目前盛行的开发区实质上含义较广，它包括经济技术开发区、高新技术产业开发区、保税区、出口加工区、边境经济合作区、旅游度假区、台商投资区和综合开发等类别。

我们所说的工业园区主要还是以工业生产为主要辨识特征的区域。

1945 年以后,作为经济发展战略需要,出现了"工业园区",联合国环境规划署对工业园区的定义有如下特征:①开发面积大,园区内有工厂、公共设施、建筑物和生活娱乐设施;②具有明确规划,对土地利用率、建筑物类型、工厂入园条件、环保标准实施控制;③能够集中供能供热,集中"三废处理",集中政府部门服务,集中信息和人才。相较于普通工厂,由于能够事先规划,工业园区无论从经济发展还是环境保护和管理上都具有明显优势。截至 2020 年,中国国家高新技术产业开发区共计 169 家(含苏州工业园),中国国家级经济技术开发区共计 218 家。百强榜单中,江苏省占 18 席,其后依次为浙江省、广东省、湖北省、山东省,入榜园区分别占 9 席、9 席、7 席、7 席。百强园区共分布在 60 个城市,其中,上海市、杭州市、天津市、无锡市、苏州市、宁波市入榜园区较多。

我国的工业园区一般位于城市的外围或郊区,形成相对独立的地域单元,内容包括生产区、生产服务区、科学研究区、生活居住区和商业服务区等,具有基础设施和投资环境良好、经济活动密集、招商引资、出口创汇和经济效益密集等特点。

8.6.1.2 生态工业园实例

1. 丹麦卡伦堡生态工业园

卡伦堡生态工业园是位于丹麦卡伦堡的工业共生网络,该地区的公司通过合作,利用彼此的副产品,并以其他方式共享资源。

卡伦堡生态工业园是第一个完全实现工业共生的地区。这种合作及其对环境的影响是通过私人倡议无意中产生的,而不是政府规划,使其成为生态工业园区私人规划的典范。卡伦堡生态交换网络的中心是阿斯奈斯(Asnaes)发电站,这是一个 1500 MW 的燃煤发电厂,与社区和其他几家公司有物质和能源联系。除附近的养鱼场外,该发电厂的余热还用于为 3500 个当地家庭供暖,然后其污泥作为肥料出售。来自发电厂的蒸汽被出售给制药和酶制造商诺和诺德(NovoNordisk),以及挪威国家石油炼油厂。这种热量的再利用减少了排放到附近峡湾的热污染量。此外,发电厂二氧化硫洗涤器的副产品含有石膏,这些石膏将出售给墙板制造商。几乎所有制造商的石膏需求都以这种方式得到满足,从而减少了露天采矿量。此外,发电厂的粉煤灰和熟料还用于道路建设和水泥生产。这些废物、水和材料的交换大大提高了环境和经济效率,并为这些参与者创造了其他不太明显的利益,包括人员、设备和信息的共享等。

图 8-2 显示了卡伦堡物流交换的流程。

卡伦堡生态工业园创建时间表:

(1) 1959 年阿斯奈斯发电厂启用;

(2) 1961 年潮水石油公司(Tide Water Oil Company)从蒂瑟湖(Lake Tiss)建造了一条管道,为发电站运营提供水;

(3) 1963 年潮水石油公司的炼油厂被埃索(Esso)接管;

(4) 1972 年杰科(Gyproc)建立石膏板制造厂,建造了一条从炼油厂到杰科的管道,以供应多余的炼油厂天然气;

(5) 1973 年,阿斯奈斯电站扩建,与蒂瑟湖-挪威国家石油公司管道建立连接;

(6) 1976 年,诺和诺德开始向附近农村输送生物污泥;

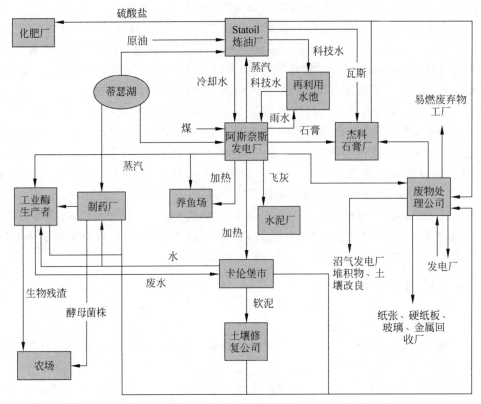

图 8-2　卡伦堡物流交换图

（7）1979 年,阿斯奈斯发电站开始向丹麦北部的水泥制造商供应粉煤灰;

（8）1981 年,卡伦堡市政府在城市内建立了一个区域供热分配网络,该网络利用了发电厂的废热;

（9）1982 年,诺和诺德和挪威国家石油炼油厂完成了发电厂蒸汽供应管道的建设;通过从发电厂购买蒸汽,这些公司能够关闭低效的蒸汽锅炉;

（10）1987 年,挪威国家石油炼油厂完成了一条管道,将其污水冷却水供应给发电厂,用作锅炉原料给水;

（11）1989 年,发电厂开始利用盐冷却水的废热在当地养鱼场养殖鳟鱼和大菱鲆;

（12）1989 年,诺和诺德与卡伦堡市政府、发电厂和炼油厂达成协议,供水网连接蒂瑟湖;

（13）1990 年,挪威国家石油炼油厂完成硫黄回收厂的建设,回收的硫黄作为原料出售给弗雷德里西亚的一家硫酸制造商;

（14）1991 年,挪威国家石油炼油厂委托建造一条管道,向发电厂供应经过生物处理的炼油厂废水,用于清洁和粉煤灰稳定;

（15）1992 年,挪威国家石油炼油厂委托建造一条管道,向发电厂供应石油伴生气作为补充燃料;

（16）1993 年,电厂烟气脱硫工程竣工,由此产生的硫酸钙被出售给杰科,取代了进口的天然石膏。

但是在多年的运行后,人们也发现了卡伦堡生态工业园的不足之处,主要有以下几个方面。

首先,生态工业园系统受到刚性的制约,这是因为工业园内的企业数量有限,为降低剩余物质的传输成本,一个工业园内部物质和能量交换通常通过特定传输渠道运输得以实现。而这种特定基础设施的性质非常有限:如管道运输只适合固定伙伴之间固定的废料交换。

其次,工业园中的企业对彼此的依赖性很强。以至于当某一上游企业改变现有生产方式,或者只是很简单地要终止它的业务,那么,就可能造成下游企业某种废料不足,从而整个交换系统会受到严重干扰。如果原材料不足,那么企业尚可以从其他的供应商处购买,不至于影响本企业的生存,但是对于能源传输如蒸汽、热水的传输,尤其是当共生体呈直线型的链状结构,没有其他的上游企业时,中止能源的传输会极大地影响下游企业的生产甚至生存。在卡伦堡,某个废料交换的理由主要是生产者与消费者之间邻近。因此可以设想,在许多不实行废料交换的普通工业园,像卡伦堡共生系统这样的经济结构不可能在实际供应更为脆弱的情况下存在。

第三,共生系统对工业原材料的质量有过分专业的要求。一旦某个环节的产业在生产工艺或原材料的使用方面发生一些轻微的变化,就会对整个工业食物链造成严重影响,因为购买固定废料的企业的固定工艺流程很难承受向它们提供的原料在性质上或在构成方面的变化。即使在全世界公推为典范的卡伦堡生态工业园区中,也出现了不稳定迹象。1995年,卡伦堡共生体系中的杰科石膏厂在常规分析时发现石膏中大量含钒,这种金属可对人类造成变态反应。最终调查发现原因是阿斯奈斯火电厂使用了一种价格十分低廉的燃料——奥利木松石油。调查人员在这种石油里发现了钒,导致石膏中也发现了钒。结果是,火电厂改进其设备,以防止钒累积。此外,丹麦富产天然气,其价格低廉的天然气甚至可以一直输送到瑞典境内。然而为了防止可能出现的竞争,卡伦堡却没有自己的天然气输气管道,那里的居民只能使用 Statoil 炼油厂提供的昂贵的燃气或液化气瓶。

最后,很难将中小企业合进共生系统,主要是因为它们的生产量和对副产品的吸收量都相当小。不过,卡伦堡共生系统的一些主要伙伴正在积极地寻找新的合作伙伴。例如,阿斯奈斯发电厂正在设想利用自己多余的蒸汽来制冷。如果有一个食品加工企业设在附近,那么它便可以获得非常合算的冷冻系统。

因此可以得出结论:工业"营养结构"并不一定比在自然生态系统中所见到的更简单,生态工业园的建立和完善需要一个过程,这只是一种理想模式,实际情况难度可能大得多,其之所以成为世界一个典型,与那里的范围小、结构简单、人们合作和环保意识强有关。

2. 其他国家生态工业园案例

1) 奥地利 NÖ-Süd 工业园

NÖ-Süd 工业园成立于 1962 年,位于奥地利下奥地利州。该园区占地 280 ha,有 370家入驻企业。位于工业园区的企业主要是中小型企业和国际企业,这些企业主要因办公、存储和生产目的而租用园区设施。现有行业包括食品和饮料、钢铝转换加工、能源生产和技术部件制造、环境服务和技术、物流。

该工业园区由 Ecoplus 公司负责管理,其是一家私人商业控股企业,管理过 17 家工业园区,拥有 55 年管理经验。该公司在下奥地利州有大约 80 名员工。Ecoplus 协助该工业园达成的使命是,确保为当地带来附加值,创造当地就业机会,并实现区域发展的可持续性。Ecoplus 的核心竞争力是定制租赁物业的开发和管理。但是,为了给园区企业创建并维持有利于生产的环境,Ecoplus 还通过提供各类服务来增强其核心竞争力。

NÖ-Süd 工业园为其周边地区提供综合社会基础设施,事实上,该地区已发展成为一个小型城市。因此,从该工业园可直接通往邮局和海关服务机构、餐厅、商务酒店、两个小型园区购物商场、欧洲最大的购物中心(SCS)、私人托儿所以及相关安保系统中心(视频监控)。由于该工业园规模较大,且投资者和商业伙伴频繁到访,Ecoplus 已建立了一个完善的导航系统,引导游客参观工业园。此外,该工业园区附近还提供许多娱乐活动设施,员工和当地社区居民可以使用,包括网球场和高尔夫球场。

2) 韩国蔚山 Mipo-Onsan 工业园

蔚山市是一个小型渔业和农业小镇,拥有丰富的历史和自然资源。1962 年,韩国通过国家第一个五年经济发展计划,设立蔚山特别工业区,蔚山随后发展成为了韩国的"工业首都"。

蔚山 Mipo-Onsan 工业园占地面积 6540 ha,有约 1000 家入驻企业。园区覆盖多种工业类型,包括汽车制造、造船、炼油、机械、有色金属、化肥和化学工业,员工人数超过 10 万人。蔚山生态工业园项目的主要目标是基于国家生态工业园发展总体规划,将 Mipo-Onsan 传统国家工业园转型为可持续性生态工业园。

韩国国家清洁生产中心于 2003 年启动了国家生态工业园计划。这与韩国贸易、工业和能源部促进创新工业发展的理念相契合,同时由韩国产业园股份有限公司负责推进实现整个环境的可持续性发展(《促进环境友好型产业结构发展法案》,第 21 条 生态工业园的指定等)。

该生态工业园开发计划分三个阶段,采用逐步方法在 15 年内建立国家生态工业网络。第一阶段(2005 年 11 月—2010 年 5 月)旨在通过 5 个工业园区的试点来建立该计划的基础(5 个区域,6 个园区)。第二阶段(2010 年 6 月—2014 年 12 月)的重点是通过"轮轴轮辐"战略将网络扩展到各工业园区之外(9 个区域,46 个园区)。第三阶段(2015 年 1 月—2016 年 12 月)旨在最终建立一个整合工业园和城市区域的国家网络(12 个区域,105 个园区)。

3) 日本九州生态工业园

以静脉产业为主体是日本生态工业园建设的最大特点。现有的 23 个生态工业园都以废弃物再生利用为主要内容,相关设施有 40 多个,所回收、循环利用的废弃物多达几十种。这些废弃物中包括了量大面广的一般废弃物和产业废弃物,如 PET 瓶、废木材、废塑料、废旧家电、办公设备、报废汽车、荧光灯管、废旧纸张、废轮胎和橡胶、建筑混合废物、泡沫聚苯乙烯等。

生态工业园内利用的废弃物大部分属于个别再生法规定的范围。正是由于有了相关法律的支持,日本生态工业园的废弃物再生利用产业才能够有序、规范地发展。例如,一般废弃物中的废弃家电、废旧汽车、废容器的回收处置或再利用等,分别有相关的法律法规支持。建筑混合废物等产业废弃物的再生利用则是建筑再利用法等相关法律所规定的。

在园区内开辟专门的实验研究区域,产、学、政府部门共同研究废弃物处理技术、再利用技术和环境污染物合理控制技术,为企业开展废弃物处置和循环利用提供了技术支持。例如,北九州生态工业园中,具体的实验项目包括废纸再利用、填埋再生系统的开发、封闭型最终处理场、完全无排放型最终处理场、最终处理场早期稳定化技术开发、废弃物无毒化处理系统,以及豆腐渣等食品化技术、食品垃圾生物质塑料化等多项实验研究。

生态工业园建设重点突出、特色分明。总体来说,日本生态工业园内的产业活动是以废弃物再生利用为主的,但是,从所利用的废弃物种类来看,园区之间还是存在差别的,即各个园区都有自己的主体方向。另外,同一类型的废弃物再生设施也可能在不同的生态工业园应用,例如,秋田县、宫城县、北海道和北九州市等 4 个生态工业园均设置了家电再生利用设施。后一种情况表明,日本所规划、建设的生态工业园是具有地域性的,既考虑了不同地区建设生态工业园的产业技术基础,也考虑了废弃物资源的空间分布特征。

生态工业园是一个多功能载体,除进行常规的产业活动外,还是一个地区环境事业的窗口。例如,北九州生态工业园内除各项废弃物再生利用设施外,还具有以下功能:举办以市民为主的环境学习;举办与环境相关的研修、讲座;接待考察团;支援实验研究活动;园区综合环境管理;展示环境、再生使用技术和再生产品;展示、介绍市内环境产业。

北九州市位于日本九州岛最北部,该工业地带的主要产业有钢铁、化工、机械、窑业以及信息关联产业等,是日本四大工业基地之一。

从 20 世纪中叶开始不断出现的公害问题,给该地区造成了难以估量的经济与环境损害。

许多大型工厂集中在洞海湾边,年降尘量创日本最高纪录,许多市民感染上了哮喘病,北九州市也因此被称作"七色烟城"。

1968 年,震惊世界的八大公害事件之一的米糠油事件(亦称多氯联苯污染事件)就发生在这里。

经过 20 多年的努力,降尘量位居日本首位的"七色烟城",终于变成"星空城市"(北九州市 1987 年被日本环境厅评为"星空城市")。1990 年北九州市还成为日本第一个获得联合国环境规划署颁发的"全球 500 佳"奖的城市。

九州生态工业园主要设立三大区域:验证研究区、综合环保联合企业群区和响(Hibiki)再生利用工厂群区。

验证研究区:在该区域内,企业、行政部门和大学通过密切协作,联合进行废弃物处理技术、再生利用技术的实证研究,从而成为环境保护相关技术的研发基地。

综合环保联合企业群区:各个企业相互协作,开展环保产业企业化项目,从而使该区成为资源循环基地。区域内主要汇集了废塑料瓶、报废办公设备、报废汽车等大批废旧产品再循环处理厂,并通过复合核心设施,将园区内企业排出的残渣、汽车碎屑等工业废料进行熔融处理,将熔融物质再资源化(如制成混凝土再生砖等),同时利用焚烧产生的热能发电,并提供给生态工业园区的企业。

响再生利用工厂群区:该区域分为汽车再生区域和新技术开发区域。前者是由分散在城区内的 7 家汽车拆解厂集体搬迁而形成的厂区,目的是通过共同合作,实施更为合理、有效的汽车循环再利用。后者是当地中小企业和投资公司应用创新技术的地方,市政府通过制定优惠政策,吸引一些小型废弃物处理企业进入该区,扶持中小企业在环保领域的发展。

4) 美国恰塔努加生态工业园

美国恰塔努加生态工业园位于田纳西州东南部,是田纳西的重要制造业中心,20 世纪 60 年代曾经是一个以严重污染闻名的工业园区。通过生态化改造,该园区成为世界上第一个实现"零排放"园区。

恰塔努加生态工业园改造以杜邦公司进行资源循环再利用改造为契机。杜邦公司在园区生产尼龙,每年产生大量的尼龙线头作为废物丢弃。该公司通过流程再造,对大量尼龙线头进行回收,通过加工再次变成尼龙原料,进入生产流程。杜邦的做法不仅减少了污染和排放,提高了企业效益,而且带动了环保产业的发展。

在杜邦的带动下,园区钢铁、化工等企业也积极开展工业废物循环再利用,将工业污染变废为宝。通过巧妙的企业空间布局,钢铁企业借助废旧厂房,利用太阳能将旁边肥皂厂的污水进行处理;肥皂厂的副产品又成为附近另一家企业的原材料。园区各企业相互嵌入彼此产业生态循环,共同形成了园区生态工业网络,实现了园区工业废物的最大化资源利用。

3. 中国生态工业园

纵观我国产业园区的发展历程,大致可以划分为三个阶段:第一代为经济技术开发区;第二代为高新技术产业开发区;第三代为生态工业园。

我国在 2000 年前后开始了生态工业园规划与建设的系统性探索工作。最初,通过与清华大学的合作,浙江省衢州市在其下属的 4 个工业园内开展了生态工业园规划的探索工作。其后,广西贵港市开展了甘蔗制糖生态产业体系的规划与建设工作,并被国家环保部门批准为生态工业建设示范园区,由此我国正式开启了国家层面生态工业园规划建设的系统实践。

为了推进生态工业园的建设工作,国家环保部门会同商务及科技部门于 2003 年出台了《国家生态工业示范园区申报、命名和管理规定(试行)》和规划指南,随后,2006 年发布了行业类、综合类和静脉产业类三类生态工业园的技术标准(试行),2007 年又发布了《国家生态工业示范园区管理办法(试行)》,进一步修订了建设规划和技术报告的编制指南。制定了国家生态工业示范园区建设考核验收的程序和绩效评估规则。同时,生态工业示范园区作为发展循环经济的重要实践形式受到了国家在法律层面上的重视,2008 年出台了《循环经济促进法》。与此同时,实践层面上先后两批共 33 家工业园区被列入了国家级循环经济试点单位。

2013 年国务院发布循环经济发展战略及近期行动计划,对工业、农业、服务业以及社会层面的循环经济发展发表指导意见。

2015 年国务院发布《国家生态工业示范园区管理办法》。本章节编纂时,为了进一步加强和规范生态工业园建设管理工作,发挥生态工业园的示范引领带动作用,国务院正在征求生态文明建设示范区(生态工业园)管理办法。

1) 贵港国家生态工业(制糖)示范园

广西贵港国家生态工业(制糖)示范园是国内典型的生态工业园(图 8-3)。该园区以贵糖(集团)股份有限公司为核心,以蔗田、制糖等 6 个系统为框架,通过盘活、优化、提升、扩展等步骤,在编制《贵港国家生态工业(制糖)示范园建设规划纲要》的基础上,逐步完善了生态工业示范园区。

贵港国家生态工业(制糖)示范园由以下 6 个系统组成。

(1) 蔗田系统负责向园区生产提供高产、高糖、安全、稳定的甘蔗,保障园区制造系统有充足的原料供应。

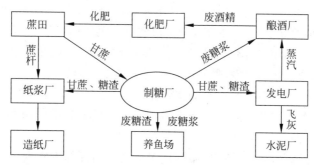

图 8-3 贵港国家生态工业（制糖）示范园总体框架

（2）制糖系统通过制糖新工艺改造、低聚果糖技改,生产出普通精炼糖以及高附加值的有机糖、低聚果糖等产品。

（3）酒精系统通过能源酒精工程和酵母精工程,有效利用甘蔗制糖副产品——废糖蜜,生产出能源酒精和高附加值的酵母精等产品。

（4）造纸系统充分利用甘蔗制糖的副产品——蔗渣,生产出高质量的生活用纸及文化用纸和高附加值的羧甲基纤维素钠（CMC）等产品。

（5）热电联产系统通过使用甘蔗制糖的副产品——蔗髓替代部分燃料煤,热电联产,供应生产所必需的电力和蒸汽,保障园区整个生产系统的动力供应。

（6）环境综合处理系统为园区制造系统提供环境服务,包括废气、废水的处理,生产水泥、轻钙、复合肥等副产品,并提供回用水以节约水资源。

这 6 个系统关系紧密,通过副产物、废弃物和能量的相互交换和衔接,形成了比较完整的工业生态网络。"甘蔗—制糖—酒精—造纸—热电—水泥—复合肥"这样一个多行业综合性的链网结构,使得行业之间优势互补,达到园区内资源的最佳配置、物质的循环流动、废弃物的有效利用,并将环境污染减少到最低水平,大大加强了园区整体抵御市场风险的能力。这种以生态工业思路发展制糖工业的做法,为中国制糖工业结构调整、解决行业结构性污染问题开辟了一条新路。

2）天津泰达生态工业园

天津经济技术开发区（Tianjin Economic Technological Development Area,TEDA）（简称经开区）,音译为"泰达",属于国家级工业园,坐落于天津市塘沽区。2021 年,全区环境空气质量综合指数为 4.61,达标天数比例为 74.6%；PM$_{2.5}$ 的浓度为 39 $\mu g/m^3$,PM$_{10}$ 的浓度为 68 $\mu g/m^3$。区域环境噪声平均值 52.9 dB,道路交通噪声平均值 68.8 dB。排放污水达标率达到 92.8%,排海雨水达标率达到 95.0%,污水处理厂出水达标率达到 100%,工业废水排放量 1576 万 t,工业固体废物产生量 76.3 万 t,工业固体废物综合利用率 88.9%,危险废物集中处置率 100%。全区公园 31 座,绿地面积 31.631 km^2,年末实有树木 623.30 万株,全区绿化覆盖面积达 33.51 km^2。自从 2003 年 12 月,《天津经济技术开发区国家生态工业示范园区建设规划》经专家评审获得通过,近年来,随着产业结构的不断优化,泰达逐步发展成为一个包括自然、工业和社会新型组织形式的综合体,在产品代谢和废物代谢层面形成了颇具特色的工业群落,表现出"群落、合作、绩效和效率"的特征,呈现出生态工业园发展雏形。

2021 年,整个经济区分主导产业看,在规模以上工业中,汽车制造、装备制造、电子信息、化工新材料、医药健康五大支柱产业实现工业总产值 4791.55 亿元,增长 2.1%,占全区规模以上工业总产值的 88.7%。经开区积极落实京津冀协同发展战略,加大对非首都功能疏解,中海油油田化学品项目、国家管网液化气接收站管理公司、中石化天然气销售公司等一批优质央企落户,全年承接京冀项目 488 个,总投资 1114 亿元。

天津经开区坚决落实制造业立市、制造强区战略,在产业链补链强链上持续发力,主导产业结构不断优化,其中现代石化和医药健康产业增速明显。诺和诺德、SEW、药明康德等一批企业持续增资扩产。

科技金融服务加速创新能力提升,唯捷创芯成功登陆科创板实现首次公开募股(IPO),深之蓝、和能人居、创云融达等多家完成股改的企业正式启动 IPO 工作,橙意人家、正元盛邦、精锐模具等三家公司在天津区域性股权市场(OTC)专精特新版成长层挂牌,全和诚、世纪康泰、海河生物、百奥医药、力容新能源、山河光电、井芯微、微纳芯、德祥生物、辰星自动化、诺思微系统等一大批重点科技企业获得风险投资。

创新载体进一步丰富,康希诺、泰达绿化、利安隆、科技大学四家单位成功获批天津市工程研究中心,北创百联众创空间、天隆众创空间两家载体获批国家级众创空间。

3) 国家东中西区域合作示范区(连云港徐圩新区)

徐圩新区是国务院批准设立的国家东中西区域合作示范区的先导区,是国家七大石化产业基地之一,是江苏沿海开发、"一带一路"支点建设中产业合作的主要实施载体,是连云港市委、市政府确定的发展新型临港产业的核心区。新区将依托陆桥经济带,服务中西部,面向东北亚,建成服务中西部地区对外开放的重要门户、东中西产业合作示范基地、区域合作体制机制创新试验区。

徐圩新区总规划面积约 467 km²,其中,徐圩港区 74 km²,临港产业区 141 km²,适宜布局和发展临港大工业。按照"生态、智能、融合、示范"的发展理念,新区主要发展石化、高端装备制造、高性能新材料和临港物流贸易加工等主导产业,重点打造世界一流石化产业基地、国家生态工业示范园区、智能化新区,努力发展成为江苏沿海地区新的经济增长极。

在打造万亿级石化产业集群的过程中,连云港石化产业基地始终秉持绿色低碳理念和对科技创新的追求,不断优化产业布局、配齐基础设施、完善绿色安全体系。该基地所在的连云港徐圩新区也获得多个国家级荣誉,包括国家生态工业示范园区、中国绿色化工园区、中国智慧化工园区等。

在园区基地腹部,占地面积 1288 亩的公用工程岛是整个工业园区的"工业心脏",这就是完全以煤为原料的整体煤气化联合循环发电(IGCC)示范工程。原料煤经过处理后通过IGCC 装置,同时生成蒸汽、氢气、合成气等工业气体,每小时生产的 900 多 t 蒸汽通过公共管廊传递给连云港石化产业基地内的企业。

同时,各企业生产过程中的副产物如氢气、乙烯、丙烯、环氧乙烷、苯等物质作为原材料在上下游企业间交易,阀门、管道中的摄像头、传感器确保物流的安全性。

连云港石化产业基地企业汇聚而来的污废水,具有高盐、高氮、高碱、高化学需氧量等特点,需要清污分流、分类收集、分质处理,进而再生回用。在再生水厂,这些污废水经过一组组水质调节池、机械加速澄清池、滤池的处理后,与臭氧、生物活性炭发生深度反应,继而进入超滤膜系统过滤,最终变成高品阶再生回用水,被回输给企业。回用水输送到企业后,浓缩的尾水经多道工序处理,进入人工生态湿地。尾水中的氮磷等污染物经处理后被进一步去除,最后才进行离岸深海排放。

8.6.2 农业生态园

8.6.2.1 生态农业的形成

生态农业是生态学在农学的应用与结合。它本质上体现了农业的生态学化发展方向。生态农业有很多叫法,如自然农业、有机农业、生物农业、绿色农业等。它是以生态学、经济学理论为依据,运用现代科技成果和现代管理手段,在特定区域内所形成的经济效益、社会效益和生态效益相统一的农业。生态农业吸收了传统农业的精华,借鉴现代农业的生产经营方式,以可持续发展为基本指导思想,以保护和改善农业生态环境为核心,通过人的劳动和干预,不断调整和优化农业结构及其功能,实现农业经济系统、农村社会系统、自然生态系统的同步优化,促进生态保护和农业资源的可持续利用。

"生态农业"起源于 20 世纪 70 年代的美国和西欧发达国家,最初它只是在西方现代"石油农业"或"工业式农业"经历了约半个世纪迅速发展而产生破坏性生态环境问题的情况下,为寻求农业的出路提出的"替代农业"中的一种。从 80 年代初开始,作为各种"替代农业"代表的"西方生态农业"开始传入我国,在我国的实践中,出现了与"西方生态农业"有区别的"中国生态农业"概念。80 年代中期,国外又出现"可持续农业"的概念和事物,并很快成为农业发展的国际性议题。90 年代初,联合国粮食及农业组织(FAO)提出了为各国普遍采纳的"可持续农业"概念。

生态农业是以保护生态环境为前提发展农业生产的一种生产方式,它的基本特征如下。

(1) 在保护生态环境的前提下发展农业生产,恢复农业的自然生态系统。

(2) 把生物工程技术引入农业,运用基因工程、发酵工程、酶工程、微生物工程等生物技术,进行战略性资源替代。

(3) 在保持生态农业基本特征的前提下,依据各国、各地区的自然条件、农业生产条件和农作物品种等特点,来构建农业发展框架。以资金、劳动、技术、生态的密集投入为手段,提高农产品单位面积产量和特色产品的生产效率。

"生态农业"生产方式既可以充分利用本国、本地区的资源优势,又可以充分利用最新的科研成果,实现战略性资源替代,逐步建立高效的农业自然生态系统,使农业生产的高速发展与资源的有效利用和生态环境的保护有机地结合在一起,保证社会经济和农业生产的可持续发展。

8.6.2.2 农业生态园案例

1. 德国巴伐利亚州乡村发展模式

巴伐利亚州简称巴州,地处德国南部,与捷克、奥地利和瑞士接壤,面积 70549 km²,人口 1300 万。该地区是阿尔卑斯丘陵地貌山区,生物多样性突出,德国 82% 物种在此均能找到。

巴州 85% 土地为农用地,有 10 万家农业企业,有机农场近 1 万个。多数农企规模为

20～50 ha,59％为兼业企业。农牧林业年总产值为 32.7 亿欧元,畜牧业占 60％。种植业以谷物、啤酒花以及油料作物为主,是欧洲最大啤酒花种植区。畜牧业以奶牛为主,全州有 3 万家养牛户,约 120 万头奶牛,平均每头产奶量 6890 kg。

巴州各农产品自给率分别为:奶酪 340％(德国 127％)、牛奶 159％、牛肉 159％(德国 103％)、糖 114％、谷物 115％,猪肉、禽肉、蔬菜和水果则分别为 99％、72％、35％、7％。巴州农产品和食品出口额达 88.7 亿欧元(约占德国的 10％),主要出口奶制品、肉类、啤酒、啤酒花、谷物和食糖,80％出口欧盟国家,1.6％出口中国。

德国巴伐利亚州乡村发展特点如下。

1) 经营灵活,产业多样,保持边缘地区经济活力

首先是发展与当地自然条件及地缘相结合的多样化产业。政府提供生产、加工以及市场发展实用信息服务,96％家庭农庄相互自愿合作。巴州农民收入主要依靠因地制宜,发展多种经营,包括啤酒、猪肘子、香肠以及酸菜等巴州特色食品。农业产业包括乳制品加工(占 54％)、牛肉(826 万 t,是奥地利的 3 倍)以及啤酒生产。

其次是利用其地理环境优势,发展农庄旅游。全州有 4000 家农庄接待游客,年销售收入 5 亿欧元,通过旅游推动当地高质量农产品销售。政府为农庄旅游提供政策和技术咨询、人员培训以及信息宣传等服务。除传统产业外,巴州农业家庭还越来越多地开发其他收入来源,如生产可再生能源。通过打造乡村地区高质量生活圈,吸引本地和外来人口。

2) 发展生态型区域性乡村综合经济模式

巴州有机种植面积占其农业用地面积的 32％,是德国有机比例最高、面积最大的区域。有机产品具有地方特色,价格高,是当地农民收入的重要来源。巴州政府帮助农户由常规生产向有机生产转型,75％的员工工资由政府补助。注重培育和发展区域乡村综合经济模式,如在距慕尼黑约 50 km 的朗特巴赫县,县政府与当地农业专业协会以及银行等联合,建立地方政府机构与企业合作模式,打造当地"农业＋生态"高质量生活区,以提高吸引力、提高就业为目标,并将慕尼黑作为辐射区。合作还通过创新管理、人员培训以及提供汽车服务等,形成区域性乡村综合经济发展规模。

3) 实施欧盟乡村发展项目

欧盟乡村发展项目(Leader)是巴州乡村发展规划的重要支柱。该项目在巴州主要包括:村庄更新、土地整治、土地资源流转、乡村道路建设、乡村综合发展。2016—2017 年共投资 3.89 亿欧元,其中 1.5 亿来自欧盟共同农业政策第二支柱乡村发展计划补贴。为有效实施项目,巴州成立 321 个欧盟项目地方行动小组,人员由当地县、村公共机构、企业协会以及公民代表(占 51％)组成,小组管理机制包括成员大会、董事会和调解委员会,聘用一名执行经理。主要负责制定创新战略和项目方案,确定补贴项目数量等重大事项。每个项目欧盟补贴金额最高为 20 万欧元,其余由国家和地方政府资金或企业自身配套组成,欧盟补贴基本上占总投入的一半。

4) 发展特色产业,提高经济效益与保护环境并举

巴州地方特色和小众农产品及食品特点非常鲜明。例如,位于巴州泰格湖区的"自然奶酪"合作社,生产具有当地自然特色且脱乳糖特种奶酪。该合作社有 1000 ha 土地,拥有 1700 个会员(大多是小农户),其中 22 个奶农,年加工 250 万 L 牛奶。合作社利用当地优美的自然环境,采取完全粗放式的、环境保护型的养殖方式饲养奶牛,平均每公顷饲养半头牛

（德国平均水平为每公顷 3 头牛）。虽然这种奶酪的价格比一般的要高出 20 欧分,但产品产自大自然,质量好,竞争优势十足。在营销策略上,以客户需求为导向,通过直销方式（36% 的产品）,在农民与客户间建立信息透明的关系。经过 9 年的发展,合作社实现 530 万欧元年销售额,4.5% 的利润。

5) 发展现代科技,提升农业水平

位于慕尼黑远郊的德国 BayWa 农业公司已有 200 年历史,由最初农民自愿合作发展成为了 BayWa 股份公司,下辖 1462 家合作社,全球有 400 个分点,19000 名职工,销售额达 166 亿欧元,传统业务主要是生产资料采购与产品销售一体化服务。由于德国农庄数量逐年减少（每年消失 5% 的农庄）,规模增大,与此同时对农民使用肥料和农药的限制越来越严,BayWa 公司审时度势,创新科技,利用数字技术,帮助农民在保证产出效益的前提下,减少农药化肥使用量,提供平衡产量保证与环境保护的数字方案。该公司通过使用欧洲卫星数据,优化农机技术及植物生长模型,包括预测灌溉水量及施肥量等,给农户提供信息咨询。不仅在德国,还在非洲赞比亚为农户提供有偿的高质量咨询服务。BayWa 公司为农业经济效益与环境保护的平衡发展,为巴州农业可持续发展模式做出了有益的探索和尝试。

2. 都江堰市天府源田园综合体发展模式

天府源田园综合体位于都江堰市,面积 36.6 km²。都江堰市充分遵循生态价值转化理念,创新建管运营机制,深化农商文旅体融合发展路径,以田园综合体引领县域"三农"全面升级,打造乡村振兴的都江堰范式。天府源田园综合体项目充分用好各级农业综合开发专项资金 3 亿元,整合其他财政资金 5.6 亿元,撬动社会投资 31 亿元,成功打造以粮优菜绿猕猴果花香为特色的田园综合体整体,建成生产、产业、经营、生态、服务和运行等六大体系,有效促进了都江堰市全域乡村产业、人才、文化、生态、组织"五大振兴"。

1) 立足区域比较优势,精准定位发展方向

将田园综合体定位为"美丽乡村示范区、农旅融合引领区、绿色农业典范区、农村改革先行区",打破行政区划,依据产业基础、资源禀赋等条件,科学规划胥家镇 8 个社区和天马镇 5 个社区作为田园综合体建设范围,以域内红心猕猴桃、优质粮油、绿色蔬菜、玫瑰花特色产业种植区为核心,高标准规划建设"四园三区一中心"（红心猕猴桃出口示范园、优质粮油（渔）综合种养示范园、绿色蔬菜示范园、多彩玫瑰双创示范园、灌区农耕文化体验区、农产品加工物流区、川西林盘康养区和综合服务中心）8 个功能组团,每个组团控制在 2～3 个社区的规模,差异化布局生产、生活、旅游配套设施,实现错位式联动式发展。

2) 创新优化组织架构,凝聚联动发展合力成立

市委、市政府主要负责同志为双组长的工作领导小组,组建天府源田园综合体管理委员会,构建"领导小组＋管委会＋双创中心＋投资公司＋合作社"五方联动机制,充分发挥院校、企业、合作社各自在科技、资本、劳动力等要素投入上的互补优势,形成发展合力。

3) 深化农商文旅融合,筑牢产业发展基础

全面落实粮食安全战略,推动传统农业向内涵丰富、类型多样、价值提升的乡村产业裂变。一是巩固现代农业本底。建成和提升高标准农田 5.5 万亩,整治渠道 68 km,新（改）建田间道路 100 余 km,粮食平均亩产从 2017 年的 471 kg 提升至 2020 年的 498 kg,规模化绿色蔬菜基地从 2017 年的 3000 亩提升至 8000 亩。二是延伸"农业＋"产业链。在全市延伸

布局田园综合体主导产业的上下游、左右岸产业链,吸引花蕊里灌县川芎产业园和国家农业公园等 26 个总投资 292 亿元的农商文旅融合项目签约落地,培育拾光山丘、向荣花里等一批农事体验、乡村度假、精品民宿等新业态,开发"灌米"、猕猴桃面膜等 13 种精深加工农产品。三是放大农产品品牌效应。构建"区域公用品牌＋企业品牌＋产品品牌"三级农业品牌体系,培育出天赐猕源、稻米家、圣寿源等 11 个优质农业品牌,创建 85 个"三品一标"、7 个全国名特优新农产品和 6 个生态原产地保护产品。

4)实施生态保护修复,做优乡村发展环境

实施"以文化为灵魂、以田园为肌体、以林盘为特质、以绿道为脉络"的农村综合提升打造,呈现"岷江水润、茂林修竹、美田弥望、蜀风雅韵"的诗意栖居图。一是优化田水林院农村形态。通过"理水、亮田、护林、改院",将 13 km 原乡绿道和 68 km 生态渠系纵横交织于 5 万亩高标准农田,实现优质粮菜基地、猕猴桃园区、玫瑰花溪谷等大地景观连线成片,全面展现"绿道蓝网、水城相融、清新明亮"的生态格局。二是激活闲置沉睡农村资源。通过就业带动、股份合作等形式,引导农户将闲置农房和宅基地等资源与社会资本、合作社等联营共建,盘活闲置集体资产 2699 m^2,创造集体经济收入近 40 万元,禹王社区集体经济组织与绿沃农业公司合作将千亩"四荒地"打造成四季美艳的玫瑰花海,将 12 亩闲置宅基地打造为陌见山高端民宿。三是弘扬千年天府灌区文化。贯穿"文化为魂"的理念,深入挖掘易家大院、石龙津码头、老人桥和天马轿房唢呐等 30 余处物质文化和非物质文化资源,并依托首届"中国农民丰收节""中国田园诗歌节"等重大主题活动,讲好本土故事,凝聚区域文化认同感和归属感,推进地方文化挖掘保护传承和利用。

5)构建人才培育模式,提供持续发展动力

构建"引育留用"的四向并进的人才培育模式,推动农户变专家、带头人、项目股东,共建共享田园综合体。一是提高农民技能水平。构建"院校＋企业＋农户"合作机制,吸引涂美艳博士等十余名专家学者直接参与田园综合体建设。二是推动农民致富增收。创新"五维共生"猕猴桃产业联合体、"七统一"蔬菜质量安全联盟等模式。三是提高农民综合素质。以融入式党建为引领,创建"事项联商、活动联办、问题联解、人才联培、资源联享"的"五联"机制,形成了"凝心聚力共建田园综合体"的群众共识,及时化解土地租赁、协议签订和坟地搬迁等方面的问题。

8.6.3　服务型循环经济

8.6.3.1　服务业及其功能和地位

我们通常所说的第三产业是指包括餐饮、娱乐、旅游、物流等具有服务功能特征的行业。由于第三产业的主体是服务业,因此第三产业的循环经济也应是服务业的循环经济,我们习惯将其称为"生态服务业"。生态服务经济类似于功能导向经济,即在服务行业大力提倡用循环经济理念发挥服务的功能,使服务行业在利用有限的资源情况下实现最大的经济和社会效益的产出,同时最大限度地限制废物的排出。

随着经济的发展、社会专业化分工的加深、产业结构的调整、科学技术的进步、社会生产和人民生活都对服务业提出了新的要求,并为服务业的快速发展创造了条件。服务业在国民经济中占有的比例会日益增大,产业地位会逐步加强。在 GDP 中,发达国家的服务业所占比重已达 70% 以上。国家统计局统计公报显示：2023 年我国第三产业增加值占 GDP 比重达 54.6%，未来的发展潜力很大。

第三产业的迅速发展是社会经济发展的客观规律。服务业的影响越来越显著地渗透到社会经济的方方面面，落后的、不能满足第一二产业需要的服务业，已经成为制约经济高效增长的重要因素。因此，注重提升和发展第三产业，使之适应社会发展战略的需要，对我国经济可持续发展具有重要意义。在推行循环经济和产业生态化的进程中，服务业既是重要的组成部分之一，又由于其产业性质的特殊性，在发展循环经济的任务中起到其特有的重要作用。

服务业的生态化发展，以循环经济的基本原则为基础，根据服务业的特点和行业特点，确定产业运作模式。产业发展本着节能、降耗、减污、高效和资源减量化、再利用、再循环的生态化原则运行。发展绿色物流，建设绿色产业，提供绿色服务和产品。服务系统全过程统筹规划、管理，建设绿色物流体系，从服务的内容及整个服务周期进行生态化的管理和运作。在整个社会经济系统的循环经济发展中起到重要的支持和服务作用。

8.6.3.2 服务业发展循环经济的层次

1. 服务业自身的清洁生产

服务业自身清洁生产的目的是对服务业系统造成的直接的生态破坏和环境污染进行防治，以及推行集约经营、规范化管理的循环经济模式。

在餐饮业、旅游、水运等相关服务行业要采取措施，防治水污染。大型餐饮、旅游企业应建设污水处理、中水回用系统。加强交通运输行业的废气排放管理，统筹规划交通运输，建设绿色物流系统，实行系统优化，减少商业运营中的能源和资源消耗。明确责任义务，服务行业内部对自身产生的污染负责，承担废弃物的再回收、再循环和综合利用责任，促进减少过度包装、实行商品标准化的进程，在服务业推行绿色消费模式，杜绝各种一次性用品。加强餐饮零售、娱乐、房地产等行业的噪声污染的防治和管理，以及电磁波辐射污染的管理。

2. 建立生态型的信息、资源流通关系

产业之间以及行业内在商品和物质资源流通过程中建立生态化的再生资源输入输出关系，支持物质资源的良性循环。

（1）统筹规划，实现清洁化、生态化、最优化的资源流动，减少资源、能源浪费和环境污染。

（2）大力发展服务替代产品的服务产业，如租赁、维修、升级换代等利于物质减量化的服务；建立废弃物回收、资源再生利用产业、绿色产品销售、绿色技术推广等机构，开展产品生命周期终结的再回收、再利用和再循环服务等。

（3）倡导生态型产品的生产和消费，提高服务的科技含量和生态化导向的水平；大力发展信息业、生态化的科技和信息服务，以及循环经济宣传、教育和管理，对经济模式向可持续发展转变起到导向支持和促进作用。

8.6.4 循环物流

循环物流其实是物流管理与环境科学交叉的一门分支。在研究社会物流和企业物流

时,必须考虑到环境问题。循环物流又是一个多层次的概念,它既包括企业的循环物流活动,又包括社会对循环物流活动的管理、规范和控制。从循环物流活动的范围来看,它既包括各个单项的循环物流作业(如运输、包装等),还包括为实现资源再利用而进行的废物循环物流。

循环物流与社会和环境的发展相协调、和谐,也与未来的发展相协调、和谐,是正向物流和逆向物流的有机结合。循环物流已经不同于纯粹追求效率和经济效益的企业经营性物流活动,而是以社会总成本最低为出发点的一种物流运行模式,是基于环境友好、资源节约的理念对物流体系进行系统性的改进。循环物流从环境保护与可持续发展的角度,求得环境与经济发展共存;通过物流组织方式创新与技术进步,减少或消除物流对环境的负面影响;通过逆向物流,提高资源的有效和循环利用效率。同时,循环物流不仅注重物流过程对环境的影响,而且强调对资源的节约,以最小的代价或最少的资源维持物流的需求。

1. 循环物流的目标

传统物流的目标侧重于高效、低成本地将原材料、在制品、产成品等由始发地向消费地进行储存和流动,其核心是建立需求拉动的供应链系统及企业内部生产物流系统。传统物流的目标强调的是物流的经济效益,而忽视了物流对社会系统及生态系统的作用与影响,这样的目标往往不符合可持续发展原则。

循环物流的目标兼顾经济效益、社会效益和生态效益,在追求高效、低成本地将原材料、在制品、产成品等由始发地向消费地进行储存和流动的同时,还追求最大限度地减少物流系统的物质和能量消耗及废物产生,提高物质、能量的利用效率,使内部相互交流的物质流远远大于出入系统的物质流,从而实现经济、社会、生态的可持续发展。

2. 循环物流的范围

与传统的单向物流系统相比,循环物流系统延伸和扩展了物流活动的范围。

物流系统具有五大要素:第一要素是流体,即"物";第二要素是载体,即承载"物"的设备(如汽车)和这些设备据以运作的设施(如道路);第三要素是流向,即"物"转移的方向;第四要素是流量,即物流的数量表现,或物流的数量、质量、体积;第五要素是流程,即物流路径的数量表现,即物流的里程。通过对循环物流系统的五大要素的阐述,可以给出一个循环物流系统范围的界定。

循环物流是物流业发展的新潮流,结合现代物流的发展现状,循环物流的发展趋势可总结为以下几个方面。

(1) 控制物流相关资源消耗,使物流过程中的资源投入"减量化"。

(2) 加强对物流作业污染源的控制。

(3) 提高物流资源的可重复使用性。

(4) 建立工业、销售、生活废料处理的物流系统。

(5) 实现整个循环物流过程的标准化、系统化与信息化。

(6) 物流与商流、信息流呈一体化趋势。

8.6.5 循环型社会

8.6.5.1 循环型社会概念

关于循环型社会的概念,最早源于日本学者植田和弘提出的"回收再利用社会",即确保自然和可持续发展的社会。这种社会不以大量排放废物的技术体系和社会体制为前提,而是对排放出来的废物进行回收再利用,从而使人类活动与自然环境达到最亲密的状态。植田和弘提出的"回收再利用社会"就是我们今天所说的循环型社会的雏形。循环型社会概念的出现可以追溯到 1996 年德国的《循环经济与废物管理法》中的循环利用概念,而日本《促进建立循环型社会基本法》则对其做出了具体的阐释:循环型社会是通过抑制废物产生,促进物质循环,减少天然资源消费,降低环境负荷,使自然资源的消耗受到抑制,环境负荷得到削减的社会形态,从而谋求经济的健康发展,构筑可持续发展的社会。日本因而成为第一个提出建设循环型社会的国家。

中国学者大多按照日本《促进建立循环型社会基本法》中的概念进行理解,也有一些学者提出了自己的观点。如有学者提出,循环型社会就是在承认自然生态环境有限承载能力的前提下,以社会、经济、环境的可持续发展为目的,以人与自然和谐相处为价值取向,以循环经济运行模式为核心,以有利于推进循环经济的制度框架、社会环境为基本保障,适度生产、适度消费,尽量减少天然资源的消费,降低环境负荷,形成经济、社会与环境良性循环和可持续发展的社会。

循环型社会的研究和实践尚处于起步阶段,对于循环型社会概念的界定还没有统一。从国内外对循环型经济的各种阐述中可以看出:循环型社会本质上是一种生态社会,是以可持续发展为目标,实现人类经济、社会、环境全面持续发展的新型社会形态,是人类对人与自然关系的再认识,是对传统价值观念、生产方式、生活方式和消费模式的根本变革,是对传统工业社会发展模式的反思和超越。循环型社会不仅包括经济发展、社会生活领域,同时包括政府政策导向的转变、企业社会义务的承担和社会公众的积极参与等多个方面。建立循环型社会是实现可持续发展最可行的重要路径,是人类社会必然选择的社会发展模式。

8.6.5.2 经济活动的过程

从经济活动的整个过程的角度来研究,可分为如下几个层次。

1. 资源的开发利用阶段

资源的开发利用阶段以防止生态破坏,用最少的资源消耗、环境最友好的开发利用方式获取最大的经济效益为目标,主要包括:资源的开发利用方式和程度与环境友好,控制在生态环境可承载的范围之内;资源利用效率足够高;尽可能选择、研制、开发可再生、与环境友好的材料;利用可再生的清洁能源等。同时,进行生态环境建设,提高生态系统的自净能力和承载能力。

2. 在经济活动过程中

经济活动过程中要实现高效减污和物质循环,包括建立生态工业园区和产业链(网),形成资源的闭路循环;在生产过程中节能降耗,大力推行清洁生产,开展产品生命周期评价,通过延长产品的使用寿命、推行标准化设计,以利于再利用、限制产品体积和用服务替代产品等措施提高区域经济的生态经济效益和投入产出比,从而提高经济运行效率,减少资源浪费和环境污染。

3. 对废物的回收和管理

建立完善的废物管理回收产业即第四产业,形成一个完整的社会管理体系。对废物的管理遵循的优先级为：减量化—再利用—再循环—处理处置(包括无害化处理)。

4. 发展战略及机制

循环经济模式的建立，需要一整套配套的战略、政策支撑，以及相应的社会和经济机制做保障，这是循环经济得以实施的依托和保证。

8.6.5.3 循环型社会特征

循环型社会具有如下特征。

1. 通过协调人类社会的和谐最终实现人与自然的和谐相处

人类是自然界的组成部分，与自然界其他生命形态共同生存于自然生态环境中。对于人类社会来说，资源环境问题涉及社会的各个方面，每个人不仅都对自然资源和环境享有平等的权利，而且对自然生态环境和人类的可持续发展承担共同的义务和责任。循环型社会以人与自然和谐相处为价值取向，注重社会各方面的和谐，在着力解决资源、环境问题的同时，按照自然生态系统的运行规律安排人类的经济社会活动，处理好社会内部局部与整体、经济与社会以及社会各阶层之间的关系，在社会关系整体协调、平稳运行中，推进人与自然的和谐共存和持续发展。

2. 按照复合生态系统理念推进社会经济的发展

循环型社会最主要的特征就是按照复合生态系统的理念安排人类的生产与生活。它把自然、经济和社会看作三个有机联系、相互依存、相互影响的统一整体，把自然生态系统看作经济社会发展的支撑系统，要求人类在自然生态系统供给原材料和吸纳废弃物的能力之内进行各种经济社会活动，从而把人类对自然环境的负面影响降到最低限度，实现人与环境的和谐发展。

3. 以循环经济运行模式为核心推进社会发展

循环经济是循环型社会的核心和关键，循环型社会是循环经济理念的发展和深化，是循环经济实现的前提和保障。发展循环经济是为了实现可持续发展，然而可持续发展目标的实现需要从经济领域到全社会领域的共同努力和根本变革。循环经济的理论要指导社会经济实践，就必须把循环经济理念贯穿于整个社会经济体系中，并切实纳入社会、经济发展总体规划和各项政策、立法，以及公众的思想意识、行为方式等各个层次中，从人类社会大系统角度，综合社会、经济、环境等因素，全方位、多层次地发展，从而推进循环型社会建设。

4. 循环型社会需要建立相应的社会经济技术体系

为了实现从传统经济运行模式向循环经济运行模式的转变，循环型社会需要建立一个以促进物质的减量化、再利用、再循环为目标，由清洁生产技术、污染治理技术、废旧物品再利用技术等组成的，具有合理的层次和结构、功能完善的社会经济技术体系。这是循环经济的物质技术保障，也是循环型社会的重要物质基础。

5. 循环型社会需要在适度消费理念指导下的公众的广泛参与

循环型社会的形成和发展不仅需要政府自上而下的推动和引导，更需要在全社会自下而上地培养自然资源和生态环境的危机意识以及真正形成人与自然和谐共存的循环型社会的广泛共识，并将适度消费理念付诸日常行动。循环型社会要求改变传统的生活消费模式，主动选择绿色产品,注重消费过程中对环境的友好性,自觉履行废物分类回收利用的责任和义务。

2023年,国务院印发的《质量强国建设纲要》要求我们树立质量发展绿色导向。开展重点行业和重点产品资源效率对标提升行动,加快低碳零碳负碳关键核心技术攻关,推动高耗能行业低碳转型。全面推行绿色设计、绿色制造、绿色建造,健全统一的绿色产品标准、认证、标识体系,大力发展绿色供应链。优化资源循环利用技术标准,实现资源绿色、高效再利用。建立健全碳达峰、碳中和标准计量体系,推动建立国际互认的碳计量标准、碳监测及效果评估机制。建立实施国土空间生态修复标准体系。建立绿色产品消费促进制度,推广绿色生活方式。

8.6.5.4　关于向循环型社会转变实施步骤的建议

1. 从区域经济结构分析入手,完成经济系统转变

首先,研究区域产业结构及其调整以及合理建立产业链的方法、途径和可行性,并分析主要产业、行业的生态经济效益及绿色投入产出情况;其次,对资源浪费、生态环境破坏、污染严重的产业进行排序,并通过分析得出产业结构调整方案,同时对形成产业链(网)和建立生态工业园区的方案进行论证;再次,各产业内部通过从资源投入、生产过程到产品生命周期的评价分析,对资源减量化、再利用、再循环潜力、方法、途径进行论证,从而建立循环型社会指标体系,进行区域循环型社会的规划,并纳入区域社会发展总体规划;最后,通过制定政策、立法,确定各主体责任分工并落实规划措施。

2. 从社会消费结构分析入手,建立回收、循环路径

一般地,社会主导消费品为公共设施、各种包装、食品、家电、汽车、纺织品、家具等。这些消费品应作为再回收的重点,政府应重点对其立法,进行市场调控,制定回收政策,并在其产品生命的整个周期,遵循 3R 原则进行控制和管理。

(1)设计生产阶段:产品寿命长、体积小、产品和零件通用性好、标准化程度高、清洁、能耗少。

(2)消费阶段:引导消费者转变观念,节约资源、能源,倡导绿色消费,消费过程中注重垃圾处置。

(3)回收阶段:明确回收责任单位,并合理地确定回收费用。如包装、家电、汽车、家具等可以令生产厂家为责任单位,公共设施可将资产所有者定为回收单位,食品等可将社会回收机构作为回收单位。

3. 从社会废物分析入手,完成废物再资源化

对于各种废物,以再资源化为目的,重点考虑:①废物产生量、成分、去向和处理处置现状;②污染状况及再利用、再循环的潜力;③回收机构现状;④资源回收体系和资源信息网络情况。

总之,实现整个社会向循环型社会的转变是大势所趋,是实现可持续发展战略的客观需要。实现这个转变,首先要实现全社会思想观念的转变,建立起一种绿色文化氛围;再者就是要加强对循环经济社会的全方位、多角度的研究;逐步建立起循环型社会的社会和经济运行机制,并通过分步骤的实践,不断总结、调整发展战略,包括社会、经济、科技、环境等领域的发展战略调整方案,并划分出社会各层次主体的责任分担与现行政策的衔接。这样才能推动循环型社会的实践不断走向成熟和深入。

课外阅读材料

"十四五"全国清洁生产推行方案

推行清洁生产是贯彻落实节约资源和保护环境基本国策的重要举措,是实现减污降碳协同增效的重要手段,是加快形成绿色生产方式、促进经济社会发展全面绿色转型的有效途径。为贯彻落实清洁生产促进法、"十四五"规划和 2035 年远景目标纲要,加快推行清洁生产,制定本方案。

一、总体要求

(一)指导思想。以习近平新时代中国特色社会主义思想为指导,全面贯彻党的十九大和十九届二中、三中、四中、五中全会精神,深入贯彻习近平生态文明思想,按照党中央、国务院决策部署,立足新发展阶段,完整、准确、全面贯彻新发展理念,构建新发展格局,推动高质量发展,以节约资源、降低能耗、减污降碳、提质增效为目标,以清洁生产审核为抓手,系统推进工业、农业、建筑业、服务业等领域清洁生产,积极实施清洁生产改造,探索清洁生产区域协同推进模式,培育壮大清洁生产产业,促进实现碳达峰、碳中和目标,助力美丽中国建设。

(二)主要目标。到 2025 年,清洁生产推行制度体系基本建立,工业领域清洁生产全面推行,农业、服务业、建筑业、交通运输业等领域清洁生产进一步深化,清洁生产整体水平大幅提升,能源资源利用效率显著提高,重点行业主要污染物和二氧化碳排放强度明显降低,清洁生产产业不断壮大。

到 2025 年,工业能效、水效较 2020 年大幅提升,新增高效节水灌溉面积 6000 万亩。化学需氧量、氨氮、氮氧化物、挥发性有机物(VOCs)排放总量比 2020 年分别下降 8%、8%、10%、10%以上。全国废旧农膜回收率达 85%,秸秆综合利用率稳定在 86%以上,畜禽粪污综合利用率达到 80%以上。城镇新建建筑全面达到绿色建筑标准。

二、突出抓好工业清洁生产

(三)加强高耗能高排放项目清洁生产评价。对标节能减排和碳达峰、碳中和目标,严格高耗能高排放项目准入,新建、改建、扩建项目应采取先进适用的工艺技术和装备,单位产品能耗、物耗和水耗等达到清洁生产先进水平。钢铁、水泥熟料、平板玻璃、炼油、焦化、电解铝等行业新建项目严格实施产能等量或减量置换。对不符合所在地区能耗强度和总量控制相关要求、不符合煤炭消费减量替代或污染物排放区域削减等要求的高耗能高排放项目予以停批、停建,坚决遏制高耗能高排放项目盲目发展。

(四)推行工业产品绿色设计。健全工业产品绿色设计推行机制。引导企业改进和优化产品和包装物的设计方案,减少产品和包装物在整个生命周期对环境的影响。在生态环境影响大、产品涉及面广、行业关联度高的行业,创建工业产品生态(绿色)设计示范企业,探索行业绿色设计路径。健全绿色设计评价标准体系。鼓励行业协会发布产品绿色设计指南,推广绿色设计案例。

专栏 1　工业产品生态(绿色)设计示范企业工程

重点实施轻量化、无害化、节能降耗、资源节约、易制造、易回收、高可靠性和长寿命等关键绿色设计技术应用示范,培育发展 100 家工业产品生态(绿色)设计示范企业,制修订 100 项绿色设计评价标准,推广万种绿色产品。

(五)加快燃料原材料清洁替代。加大清洁能源推广应用,提高工业领域非化石能源利用比重。对以煤炭、石油焦、重油、渣油、兰炭等为燃料的工业炉窑、自备燃煤电厂及燃煤锅炉,积极推进清洁低碳能源、工业余热等替代。因地制宜推行热电联产"一区一热源"等园区集中供能模式,替代小散工业燃煤锅炉,减少煤炭用量,实现大气污染和二氧化碳排放源头削减。推进原辅材料无害化替代,围绕企业生产所需原辅材料及最终产品,减少优先控制化学品名录所列化学物质及持久性有机污染物等有毒有害物质的使用,促进生产过程中使用低毒低害和无毒无害原料,降低产品中有毒有害物质含量,大力推广低(无)挥发性有机物含量的油墨、涂料、胶黏剂、清洗剂等使用。

(六)大力推进重点行业清洁低碳改造。严格执行质量、环保、能耗、安全等法律法规标准,加快淘汰落后产能。全面开展清洁生产审核和评价认证,推动能源、钢铁、焦化、建材、有色金属、石化化工、印染、造纸、化学原料药、电镀、农副食品加工、工业涂装、包装印刷等重点行业"一行一策"绿色转型升级,加快存量企业及园区实施节能、节水、节材、减污、降碳等系统性清洁生产改造。在国家统一规划的前提下,支持有条件的重点行业二氧化碳排放率先达峰。在钢铁、焦化、建材、有色金属、石化化工等行业选择 100 家企业实施清洁生产改造工程建设,推动一批重点企业达到国际清洁生产领先水平。

专栏 2　重点行业清洁生产改造工程

钢铁行业。大力推进非高炉炼铁技术示范,推进全废钢电炉工艺。推广钢铁工业废水联合再生回用、焦化废水电磁强氧化深度处理工艺。完成 5.3 亿吨钢铁产能超低排放改造、4.6 亿吨焦化产能清洁生产改造。

石化化工行业。开展高效催化、过程强化、高效精馏等工艺技术改造。推进炼油污水集成再生、煤化工浓盐废水深度处理及回用、精细化工微反应、化工废盐无害化制碱等工艺。实施绿氢炼化、二氧化碳耦合制甲醇等降碳工程。

有色金属行业。电解铝行业推广高效低碳铝电解技术。铜冶炼行业推广短流程冶炼、连续熔炼技术。铅冶炼行业推广富氧底吹熔炼、液态铅渣直接还原炼铅工艺。锌冶炼行业推广高效清洁化电解技术、氧压浸出工艺。完成 4000 台左右有色窑炉清洁生产改造。

建材行业。推动使用粉煤灰、工业废渣、尾矿渣等作为原料或水泥混合材料。推广水泥窑高能效低氮预热预分解先进烧成等技术。完成 8.5 亿吨水泥熟料清洁生产改造。

三、加快推行农业清洁生产

(七)推动农业生产投入品减量。加强农业投入品生产、经营、使用等各环节的监督管理,科学、高效地使用农药、化肥、农用薄膜和饲料添加剂,消除有害物质的流失和残留,减少农业生产资料的投入。组织农业生产大县大市开展果菜茶病虫全程绿色防控试点,不断提高主要农作物病虫绿色防控覆盖率。

(八)提升农业生产过程清洁化水平。改进农业生产技术,形成高效、清洁的农业生产模式。严格灌溉取水计划管理,大力发展旱作农业,全面推广节水技术,不断提高农业用水效率。深化测土配方施肥,推广水稻侧深施肥等高效施肥方式。全面推广健康养殖技术,推动兽用抗菌药使用减量。加快构建种植业、畜禽养殖业、水产养殖业清洁生产技术体系,大力推广种养加一体化发展模式。

(九)加强农业废弃物资源化利用。完善秸秆收储运服务体系,积极推动秸秆综合利用。加强农膜管理,推广普及标准地膜,推动机械化捡拾、专业化回收和资源化利用,有效防治农田白色污染。因地制宜采取堆沤腐熟还田、生产有机肥、生产沼气和生物天然气等方式,加大畜禽粪污资源化利用力度。在粮食主产区、畜禽水产养殖优势区、设施农业重点区和特色农产品生产区等农业废弃物资源丰富区域,以及洞庭湖、丹江口水库、太湖、乌梁素海等重点流域湖泊水库周边区域,深入推行农业清洁生产,形成一批可推广、可复制的典型案例。

专栏3 农业清洁生产提升工程

实施节水灌溉。以粮食主产区、生态环境脆弱区、水资源开发过度区等地区为重点,推进高效节水灌溉工程建设。

化肥减量替代。集成推广测土配方施肥、水肥一体化、化肥机械深施、增施有机肥等技术。在粮食和蔬菜主产区重点推广堆肥还田、商品有机肥使用、沼渣沼液还田等技术模式。

农药减量增效。支持一批有条件的县,重点推进绿色防控,推广物理、生物等农药减量技术模式。实施农作物病虫害统防统治,培育一批社会化服务组织和专业合作社。

秸秆综合利用。坚持整县推进、农用优先,发挥秸秆还田耕地保育功能、秸秆饲料种养结合功能、秸秆燃料节能减排功能。

农膜回收处理。以西北地区为重点,支持一批用膜大县推进农膜回收处理,探索农膜回收利用有效机制。

四、积极推动其他领域清洁生产

(十)推动建筑业清洁生产。持续提高新建建筑节能标准,加快推进超低能耗、近零能耗、低碳建筑规模化发展,推进城镇既有建筑和市政基础设施节能改造。推广可再生能源建筑,推动建筑用能电气化和低碳化。加强建筑垃圾源头管控,实施工程建设全过程绿色建造。推广使用再生骨料及再生建材,促进建筑垃圾资源化利用。将房屋建筑和市政工程施工工地扬尘污染防治纳入建筑业清洁生产管理范畴。

(十一)推进服务业清洁生产。以清洁生产为重要抓手,着力提升城市服务业绿色化水平。餐饮、娱乐、住宿、仓储、批发、零售等服务性企业要坚持清洁生产理念,应当采用节能、节水和其他有利于环境保护的技术和设备,改善服务规程,减少一次性物品的使用。推进宾馆、酒店等场所一次性塑料用品禁限工作。从严控制洗浴、高尔夫球场、人工滑雪场等高耗水服务业用水,推动高耗水服务业优先利用再生水、雨水等非常规水源,全面推广循环用水技术工艺。推进餐饮油烟治理、厨余垃圾资源化利用。

(十二)加强交通运输领域清洁生产。持续优化运输结构,加快建设综合立体交通网,提高铁路、水路在综合运输中的承运比重,持续降低运输能耗和二氧化碳排放强度。大力发展多式联运、甩挂运输和共同配送等高效运输组织模式,提升交通运输运行效率。推进智慧交通发展,推广低碳出行方式。加大新能源和清洁能源在交通运输领域的应用力度,加快内河船舶绿色升级,以饮用水水源地周边水域为重点,推动使用液化天然气动力、纯电动等新能源和清洁能源船舶。积极推广应用温拌沥青、智能通风、辅助动力替代和节能灯具、隔声屏障等节能环保技术和产品。

五、加强清洁生产科技创新和产业培育

(十三)加强科技创新引领。加强清洁生产领域基础研究和应用技术创新性研究。围绕工业产品绿色设计、能源清洁高效低碳安全利用、污水资源化、农业节水灌溉控制、多污染物协同减排、固体废弃物资源化等方向,突破一批核心关键技术,研制一批重大技术装备。

(十四)推动清洁生产技术装备产业化。积极引导、支持企业开发具有自主知识产权的清洁生产技术和装备,着力提高供给能力。发挥清洁生产相关协会和联盟等平台作用,大力推进源头减量、过程控制、末端治理等清洁生产技术装备应用,加快清洁生产关键共性技术装备的产业化发展。

(十五)大力发展清洁生产服务业。创新清洁生产服务模式,探索构建以绩效为核心的清洁生产服务支付机制。加快建立规范的清洁生产咨询服务市场,鼓励具有竞争力的第三方清洁生产服务企业为用户提供咨询、审核、评价、认证、设计、改造等"一站式"综合服务。探索建立第三方服务机构责任追溯机制,健全清洁生产技术服务体系。

专栏4　清洁生产产业培育工程

　　支持开展煤炭清洁高效利用、氢能冶金、涉挥发性有机物行业原料替代、聚氯乙烯行业无汞化、磷石膏和电解锰渣资源化利用等领域清洁生产技术集成应用示范。培育一批拥有自主知识产权、掌握清洁生产核心技术装备的企业和一批高水平、专业化的清洁生产服务机构。

六、深化清洁生产推行模式创新

(十六)创新清洁生产审核管理模式。鼓励各地探索推行企业清洁生产审核分级管理模式,对高耗能、高耗水、高排放的企业以及生产、使用、排放涉及优先控制化学品名录中所列化学物质的企业严格实施清洁生产审核,对其他企业可适当简化审核工作程序。鼓励企业开展自愿性清洁生产评价认证,对通过评价认证且满足清洁生产审核要求的,视同开展清洁生产审核。积极推动清洁生产审核与节能审查、节能监察、环境影响评价和排污许可等管理制度有效衔接。鼓励有条件的地区开展行业、园区和产业集群整体审核试点。研究将碳排放指标纳入清洁生产审核。

专栏 5　清洁生产审核创新试点工程

　　以钢铁、焦化、建材、有色金属、石化化工、印染、造纸、化学原料药、电镀、农副食品加工、工业涂装、包装印刷等行业为重点,选取 100 个园区或产业集群开展整体清洁生产审核创新试点,探索建立具有引领示范作用的审核新模式,形成可复制、可推广的先进经验和典型案例。

　　(十七)探索清洁生产区域协同推进。在实施京津冀协同发展等区域发展重大战略中,探索建立清洁生产协同推进机制,统一清洁生产评价认证和审核要求,联合开展技术推广,协同推进重点行业清洁生产改造。京津冀及周边地区、汾渭平原、长三角地区、珠三角地区、成渝地区等区域重点实施钢铁、石化化工、焦化、包装印刷、工业涂装等行业清洁生产改造,推动细颗粒物($PM_{2.5}$)和臭氧(O_3)协同控制。长江、黄河等流域重点实施造纸、印染、化学原料药、农副食品加工等行业清洁生产改造,减少氨氮和磷污染物排放。

　　七、组织保障

　　(十八)加强组织实施。国家发展改革委加强组织协调,充分发挥清洁生产促进工作部门协调机制作用,推动本方案实施,生态环境部、工业和信息化部、科技部、财政部、住房和城乡建设部、交通运输部、农业农村部、商务部、市场监管总局等部门按照职能分工抓好重点任务落实。地方政府要落实主体责任,加大力度鼓励和促进清洁生产,结合实际确定本地区清洁生产重点任务,制定具体实施措施。

　　(十九)完善法律法规标准。推动修订清洁生产促进法,加强与相关法律法规的衔接协调,强化相关主体权利义务。鼓励各地结合实际制定促进清洁生产的地方性法规。建立健全清洁生产标准体系,组织修订清洁生产评价指标体系编制通则,研究制定清洁生产团体标准管理办法。编制发布清洁生产先进技术目录。

　　(二十)强化政策激励。各级财政积极探索有效方式,支持清洁生产工作。依法落实和完善节能节水、环境保护、资源综合利用相关税收优惠政策,强化绿色金融支持,引导企业扩大清洁生产投资。加强清洁生产审核和评价认证结果应用,将其作为阶梯电价、用水定额、重污染天气绩效分级管控等差异化政策制定和实施的重要依据。建立健全清洁生产激励制度,按照国家有关规定对工作成效突出的单位和个人依法给予表彰和奖励。

　　(二十一)加强基础能力建设。推动建设清洁生产信息化公共服务平台。依托省级清洁生产中心或相关社会组织加强地方清洁生产能力建设。鼓励组建清洁生产专家库,开展多层次的清洁生产培训。深入开展清洁生产宣传教育活动,积极营造全社会共同推行清洁生产的良好氛围,推动形成绿色生产生活方式。

思考题

1. 循环经济是如何产生与发展的?
2. 循环经济的基本原则是什么?
3. 实施循环经济的方式与类型有哪些?
4. 循环经济模式有哪些?

参 考 文 献

[1] 曲向荣.清洁生产与循环经济[M].北京:清华大学出版社,2014.

[2] 奚旦立,徐淑红,高春梅.清洁生产与循环经济[M].2 版.北京:化学工业出版社,2014.

[3] 钱伯章.节能减排:可持续发展的必由之路[M].北京:科学出版社,2008.

[4] 吴家正,尤建新.可持续发展导论[M].上海:同济大学出版社,1998.

[5] 奚旦立.环境与可持续发展[M].北京:高等教育出版社,1999.

[6] 雷兆武,薛冰,王洪涛.清洁生产与循环经济[M].北京:化学工业出版社,2017.

[7] 鲍建国,张莉军,周发武.清洁生产实用教程[M].3 版.北京:中国环境出版集团,2018.

[8] 苏荣军,郭鸿亮,夏至,等.清洁生产理论与审核实践[M].北京:化学工业出版社,2019.

[9] 万端极,李祝,皮科武.清洁生产理论与实践[M].北京:化学工业出版社,2015.

[10] 杨永杰.环境保护与清洁生产[M].北京:化学工业出版社,2008.

[11] 张延青,沈国平,刘志强.清洁生产理论与实践[M].北京:化学工业出版社,2012.

[12] ZHANG W,WANG J,ZHANG B,et al.Can China comply with its 12th five-year plan on industrial emissions control:a structural decomposition analysis,environ[J].Sci.Technol,2015(49):4816-4824.

[13] DUBAY S,FULDNER C C.Bird specimens track 135 years of atmospheric black carbon and environmental policy[J].Proceedings of the National Academy of Sciences of the United States of America,2017(114):11321-11326.

[14] 雷志刚.化工节能原理与技术[M].2 版.北京:化学工业出版社,2019.

[15] 李祝,高林霞,胡立新.化工清洁生产[M].北京:科学出版社,2016.

[16] 曲向荣.清洁生产[M].北京:机械工业出版社,2012.

[17] 严广乐.系统工程导论[M].北京:清华大学出版社,2015.

[18] 于宏兵.清洁生产教程[M].北京:化学工业出版社,2011.

[19] 米歇尔.复杂[M].唐璐,译.长沙:湖南科技出版社,2018.

[20] 卡森.寂静的春天[M].吕瑞兰,李长生,译.上海:上海译文出版社,2007.

[21] 曹开虎.碳中和革命:未来 40 年中国经济社会大变局[M].北京:电子工业出版社,2021.

[22] 孙永平.碳排放权交易概论[M].北京:社会科学文献出版社,2016.

[23] 唐人虎.中国碳排放权交易市场:从原理到实践[M].北京:电子工业出版社,2022.

[24] 谢熊军.系统论视角下的园区循环经济物质流模型与实证研究[J].中南大学学报,2013,F124.5-F224.

[25] 汪军.碳中和时代:未来 40 年财富大转移[M].北京:电子工业出版社,2021.

[26] 刘世锦.双碳目标下的绿色增长[M].北京:中信出版社,2022.

[27] 杨申仲.企业节能减排管理[M].2 版.北京:机械工业出版社,2017.

[28] 钱小军.经济新常态下中国绿色低碳转型研究:清华大学绿色经济与可持续发展研究中心政策研究报告[M].北京:清华大学出版社,2018.

[29] 谭宏斌,等.材料清洁生产与循环经济[M].北京:化学工业出版社,2021.

[30] 李笛,朱立斌.工业企业清洁生产工作指南[M].北京:科学出版社,2019.

[31] HONG J L,LI X Z.Speeding up cleaner production in China through the improvement of cleaner production audit[J].Journal of Cleaner Production,2013(40):129-135.

[32] MATOS L M,ANHOLON R,SILA D D,et al.Implementation of cleaner production:A ten-year retrospective on benefits and difficulties found[J].Journal of Cleaner Production,2018(187):409-420.